普通高等教育人工智能专业系列教材

深度学习理论与实践

主　编　吕云翔　　王志鹏

副主编　王渌汀　　郭闻浩

参　编　刘卓然　　王礼科　　赵禹昇

　　　　谭家俊　　陈天昇　　仇善召

　　　　关捷雄　　姜　丰　　华昱云

　　　　陈妙然　　梁晶晶　　屈茗若

　　　　陈翔宇　　欧阳植昊

机械工业出版社

本书分 3 个部分,分别为深度学习理论基础、深度学习实验和深度学习案例。这 3 个部分层层递进,介绍了机器学习的基础知识与常用方法,包括机器学习基本操作的原理和在深度学习框架下的实践步骤。第 1 部分通过 7 章来介绍深度学习的基础知识,包括深度学习在不同领域的应用,不同深度学习框架的对比,以及机器学习、神经网络等方面的内容。第 2 部分包括常用深度学习框架的基础讲解,以及计算机视觉、自然语言处理、强化学习和可视化技术领域的一些实验讲解。第 3 部分提供了 8 个案例,介绍深度学习在图像分类、目标检测、目标识别、图像分割、风格迁移、自然语言处理等方面的应用。本书将理论与实践紧密结合,能为读者提供有益的学习指导。

本书适合高等院校计算机科学、软件工程等相关专业的学生,深度学习初学者和机器学习算法分析从业人员阅读。

本书配有授课电子课件,需要的教师可登录 www.cmpedu.com 免费注册,审核通过后下载,或联系编辑索取(微信:13146070618;电话:010-88379739)。

图书在版编目(CIP)数据

深度学习理论与实践/吕云翔,王志鹏主编 . —北京:机械工业出版社,2024.4(2025.2 重印)
普通高等教育人工智能专业系列教材
ISBN 978-7-111-75420-6

Ⅰ.①深… Ⅱ.①吕… ②王… Ⅲ.①机器学习-高等学校-教材
Ⅳ.①TP181

中国国家版本馆 CIP 数据核字(2024)第 059050 号

机械工业出版社(北京市百万庄大街 22 号 邮政编码 100037)
策划编辑:郝建伟 责任编辑:郝建伟 张翠翠
责任校对:张慧敏 张 征 责任印制:刘 媛
涿州市般润文化传播有限公司印刷
2025 年 2 月第 1 版第 3 次印刷
184mm×260mm · 19.75 印张 · 501 千字
标准书号:ISBN 978-7-111-75420-6
定价:79.00 元

电话服务 网络服务
客服电话:010-88361066 机 工 官 网:www.cmpbook.com
　　　　　010-88379833 机 工 官 博:weibo.com/cmp1952
　　　　　010-68326294 金 书 网:www.golden-book.com
封底无防伪标均为盗版 机工教育服务网:www.cmpedu.com

前言

深度学习是学习样本数据的内在规律和表示层次，在这些学习过程中获得的信息对文字、图像和声音等数据的解释有很大的帮助。它的最终目标是让机器能够像人一样具有分析学习能力，能够识别文字、图像和声音等数据。深度学习是一种复杂的机器学习算法，在语音和图像识别方面取得的效果远远超过先前的相关技术。

深度学习在搜索技术、数据挖掘、机器学习、机器翻译、自然语言处理、多媒体学习、语音、推荐和个性化技术及其他相关领域都取得了很多成果。深度学习使机器模仿视听和思考等人类的活动，解决了很多复杂的模式识别难题，使得人工智能相关技术取得了很大进步。

深度学习是机器学习的一种，而机器学习是实现人工智能的必经路径。深度学习的概念源于人工神经网络的研究，包含多个隐藏层的多层感知器就是一种深度学习结构。深度学习通过组合低层特征形成更加抽象的高层来表示属性类别或特征，以发现数据的分布式特征表示。研究深度学习的动机在于建立模拟人脑进行分析学习的神经网络，它模仿人脑的机制来解释数据，如图像、声音和文本等。

本书的写作目的是让读者尽可能深入理解深度学习的技术。此外，本书强调将理论与实践结合，简明的案例不仅能加深读者对于理论知识的理解，还能直观感受到实际生产中深度学习技术的应用过程。

本书第 1 部分主要通过 7 章来介绍深度学习的基础知识，包括深度学习在计算机视觉、自然语言处理、强化学习等方面的应用，不同深度学习框架的介绍和对比，以及机器学习、神经网络等方面的内容。第 2 部分主要是本书的实验部分，包括 PyTorch、TensorFlow、PaddlePaddle 这三个深度学习框架的基础讲解，以及计算机视觉、自然语言处理、强化学习和可视化技术领域的一些实验讲解。第 3 部分则是提供了综合实践案例，通过 8 个案例来介绍深度学习在图像分类、目标检测、目标识别、图像分割、风格迁移、自然语言处理等方面的应用。

为了实现深度学习，我们需要经历许多考验，需要花费很长时间，但是相应地也能学到和发现很多东西，而且这也是一个有趣的、令人兴奋的过程。

本书编写人员有吕云翔、王志鹏、王渌汀、郭闻浩、刘卓然、王礼科、赵禹昇、谭家俊、陈天昇、仇善召、关捷雄、姜丰、华昱云、陈妙然、梁晶晶、屈茗若、陈翔宇、欧阳植昊。此外，曾洪立参与了部分内容的编写并进行了素材整理及配套资源制作等工作。

由于编者水平和能力有限，书中难免有疏漏之处，恳请各位同人和广大读者给予批评指正，也希望各位读者能将实践过程中的经验和心得与我们交流（yunxianglu@ hotmail.com）。

编　者

目录

第 2 部分　深度学习实验

第3部分 深度学习案例

第 1 部分

深度学习理论基础

本书的第 1 部分主要通过 7 章来介绍深度学习的基础知识。其中第 1 章介绍了深度学习领域的现状，以及它和其他领域技术发展之间的关系；第 2 章介绍了深度学习的几大主流框架，以及它们的主要特点和适用范围；第 3 章介绍了机器学习基础知识；第 4 章介绍了回归模型；第 5 章介绍了神经网络的基础知识；第 6 章介绍了卷积神经网络（CNN）与计算机视觉；第 7 章介绍了神经网络与自然语言处理，其中包括了对循环神经网络（RNN）和 Transformer 技术的介绍。这些偏理论的知识可以让读者对深度学习有一个初步的了解，为后续的实验和案例部分打好基础。

第1章
深度学习简介

深度学习是一种基于神经网络的学习方法。和传统的机器学习方法相比，深度学习方法需要更丰富的数据、更强大的计算资源，同时也能达到更高的准确率。目前，深度学习方法被广泛应用于计算机视觉、自然语言处理、强化学习等领域。本章将依次进行介绍。

1.1 计算机视觉

1.1.1 定义

计算机视觉是使用计算机及相关设备对生物视觉的一种模拟。它的主要任务是通过对采集的图片或视频进行处理以获得相应场景的三维信息。计算机视觉是一门关于如何运用照相机和计算机来获取人们所需的、被拍摄对象的数据与信息的学问。形象地说，就是给计算机安装上眼睛（照相机）和大脑（计算机算法），让计算机能够感知环境。

1.1.2 基本任务

计算机视觉的基本任务包含图像处理、模式识别或图像识别、景物分析、图像理解等，以及空间形状的描述、几何建模和认识过程。实现图像理解是计算机视觉的终极目标。下面举例说明图像处理技术、模式识别技术和图像理解技术。

图像处理技术可以把输入图像转换成具有所希望特性的另一幅图像。例如，可通过处理使输出图像具有较高的信噪比，或通过增强处理突出图像的细节，以便于操作员的检验。在计算机视觉研究中经常利用图像处理技术来进行预处理和特征抽取。

模式识别技术根据从图像抽取的统计特性或结构信息，把图像分成预定的类别，如文字识别或指纹识别。在计算机视觉中，模式识别技术经常用于对图像的某些部分进行识别和分类，如分割区域。

图像理解技术可以对图像内容信息进行理解。给定一幅图像，图像理解程序不仅描述图像本身，而且描述和解释图像所代表的景物，以便对图像代表的内容做出决定。在人工智能研究的初期经常使用"景物分析"这个术语，以强调二维图像与三维景物之间的区别。图像理解除了需要复杂的图像处理以外，还需要具有关于景物成像的物理规律的知识以及与景物内容有关的知识。

1.1.3 传统方法

在深度学习算法出现之前，对于视觉算法来说，大致可以分为以下5个步骤：特征感知、图像预处理、特征提取、特征筛选、推理预测与识别。早期的机器学习中，占优势的统计机器学习群体对特征的重视是不够的。

何为图片特征？用通俗的语言来说，即是最能表现图像特点的一组参数。常用的特征类型有颜色特征、纹理特征、形状特征和空间关系特征。为了让机器能尽可能完整且准确地理解图片，需要将包含庞杂信息的图像简化抽象为若干个特征量，以便后续计算。在深度学习技术没有出现的时候，图像特征需要研究人员手动提取，这是一个繁杂且冗长的工作，因为很多时候研究人员并不能确定什么样的特征组合是有效的，而且常常需要研究人员手动设计新的特征。在深度学习技术出现后，问题简化了许多，各种各样的特征提取器以人脑视觉系统为理论基础，尝试直接从大量数据中提取出图像特征。图像是由很多像素拼接而成的，每个像素点在计算机中存储的信息是其对应的 RGB 数值，一张图片的数据量大小可想而知。

过去的算法主要依赖于特征算子，比如最著名的 SIFT 算子，即所谓的对尺度旋转保持不变的算子。它被广泛地应用在图像比对方面，特别是 Structure from Motion 这些应用中。另一个例子是 HoG 算子，它可以提取物体，比较鲁棒的物体边缘，在物体检测中扮演着重要的角色。

还有一些算子，如 Textons、Spin image、RIFT 和 GLOH，在深度学习诞生之前或者深度学习真正流行起来之前，是视觉算法的主流。

这些特征和一些特定的分类器组合，取得了一些成功或"半成功"的例子，基本达到了商业化的要求，但还没有完全商业化。一是二十世纪八九十年代的指纹识别算法，已经非常成熟，一般是在指纹的图案上寻找一些关键点及具有特殊几何特征的点，然后把两个指纹的关键点进行比对，判断是否匹配。二是 2001 年基于 Haar 的人脸检测算法，在当时的硬件条件下已经能够实现实时人脸检测。现在所有手机相机里的人脸检测，都是基于它的变种。三是基于 HoG 特征的物体检测，它和所对应的 SVM 分类器组合起来，就是著名的 DPM 算法。DPM 算法在物体检测上超过了所有的算法，取得了比较不错的成绩。但这种成功的例子太少了，因为手工设计特征需要大量的经验，需要研究人员对这个领域和数据特别了解，设计出特征后还需要大量的调试工作。另一个难点在于，研究人员不只需要手工设计特征，还要在此基础上有一个比较合适的分类器算法。设计特征及选择分类器，要使这两者合并并达到最优的效果，几乎是不可能完成的。

1.1.4　仿生学与深度学习

如果不手动设计特征，不挑选分类器，那么有没有别的方案呢？能不能同时学习特征和分类器？即输入某一个模型的时候，输入只是图片，输出就是它自己的标签。比如输入一个人物"莎拉"的头像，神经网络示例如图 1-1 所示，模型输出的标签就是一个 50 维的向量（如果要在 50 个人里识别），其中对应人物的向量是 1，其他的位置是 0。

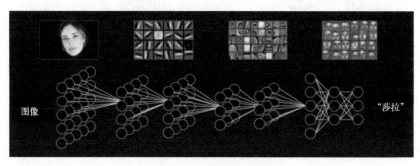

图 1-1　神经网络示例

模拟人脑识别人脸，如图1-2所示。从最开始的像素到第二层的边缘，再到人脸的部分，最后到整张人脸，是一个抽象迭代的过程。

再比如认识到图片中的物体是摩托车的这个过程，人脑可能只需要几秒钟就可以处理完毕，但这个过程经过了大量的神经元抽象迭代。对计算机来说，最开始看到的根本不是摩托车，而是RGB图像三个通道上不同的数字。

所谓的特征或者视觉特征，就是把这些数值综合起来，用统计或非统计的形式把摩托车的部件或者整辆摩托车表现出来。深度学习流行之前，大部分的设计图像特征就基于此，即把一个区域内的像素级别的信息综合表现出来，以利于后面的分类学习。

如果要完全模拟人脑，那么就要模拟抽象和递归迭代的过程，把信息从最细琐的像素级别抽象到"种类"的概念。

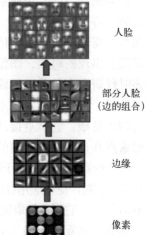

图1-2 模拟人脑识别人脸

1.1.5 现代深度学习

计算机视觉里经常使用的卷积神经网络，即CNN，是一种对人脑比较精准的模拟。人脑在识别图片的过程中，并不是对整张图进行识别，而是感知图片中的局部特征，之后将局部特征综合起来，得到整张图的全局信息。卷积神经网络模拟了这一过程，其卷积层通常是堆叠的，低层的卷积层可以提取图片的局部特征，如角、边缘、线条等，高层的卷积层能够从低层的卷积层中学到更复杂的特征，从而实现图片的分类和识别。

卷积就是两个函数之间的相互关系。在计算机视觉里面，可以把卷积当作一个抽象的过程，就是把小区域内的信息统计抽象出来。

比如，对于一张爱因斯坦的照片，可以学习n个不同的卷积和函数，然后对这个区域进行统计。可以用不同的方法统计，比如着重统计中央，也可以着重统计周围，这就导致统计的种类和函数的种类多种多样。

图1-3所示为卷积神经网络从输入图像到响应图的生成过程。首先用学习好的卷积核对图像进行扫描，卷积核的大小和形状决定了它可以提取的图像特征。然后每一个卷积核都

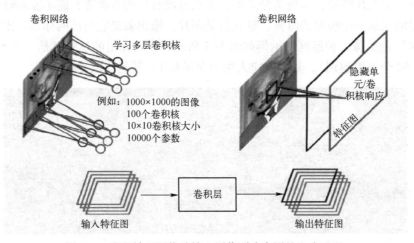

图1-3 卷积神经网络从输入图像到响应图的生成过程

会生成一个扫描的响应图（Response Map），也称为特征图（Feature Map）。特征图反映了卷积核对图像的响应程度。如果有多个卷积核，就有多个特征图。在卷积层之后，可以使用池化层来降低特征图的大小，以减少计算量。经过多个卷积层和池化层之后，就会得到最终的响应图。具体来说，对于一个输入图像（RGB 三个通道），如果卷积层有 256 个卷积核，那么就会生成 256 个特征图。每个特征图都反映了一种统计抽象的方式。例如，一个卷积核可以用来检测边缘，另一个卷积核用来检测纹理。

如图 1-4 所示，最大池化层（Max-Pool）对每一个大小为 2×2 像素的区域求最大值，然后把最大值赋给生成的特征图的对应位置。如果输入图像的大小是 100×100 像素，那么输出图像的大小就会变成 50×50 像素，特征图成了原来的一半。同时，保留的信息是原来 2×2 像素区域里面最大的。

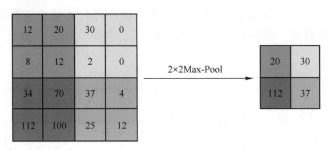

图 1-4　池化

LeNet 网络如图 1-5 所示，Le 是人工智能领域先驱 LeCun 名字的简写。LeNet 是许多深度学习网络的原型和基础。在此之前，人工神经网络层数都相对较少，而 LeNet 的五层网络突破了这一限制。LeNet 在 1998 年被提出，LeCun 用这一网络进行字母识别，达到了非常好的效果。

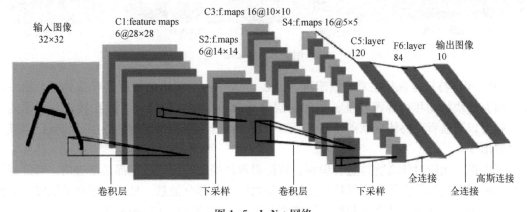

图 1-5　LeNet 网络

LeNet 网络的输入图像是大小为 32×32 像素的灰度图，第一层经过了一组卷积核，生成了 6 个 28×28 的特征图，然后经过一个池化层，得到 6 个 14×14 的特征图，接着经过一个卷积层，生成了 16 个 10×10 的卷积层，最后经过池化层生成 16 个 5×5 的特征图。

这 16 个大小为 5×5 的特征图再经过 3 个全连接层，即可得到最后的输出结果。输出就是标签空间的输出。由于设计的是只对 0~9 进行识别，所以输出空间是 10，如果要对 10 个数字再加上 26 个大小写字母进行识别，则输出空间就是 62。向量各维度的值代表"图像中

元素等于该维度对应标签的概率"。若该向量的第一维度输出为 0.6，即表示图像中元素是
"0"的概率是 0.6，那么该 62 维向量中值最大的那个维度对应的标签即为最后的预测结果。
在 62 维向量里，如果某一个维度上的值最大，那么它对应的那个字母和数字就是预测结果。

从 1998 年开始的 15 年间，深度学习在众多专家及学者的带领下不断发展壮大。遗憾的
是，在此过程中，深度学习领域没有产生足以轰动世人的成果，导致深度学习的研究一度被
边缘化。直到 2012 年，深度学习算法在部分领域取得了不错的成绩，即 AlexNet。AlexNet
由多伦多大学提出，在 ImageNet 比赛中取得了非常好的效果。AlexNet 识别效果超过了当时
所有的浅层方法。AlexNet 在此后被不断改进、应用。同时，学术界和工业界也认识到了深
度学习的无限可能。

AlexNet 是基于 LeNet 的改进，它可以被看作 LeNet 的放大版，如图 1-6 所示。AlexNet
的输入是一个大小为 224×224 像素的图片，输入图像在经过若干个卷积层和池化层后，经
过两个全连接层泛化特征，得到最后的预测结果。

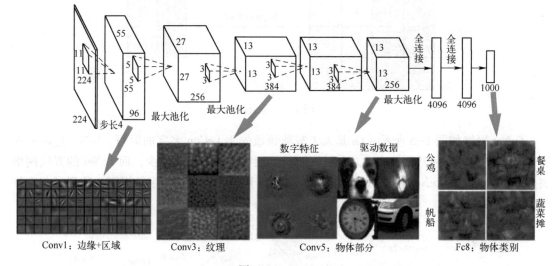

图 1-6　AlexNet

2015 年，特征可视化工具开始流行。那么，AlexNet 学习出的特征是什么样子？第一层
都是填充的块状物和边界等特征；中间的层开始学习一些纹理特征；而在接近分类器的高
层，则可以明显看到物体形状的特征；最后一层，即分类层，不同物体的主要特征已经被完
全提取出来。

可以说，无论对什么物体进行识别，特征提取器提取特征的过程都是渐进的。特征提取
器最开始提取到的是物体的边缘特征，继而是物体的各部分信息，最后在更高的层级才能抽
象出物体的整体特征。整个卷积神经网络都在模拟人的抽象和迭代的过程。

1.1.6　卷积神经网络

卷积神经网络的设计思路非常简洁明了，并且很早就被提出。那么为什么时隔约 20 年，
卷积神经网络才占据主流？这一问题与卷积神经网络本身的技术关系不太大，而与其他的一
些客观因素有关。

首先，如果卷积神经网络的深度太浅，那么其识别能力往往不如一般的浅层模型，如
SVM 或者 Boosting。但如果神经网络深度过大，就需要大量数据进行训练来避免过拟合。而

从 2006 年开始，恰好是互联网开始产生大量图片数据的时候。

另外一个因素是运算能力。卷积神经网络对计算机的运算要求比较高，需要大量重复可并行化的计算。在 1998 年 CPU 只有单核且运算能力比较低的情况下，不可能进行很深的卷积神经网络的训练。随着 GPU 计算能力的不断增长，卷积神经网络结合大数据的训练才成为可能。

总而言之，卷积神经网络的兴起与近些年来技术的发展是密切相关的，而这一领域的革新则不断推动着计算机视觉的发展与应用。

1.2　自然语言处理

自然语言区别于计算机所使用的机器语言和程序语言，是指人类用于日常交流的语言。自然语言处理的目的是要让计算机来理解和处理人类的语言。

让计算机来理解和处理人类的语言也不是一件容易的事情，因为很多时候语言对于感知的抽象并不是直观的、完整的。人们的视觉感知到一个物体，就是实实在在地接收到了代表这个物体的所有像素。但是，自然语言的一个句子背后往往包含着不直接表述出来的常识和逻辑。这使得计算机在试图处理自然语言时不能只从字面上获取所有的信息。因此，自然语言处理的难度更大，它的发展与应用相比于计算机视觉也往往呈现出滞后的情况。

深度学习在自然语言处理上的应用也是如此。为了将深度学习引入这个领域，研究者尝试了许多方法来表示和处理自然语言的表层信息（如词向量、更高层次、带上下文信息的特征表示等），也尝试过许多方法来结合常识与直接感知（如知识图谱、多模态信息等）。这些研究富有成果，其中的许多成果都已应用于现实中，甚至用于社会管理、商业、军事等领域。

1.2.1　自然语言处理的基本问题

自然语言处理主要研究能实现人与计算机之间用自然语言进行有效通信的各种理论和方法，其主要任务如下。

1）语言建模。计算一个句子在一个语言中出现的概率，这是一个高度抽象的问题。它的一种常见形式是给出句子的前几个词，预测下一个词是什么。

2）词性标注。句子都是由单独的词汇构成的，自然语言处理有时需要标注出句子中每一个词的词性。需要注意的是，句子中的词汇并不是独立的，在研究过程中通常需要考虑词汇的上下文。

3）中文分词。中文的自然最小单位是字，但单个字的意义往往不明确或者含义较多，并且在多语言的任务中与其他以词为基本单位的语言不对等。因此，不论是从语言学特性还是从模型设计的角度来说，都需要将中文句子恰当地切分为单个的词。

4）句法分析。由于人类表达时只能逐词地按顺序说，因此自然语言的句子也是扁平的序列。但这并不代表一个句子中不相邻的词之间就没有关系，也不代表整个句子中的词只有前后关系。它们之间的关系是复杂的，需要用树状结构或图才能表示清楚。句法分析中，人们希望通过明确句子内两个或多个词的关系来了解整个句子的结构。最终句法分析的结果是一棵句法树。

5）情感分类。给出一个句子，人们希望知道这个句子表达了什么情感：有时候是正面/负面的二元分类，有时候是更细粒度的分类等。

6）**机器翻译**。最常见的是把源语言的一个句子翻译成目标语言的一个句子。与语言建模相似，给定目标语言一个句子的前几个词，预测下一个词是什么，但最终预测出来的整个目标语言句子必须与给定的源语言句子具有完全相同的含义。

7）**阅读理解**。有许多形式，有时候是输入一个段落、一个问题，生成一个回答（类似问答），或者在原文中标定一个范围作为回答（类似从原文中找对应句子），有时候是输出一个分类（类似选择题）。

1.2.2 传统方法与神经网络方法的比较

（1）人工参与程度

传统的自然语言处理方法中，人的参与程度非常高。比如，基于规则的方法就是由人完全控制的，人用自己的专业知识完成了对一个具体任务的抽象及建立模型，对模型中一切可能出现的案例提出解决方案，定义和设计整个系统的所有行为。这种人过度参与的现象到基于传统的统计学方法出现以后略有改善；被显式构建的是对任务的建模和对特征的定义，然后系统的行为就由概率模型来决定了，而概率模型中的参数估计则依赖于所使用的数据和特征工程中所设计的输入特征。到了深度学习的时代，特征工程也不需要了，人只需要构建一个合理的概率模型即可，特征抽取就由精心设计的神经网络架构来完成。当前，人们已经在探索神经网络架构搜索的方法，这意味着人们对于概率模型的设计也部分地交给了深度学习。

总而言之，人的参与程度越来越低，但系统的效果越来越好。这是合乎直觉的，因为人对于世界的认识和建模总是片面的、有局限性的。如果可以将自然语言处理系统的构建自动化，将其基于对世界的观测点（即数据集），则所建立的模型和方法一定会比人类的认知更加符合真实的世界。

（2）数据量

随着自然语言处理系统中人参与的程度越来越低，系统的细节就需要更多的信息来决定，这些信息只能来自更多的数据。今天人们提到的神经网络方法，被描述为"数据驱动的方法"。

从人们使用传统的统计学方法开始，如何取得大量的标注数据就成为一个难题。随着神经网络架构日益复杂，网络中的参数也呈现爆炸式的增长。特别是近年来，深度学习使硬件的算力突飞猛进，人们对于使用巨量的参数更加肆无忌惮，这就显得数据量日益捉襟见肘。特别是一些低资源的语言和领域中，数据短缺问题更加严重。

这种数据的短缺，迫使人们研究各种方法来提高数据利用效率（Data Efficiency）。于是Zero-shot Learning、Domain Adaptation 等半监督及监督的方法应运而生。

（3）可解释性

人参与程度的降低带来的另一个问题是模型的可解释性越来越低。在理想状况下，如果系统非常有效，那么人们根本不需要关心黑盒系统的内部构造。但事实是自然语言处理系统的状态离完美还有相当大的差距，因此当模型出现问题的时候，人们总是希望知道问题的原因，并且找到相应的办法来避免或修补。

一个模型能允许人们检查它的运行机制和问题成因，允许人们干预和修补问题，要做到这一点是非常重要的，尤其是对于一些商用生产的系统来说。在传统的基于规则的方法中，一切规则都是由人手动规定的，要更改系统的行为非常容易；而在传统的统计学方法中，许多参数和特征都有明确的语言学含义，要想定位或者修复问题通常也可以做到。

然而现在主流的神经网络模型都不具备这种能力，它们就像黑箱子，人们可以知道它有问题，或者有时候可以通过改变它的设定来猜测问题的可能原因，但要想控制和修复问题则往往无法在模型中直接完成，而要在后处理（Post-Processing）的阶段重新拾起旧武器——基于规则的方法。

这种隐忧使得人们开始探索如何提高模型的可解释性，主要的做法包括试图解释现有的模型和试图建立透明度较高的新模型。然而要做到完全理解一个神经网络的行为并控制它，还有很长的路要走。

1.2.3　发展趋势

从传统方法和神经网络方法的对比中，可以看出自然语言处理的模型和系统构建是向着越来越自动化、模型越来越通用的趋势发展的。

一开始，人们试图减少和去除人类专家知识的参与，因此就有了大量的网络参数、复杂的架构设计，这些都是通过在概率模型中提供潜在变量（Latent Variable）来实现的，使得模型具有捕捉和表达复杂规则的能力。这一阶段，人们渐渐地摆脱了人工制定的规则和特征工程，同一种网络架构可以被许多自然语言任务通用。

之后，人们觉得每一次为新的自然语言处理任务设计模型架构并从头训练的过程过于烦琐，于是试图开发利用这些任务底层所共享的语言特征。在这一背景下，迁移学习逐渐发展，从早期神经网络时代的 LDA、Brown Clusters，到早期深度学习中的预训练词向量 word2vec、Glove 等，再到今天家喻户晓的预训练语言模型 ELMo、BERT。这不仅使得模型架构可以通用，连训练好的模型参数也可以通用了。

现在，人们希望神经网络的架构可以不需要设计，而是根据具体的任务和数据来搜索得到。这一新兴领域方兴未艾，可以预见随着研究的深入，自然语言处理的自动化程度一定会得到极大提高。

1.3　强化学习

1.3.1　什么是强化学习

强化学习是机器学习的一个重要分支，它与非监督学习、监督学习并列为机器学习的三类主要学习方法，三者之间的关系如图 1-7 所示。强化学习强调如何基于环境行动，以取得最大化的预期利益，所以强化学习可以被理解为决策问题。它是多学科多领域交叉的产物，其灵感来自于心理学的行为主义理论，即有机体如何在环境给予的奖励或惩罚的刺激下逐步形成对刺激的预期，产生能获得最大利益的习惯性行为。强化学习的应用范围非常广泛，各领域对它的研究重点各有不同。本书不对这些分支展开讨论，而专注于强化学习的通用概念。

在实际应用中，人们常常会把强化学习、监督学习和非监督学习这三者混淆，为了更深刻地理解强化学习和它们之间的区别，首先介绍监督学习和非监督学习的概念。

监督学习通过带有标签或对应结果的样本训练得到一个最优模型，再利用这个模型将所有的输入映射为相应的输出，以实现分类。

非监督学习即在样本的标签未知的情况下，根据样本间的相似性对样本集进行聚类，使类内差距最小化，学习出分类器。

上述两种学习方法都会学习出输入到输出的一个映射，它们学习出的是输入和输出之间的关系，可以告诉算法什么样的输入对应着什么样的输出。而强化学习得到的是反馈，它是在没有任何标签的情况下，通过先尝试做出一些行为而得到一个结果，通过这个结果是对还是错的反馈来调整之前的行为。在不断的尝试和调整中，算法会学习到在什么样的情况下选择什么样的行为可以得到最好的结果。此外，监督学习的反馈是即时的，而强化学习的结果反馈有延时，很可能需要走了很多步以后才知道之前某一步的选择是好还是坏。

（1）强化学习的4个元素

强化学习主要包含4个元素：智能体（Agent）、环境状态（State）、动作（Action）、反馈（Reward）。它们之间的关系如图1-8所示，详细定义如下。

- **智能体**：执行任务的客体，只能通过与环境互动来提升策略。
- **环境状态**：在每一个时间节点，智能体所处环境的表示即为环境状态。
- **动作**：在每一个环境状态中，智能体可以采取的动作。
- **反馈**：每到一个环境状态，智能体就有可能收到一个反馈。

（2）强化学习算法的目标

强化学习算法的目标是获得最多的累计奖励（正反馈）。以"幼童学习走路"为例：幼童需要自主学习走路，没有人指导他应该如何完成"走路"，他需要通过不断地尝试和外界对他的反馈来学习走路。

如图1-8所示，在此例中，婴儿是智能体，走路是动作。"走路"这个任务实际上包含以下几个阶段：站起来、保持平衡、迈出左腿、迈出右腿等婴儿为了走路所尝试的子动作。而姿态的描述就是环境状态，当婴儿成功完成了某个子动作时（如站起来等），他就会获得一个巧克力（正反馈）；当婴儿做出了错误的动作时，他会被轻轻拍打一下（负反馈）。婴儿通过不断地尝试和调整，找出了一套最佳的策略，这套策略能使他获得最多的巧克力。显然，他学习出的这套策略能使他顺利完成"走路"这个任务。

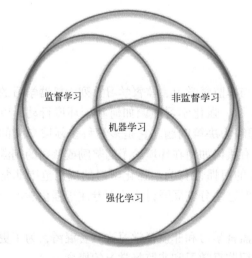

图1-7　强化学习、监督学习、非监督学习的关系示意图

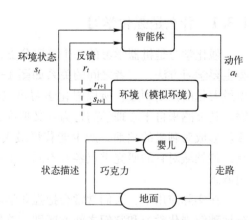

图1-8　强化学习4个元素之间的关系

（3）强化学习的特征

强化学习主要包括以下两个特征。

- 没有监督者，只有一个反馈信号。
- 反馈是延迟的，不是立即生成的。

强化学习是序列学习，时间在强化学习中具有重要的意义；Agent 的行为会影响以后所有的决策。

1.3.2　强化学习算法简介

强化学习主要可以分为 Model-Free（无模型的）和 Model-Based（有模型的）两大类。Model-Free 算法又分成基于概率的和基于价值的。

（1）Model-Free 和 Model-Based

如果 Agent 不需要理解或计算出环境模型，那么算法就是 Model-Free 的；相应地，如果需要计算出环境模型，那么算法就是 Model-Based 的。实际应用中，研究者通常用如下方法进行判断：在 Agent 执行它的动作之前，它是否能对下一步的状态和反馈做出预测。如果可以，就是 Model-Based 方法；如果不能，即为 Model-Free 方法。

两种方法各有优劣。Model-Based 方法中，Agent 可以根据模型预测下一步的结果，并提前规划行动路径。但真实模型和学习到的模型是有误差的，这种误差会导致 Agent 虽然在模型中表现很好，但是在真实环境中可能得不到预期结果。Model-Free 方法看似随意，但这恰好更易于研究者去实现和调整。

（2）基于概率的算法和基于价值的算法

基于概率的算法直接输出下一步要采取的各种动作的概率，然后根据概率采取行动。每种动作都有可能被选中。基于概率的算法的代表为 Policy Gradient，而基于价值的算法输出的则是所有动作的价值，然后根据最高价值来选择动作。相比基于概率的方法，基于价值的决策部分更为死板——只选价值最高的。而基于概率的，即使某个动作的概率最高，也不一定会选到它。基于价值的算法的代表为 Q-Learning。

1.3.3　强化学习的应用

（1）交互性检索

交互性检索是在检索用户不能构建良好的检索式（关键词）的情况下，通过与检索平台交流互动并不断修改检索式，从而获得较准确检索结果的过程。

例如，当用户想要搜索一个竞选演讲时，他不能提供直接的关键词。在交互性检索中，机器作为 Agent，不断的尝试后（提供给用户可能的问题答案）接受来自用户的反馈（对答案的判断），最终找到符合要求的结果。

（2）新闻推荐

如图 1-9 所示，一次完整的新闻推荐包含以下几个过程：一个用户点击 App 底部进行刷新或者下拉，后台获取到用户请求，并根据用户的标签召回候选新闻，推荐引擎则对候选新闻进行排序，最终给用户推荐 10 条新闻，如此往复，直到用户关闭 App，停止浏览新闻。将用户持续浏览新闻的推荐过程看成一个决策过程，就可以通过强化学习来学习每一次推荐的最佳策略，从而使得用户从开始打开 App 到关闭的这段时间内的点击量最高。

在此例中，推荐引擎作为 Agent，通过连续的行动推送 10 篇新闻，获取来自用户的反馈，即点击：如果用户点击了新闻，则为正反馈，否则为负反馈，从中学习出奖励最高（点击量最高）的策略。

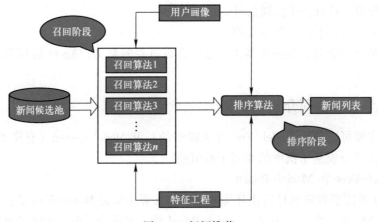

图 1-9　新闻推荐

1.4　本章小结

本章简要介绍了深度学习的应用领域。卷积神经网络可以模拟人类处理视觉信息的方式来提取图像特征，极大地推动了计算机视觉领域的发展。自然语言处理是典型的时序信息分析问题，其主要应用包括句法分析、情感分类、机器翻译等。强化学习强调智能体与环境的交互及决策，具有广泛的应用价值。通过引入深度学习，模型的函数拟合能力得到了显著的提升，从而可以应用到一系列高层任务中。本章列出的应用领域只是举例，目前有许多领域在深度学习技术的推动下进行着变革，有兴趣的读者可以深入了解。

习题

1. 选择题

1）以下有关计算机视觉的步骤中，（　　　）不属于传统方法。

A. 图像预处理　　　B. 特征提取　　　C. 特征筛选　　　D. 神经卷积

2）下列（　　　）不属于自然语言处理的主要任务。

A. 语言建模　　　　B. 语句分段　　　C. 词性标注　　　D. 中文分词

3）以下关于强化学习的描述，正确的是（　　　）。

A. 强化学习包括智能体、环境状态、行动、监督者、反馈 5 个元素

B. 强化学习的反馈信号是即刻生成的

C. 强化学习中，智能体可以通过环境互动以外的方法提升策略

D. 强化学习可以分为无模型的和有模型的两大类

4）计算机视觉的主要任务是通过对采集的图片或视频进行处理以获得相应场景的（　　　　）。

A. 特征信息　　　　B. 三维信息　　　C. 时间信息　　　D. 物理信息

5）底层的卷积层可以提取到（　　　）图片局部特征。

A. 角　　　　　　　B. 边缘　　　　　C. 线段　　　　　D. 以上都是

2. 判断题

1）较浅层的神经卷积网络识别能力已与一般的浅层模型识别能力相当。　　　　　（　　　）

2）自然语言处理的目的是让计算机理解和处理人类的语言。　　　　　　　　　　（　　　）

3）自然语言处理的模型和系统构建的发展趋势是自动化与专用化。　　　　（　　）

4）特征提取器最初提取到的是物体的整体特征，继而是物体的部分信息，最后提取到物体的边缘特征。　　　　　　　　　　　　　　　　　　　　　　　　　　（　　）

5）句法分析的最终结果是一棵句法树。　　　　　　　　　　　　　　　（　　）

3. 填空题

1）计算机视觉中的_____是对人脑比较精确的模拟。

2）机器学习的三类主要学习方法是_____、_____、_____。

3）_____是在检索用户不能构建良好的检索式（关键词）的情况下，通过与检索平台交流互动并不断修改检索式，从而获得较准确的检索结果的过程。

4）在 LeNet 的输出结果中，向量各维度的值代表"_____等于该维度对应标签的概率"。

5）监督学习和非监督学习得到的是输入和输出之间的关系，而强化学习得到的是_____。

4. 问答题

1）计算机视觉的基本任务有哪些？请具体说明。

2）何为图片特征？图片特征是如何被提取的？

3）请简述自然语言处理中传统方法与神经网络方法的区别。

4）请简述非监督学习与监督学习的定义。

5）强化学习算法可以如何分类？请简述分类原则和不同类别的优劣之分。

第2章
深度学习框架

深度学习采用的是一种"端到端"的学习模式，在很大程度上减轻了研究人员的负担。但随着神经网络的发展，模型的复杂度也在不断提升。即使是在一个最简单的卷积神经网络中，也会包含卷积层、池化层、激活层、Flatten层、全连接层等。如果每搭建一个新的网络之前都需要重新实现这些层，那么势必会占用许多时间，因此各大深度学习框架应运而生了。框架存在的意义就是屏蔽底层的细节，使研究者可以专注于模型结构。目前较为流行的深度学习框架有PyTorch、TensorFlow以及PaddlePaddle等。本章将依次进行介绍。

2.1 PyTorch

2.1.1 什么是PyTorch

2017年1月，Facebook人工智能研究院（FAIR）团队在GitHub上开源了PyTorch，并迅速占据GitHub热度榜榜首。

作为一个2017年发布的具有先进设计理念的框架，PyTorch的历史可追溯到2002年诞生于纽约大学的Torch。Torch使用了一种不是很大众的语言Lua作为接口。Lua简洁高效，但由于其过于小众，以至于很多人听说要掌握Torch必须新学一门语言就望而却步（其实，Lua是一门比Python还简单的语言）。

考虑到Python在计算科学领域的领先地位，以及其生态完整性和接口易用性，几乎任何框架都不可避免地要提供Python接口。在2017年，Torch的幕后团队推出了PyTorch。PyTorch不是简单地封装Lua Torch提供Python接口，而是对Tensor之上的所有模块进行了重构，并新增了先进的自动求导系统，成为当时最流行的动态图框架之一。

2.1.2 PyTorch的特点

在PyTorch发布之前，TensorFlow与Caffe都是命令式的编程语言，而且是静态的，即首先必须构建一个神经网络，然后使用同样的结构。如果想要改变网络的结构，就必须从头开始。但是PyTorch通过一种反向自动求导的技术，可以让用户零延迟地任意改变神经网络的行为，尽管这项技术不是PyTorch独有的，但目前为止它是实现最快的，这也是PyTorch对比TensorFlow最大的优势。

PyTorch的设计思路是线性、直观且易于使用的，当用户执行一行代码时，它会忠实地执行，所以当用户的代码出现Bug的时候，可以通过这些信息轻松、快捷地找到出错的代码，不会让用户在调试的时候因为错误的指向或者异步和不透明的引擎而浪费太多的时间。

PyTorch 的代码相对于 TensorFlow 而言更加简洁直观。同时，对于 TensorFlow 高度工业化的很难看懂的底层代码，PyTorch 的源代码就要友好得多，更容易看懂。深入 API，理解 PyTorch 底层肯定是一件有意义的事。

2.1.3　PyTorch 应用概述

PyTorch 的最大优势是建立的神经网络是动态的，可以非常容易地输出每一步的调试结果，所以调试起来十分方便。

如图 2-1 和图 2-2 所示，PyTorch 的图是随着代码的运行逐步建立起来的。也就是说，使用者并不需要在一开始就定义好全部的网络结构，而是随着编码的进行来一点一点地调试。相比于 TensorFlow 和 Caffe 的静态图而言，这种设计显得更加贴近一般人的编码习惯。

A graph is created on the fly

```
from torch.autograd import Variable

x = Variable(torch.randn(1, 10))
prev_h = Variable(torch.randn(1, 20))
W_h = Variable(torch.randn(20, 20))
W_x = Variable(torch.randn(20, 10))
```

图 2-1　动态图 1

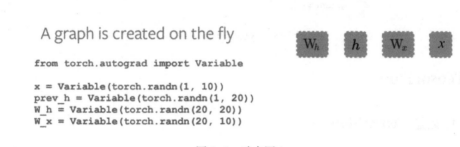

Back-propagation
uses the dynamically built graph

```
from torch.autograd import Variable

x = Variable(torch.randn(1, 10))
prev_h = Variable(torch.randn(1, 20))
W_h = Variable(torch.randn(20, 20))
W_x = Variable(torch.randn(20, 10))

i2h = torch.mm(W_x, x.t())
h2h = torch.mm(W_h, prev_h.t())
next_h = i2h + h2h
next_h = next_h.tanh()

next_h.backward(torch.ones(1, 20))
```

图 2-2　动态图 2

PyTorch 的代码示例如图 2-3 所示，其可读性非常高，网络各层的定义与传播方法一目了然，甚至不需要过多的文档与注释，单凭代码就可以很容易理解其功能，所以成了许多初学者的首选。

```
import torch.nn as nn
import torch.nn.functional as F

class LeNet(nn.Module):
    def __init__(self):
        super(LeNet, self).__init__()
        self.conv1 = nn.Conv2d(3, 6, 5)
        self.conv2 = nn.Conv2d(6, 16, 5)
        self.fc1 = nn.Linear(16 * 5 * 5, 120)
        self.fc2 = nn.Linear(120, 84)
        self.fc3 = nn.Linear(84, 10)

    def forward(self, x):
        x = F.max_pool2d(F.relu(self.conv1(x)), 2)
        x = F.max_pool2d(F.relu(self.conv2(x)), 2)
        x = x.view(-1, 16 * 5 * 5)
        x = F.relu(self.fc1(x))
        x = F.relu(self.fc2(x))
        x = self.fc3(x)
        return x
```

图 2-3   PyTorch 代码示例

2.2   TensorFlow

2.2.1   什么是 TensorFlow

TensorFlow 是一个采用数据流图（Data Flow Graph）来进行数值计算的开源软件库。节点（Node）在图中表示数学操作，图中的线（Edge）表示在节点间相互联系的多维数据数组，即张量（Tensor）。它灵活的架构让人们可以在多种平台上展开计算，例如，台式计算机中的一个或多个 CPU（或 GPU）、服务器、移动设备等。TensorFlow 最初由 Google 大脑小组（隶属于 Google 机器智能研究机构）的研究员和工程师开发出来，用于机器学习和深度神经网络方面的研究，但这个系统的通用性使其也可广泛用于其他计算领域。

2.2.2   数据流图

数据流图（见图 2-4）用"节点"和"线"的有向图来描述数学计算。"节点"一般用来表示施加的数学操作，但也可以表示数据输入（Feed In）的起点/输出（Push Out）的终点，或者是读取/写入持久变量（Persistent Variable）的终点。"线"表示"节点"之间的输入/输出关系。这些数据"线"可以输送"大小可动态调整"的多维数据数组，即"张量"。张量从图中流过的直观图像是这个工具取名为"TensorFlow"的原因。一旦输入端的所有张量准备好，节点就被分配到各种计算设备，以异步并行地执行运算。

2.2.3   TensorFlow 的特点

TensorFlow 不是一个严格的"神经网络"库。只要用户可以将计算表示为一个数据流图，就可以使用 TensorFlow。用户负责构建图，描写驱动计算的内部循环。TensorFlow 提供有用的工具来帮助用户组装"子图"。当然，用户也可以在 TensorFlow 的基础上写自己的"上层库"。定义新的复合操作和写一个 Python 函数一样容易。TensorFlow 的可扩展性相当强，如果用户找

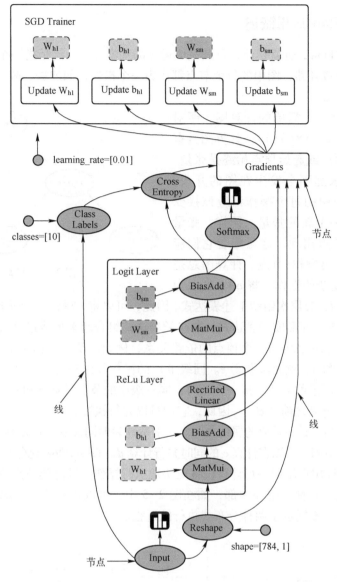

图 2-4 数据流图

不到想要的底层数据操作，那么也可以自己写一些 C++代码来丰富底层的操作。

  TensorFlow 在 CPU 和 GPU 上运行，如可以运行在台式机、服务器、手机移动设备中等。TensorFlow 支持将训练模型自动地在多个 CPU 上规模化运算，以及将模型迁移到移动端后台。

  基于梯度的机器学习算法会受益于 TensorFlow 自动求微分的能力。作为 TensorFlow 用户，只需要定义预测模型的结构，将这个结构和目标函数（Objective Function）结合在一起，并添加数据，TensorFlow 就会自动地为用户计算相关的微分导数。计算某个变量相对于其他变量的导数仅仅是通过扩展图来完成的，所以用户能一直清楚地看到究竟在发生什么。

  TensorFlow 还有一个合理的 C++使用界面，也有一个易用的 Python 使用界面来构建和执行 Graph。用户可以直接写 Python/C++程序，也可以用交互式的 Ipython 界面通过 TensorFlow 尝试，它可以帮用户将笔记、代码、可视化等有条理地归置好。

2.2.4 TensorFlow 应用概述

TensorFlow 中 Flow，也就是流，是其完成运算的基本方式。流是指一个计算图或简单的一个图，图不能形成环路，图中的每个节点都代表一个操作，如加法、减法等。每个操作都会导致新的张量形成。

图 2-5 所示为一个简单的计算图，所对应的表达式为 $e=(a+b)\times(b+1)$。计算图具有以下属性：叶子顶点或起始顶点始终是张量。也就是说，操作永远不会发生在图的开头。由此可以推断，图中的每个操作都应该接受一个张量并产生一个新的张量。同样，张量不能作为非叶子节点出现，这意味着它们应始终作为输入提供给操作/节点。计算图总是以层次顺序表达复杂的操作。将 $a+b$ 表示为

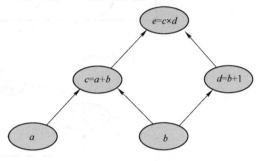

图 2-5 计算图

c，将 $b+1$ 表示为 d，分层次组织上述表达式。因此，可以将 e 写为 $e=c\times d$ 这里 $c=a+b$ 且 $d=b+1$。以反序遍历图形而形成子表达式，这些子表达式组合起来形成最终表达式。当正向遍历时，遇到的顶点总是成为下一个顶点的依赖关系，例如，没有 a 和 b 就无法获得 c。同样的，如果不解决 c 和 d，就无法获得 e。同级节点的操作彼此独立，这是计算图的重要属性之一。当按照图中所示的方式构造一个图时，同一级中的节点（如 c 和 d）彼此独立，这意味着没有必要在计算 d 之前计算 c。因此，它们可以并行执行。

计算图的并行当然是最重要的属性之一。它清楚地表明同级的节点是独立的，这意味着 c 被计算之前不需要空闲，可以在计算 c 的同时并行计算 d。TensorFlow 充分利用了这个属性。

TensorFlow 允许用户使用并行计算设备更快地执行操作。计算的节点或操作自动调度以进行并行计算。这一切都发生在内部，如在图 2-5 中，可以在 CPU 上调度操作 c，在 GPU 上调度操作 d。图 2-6 展示了两种分布式执行的过程。

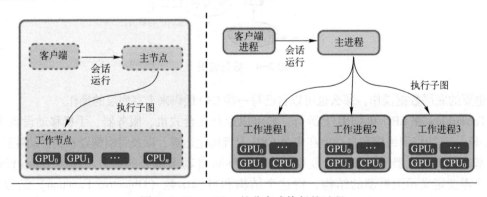

图 2-6 TensorFlow 的分布式执行的过程

如图 2-6 所示，第一种系统是单个系统分布式执行，其中单个 TensorFlow 会话（将在稍后解释）创建单个（工作节点），并且该 worker 负责在各设备上调度任务。在第二种系统下，有多个 worker，可以在同一台机器或不同的机器上，每个 worker 都在自己的上下文中运行。在图 2-6 中，worker 进程 1 运行在独立的机器上，并调度所有可用设备进行计算。

　　计算子图是主图的一部分，其本身就是计算图。例如，在图 2-5 中，我们可以获得许多子图，其中之一如图 2-7 所示。

　　图 2-7 是主图的一部分。根据上面所提到的层次顺序表达的属性，可以说子图总是表示一个子表达式，因为 c 是 e 的子表达式。子图也满足最后的并行属性。同一级别的子图也相互独立，可以并行执行。因此可以在一台设备上调度整个子图。

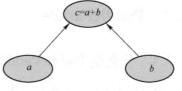

图 2-7　计算子图

　　图 2-8 所示为子图的并行执行。这里有两个矩阵乘法运算，它们处于同一级别，彼此独立，这符合最后一个属性。由于独立性的缘故，节点安排在不同的设备 gpu_0 和 gpu_1 上。

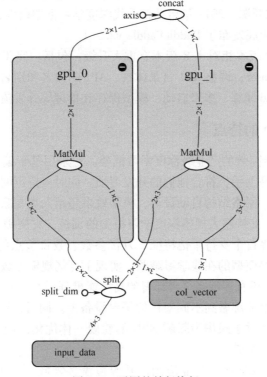

图 2-8　子图的并行执行

　　TensorFlow 将其所有操作分配到由 worker 管理的不同设备上。更常见的是，worker 之间交换张量形式的数据，例如，在 $e=c×d$ 的图表中，一旦计算出 c，就需要将其进一步传递给 e，因此 Tensor 在节点间前向流动。worker 间的信息传递如图 2-9 所示。

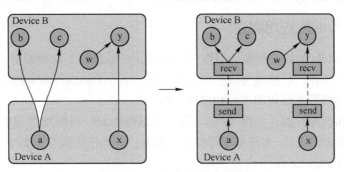

图 2-9　worker 间的信息传递

通过以上的介绍，读者可以对 TensorFlow 的一些基本特点和运转方式有大致的了解。

2.3 PaddlePaddle

2.3.1 什么是 PaddlePaddle

PaddlePaddle（飞桨）是由百度自主研发的开源深度学习框架。PaddlePaddle 以百度多年的深度学习技术研究和业务应用为基础，集深度学习核心框架、基础模型库、端到端开发套件、工具组件和服务平台于一体。飞桨源于产业实践，始终致力于与产业深入融合。目前飞桨已广泛应用于工业、农业、服务业等，与合作伙伴一起帮助越来越多的行业完成 AI 赋能。飞桨于 2016 年正式开源，2017 年启动新一代深度学习框架研发，2018 年 7 月发布 PaddlePaddle v0.14，2022 年底发布了 PaddlePaddle v2.3.1。

PaddlePaddle 的 2.0 版本相对 1.8 版本有重大升级，包括：完善动态图功能，动态图模式下数据表示概念为 Tensor；调整 API 目录体系，API 的命名和别名进行了统一规范化；数据处理、组网方式、模型训练、多卡启动、模型保存和推理等开发流程都有了对应优化。

2.3.2 PaddlePaddle 的特点

PaddlePaddle 是灵活高效的产业级深度学习框架。它采用基于编程逻辑的组网范式，对于普通开发者而言更容易上手，符合他们的开发习惯。同时支持声明式和命令式编程，兼具开发的灵活性和高性能。网络结构自动设计，模型效果超越人类专家。

同时，PaddlePaddle 支持超大规模深度学习模型的训练。它突破了超大规模深度学习模型训练技术，实现了世界首个支持千亿特征、万亿参数、数百节点的开源大规模训练平台，攻克了超大规模深度学习模型的在线学习难题，实现了万亿规模参数模型的实时更新。

然后，PaddlePaddle 还有多端多平台部署的高性能推理引擎。它不仅兼容其他开源框架训练的模型，还可以轻松地部署到不同架构的平台设备上。同时，PaddlePaddle 的推理速度也是全面领先的。尤其经过了跟华为麒麟 NPU 的软硬一体优化，使得 PaddlePaddle 在 NPU 上的推理速度得到进一步突破。

除此之外，PaddlePaddle 面向产业应用，开源覆盖多领域工业级模型库。PaddlePaddle 官方支持 100 多个经过产业实践长期打磨的主流模型，其中包括在国际竞赛中夺得冠军的模型，同时开源开放 200 多个预训练模型，助力快速地部署产业应用。

而对于国内的深度学习的初学者来说，PaddlePaddle 还提供了完整的中文教学文档。同时，官方会不定期组织关于框架和应用的培训。

2.3.3 PaddlePaddle 应用概述

基于 PaddlePaddle 的核心框架，百度公司扩展了一系列的工具和模型，覆盖了深度学习开发和应用的整个流程，已然成为一个功能齐全的产品。PaddlePaddle 的官网给出了产品的全景介绍，其中包括了主要使用流程和使用工具。

首先在开发和训练方面，如图 2-10 所示，PaddlePaddle 以深度学习框架为核心，包括了 FleetAPI（分布式训练）、多任务学习框架 PALM、云上任务提交工具 PaddleCloud 和量子机器学习框架 PaddleQuantum。

开发与训练

Paddle核心框架 开发便捷的深度学习框架	**FleetAPI** 分布式训练	**PALM** 多任务学习框架
PaddleCloud 云上任务提交工具	**Paddle Quantum** 量子机器学习框架	

图 2-10　PaddlePaddle 开发与训练

在模型方面，PaddlePaddle 提供了预训练模型工具 PaddleHub 和模型压缩工具 PaddleSlim，同时为不同的领域提供了开发套件，如图 2-11 所示。尤其是 PaddleOCR，在很多 OCR 的产品中都有其影子。同时还有文心大模型、PaddleCV、PaddleNLP 等模型库，为开发者提供了极大的便利。

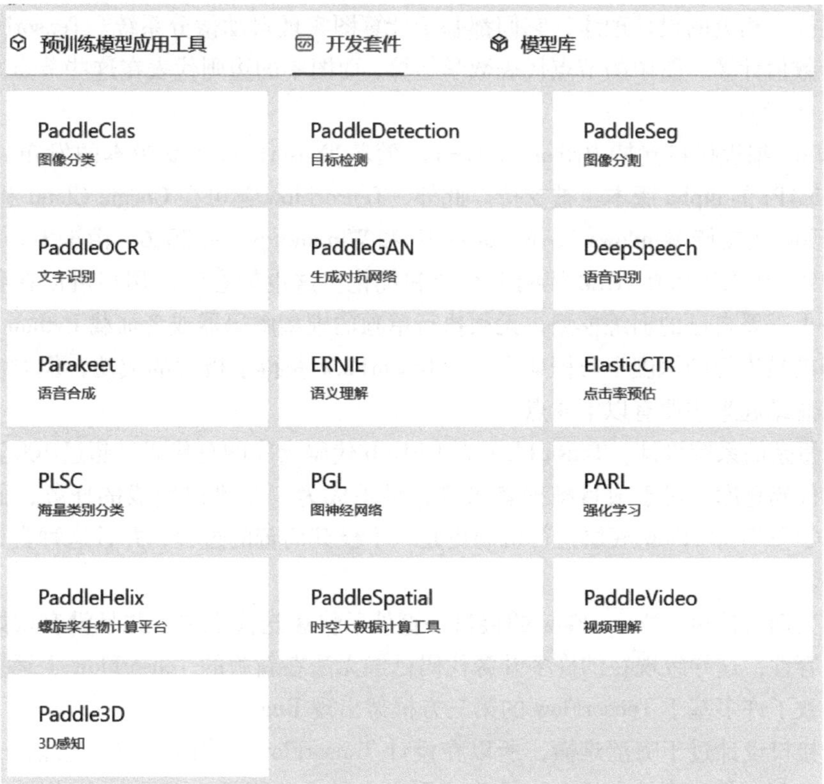

⊕ 预训练模型应用工具	▣ 开发套件	◈ 模型库
PaddleClas 图像分类	**PaddleDetection** 目标检测	**PaddleSeg** 图像分割
PaddleOCR 文字识别	**PaddleGAN** 生成对抗网络	**DeepSpeech** 语音识别
Parakeet 语音合成	**ERNIE** 语义理解	**ElasticCTR** 点击率预估
PLSC 海量类别分类	**PGL** 图神经网络	**PARL** 强化学习
PaddleHelix 螺旋桨生物计算平台	**PaddleSpatial** 时空大数据计算工具	**PaddleVideo** 视频理解
Paddle3D 3D感知		

图 2-11　PaddlePaddle 提供的开发套件

而部署方面，PaddlePaddle 也为不同的平台提供了相应工具。如图 2-12 所示，Paddle Inference 提供原生推理库，Paddle Serving 提供方便的服务端部署，Paddle Lite 面向轻量级部署，Paddle.js 为 Web 前端提供部署方式，FastDeploy 则是一个新的、综合的部署套件。

除此之外，PaddlePaddle 还提供了很多辅助工具，如全流程开发工具 PaddleX、自动化深度学习工具 AutoDL、联邦学习工具 PaddleFL，显示了 PaddlePaddle 对深度学习领域的覆盖面比较广。

图 2-12 PaddlePaddle 模型部署

2.4 三者的比较

TensorFlow 在很大程度上可以看作 Theano 的后继者，不仅因为它们有一批共同的开发者，而且还拥有相近的设计理念，它们都基于计算图实现自动微分系统。TensorFlow 使用数据流图进行数值计算，图中的节点代表数学运算，而图中的边则代表在这些节点之间传递的多维数组（张量）。

TensorFlow 编程接口支持 Python 和 C++。随着 TensorFlow 1.0 版本的发布，Java、Go、R 和 Haskell API 的 alpha 版本也被支持。此外，TensorFlow 还可在 Google Cloud 和 AWS 中运行。TensorFlow 还支持 Windows 7、Windows 10 和 Windows Server 2016。由于 TensorFlow 使用 C++ Eigen 库，所以库可在 ARM 架构上编译和优化。这也就意味着用户可以在各种服务器和移动设备上部署自己的训练模型，无须执行单独的模型解码器或者加载 Python 解释器。

作为当前最流行的深度学习框架之一，TensorFlow 获得了极大的成功，但对它的批评也不绝于耳，总结起来主要有以下 4 点。

- 过于复杂的系统设计，TensorFlow 在 GitHub 代码仓库的总代码量超过 100 万行。这么大的代码仓库，对于项目维护者来说，维护成为一个难以完成的任务，而对读者来说，学习 TensorFlow 底层运行机制更是一个极其痛苦的过程，并且这种尝试多以放弃告终。
- 频繁变动的接口。TensorFlow 的接口一直处于快速迭代之中，并且没有很好地考虑向后兼容性，这导致现在的许多开源代码已经无法在新版的 TensorFlow 上运行，同时间接导致了许多基于 TensorFlow 的第三方框架出现 Bug。
- 由于接口设计过于晦涩难懂，所以在设计 TensorFlow 时创造了图、会话、命名空间、PlaceHolder 等诸多抽象概念，对普通用户来说难以理解。对同一个功能，TensorFlow 提供了多种实现方法，这些实现方法在使用中还有细微的区别，很容易将用户带入"坑"中。
- TensorFlow 作为一个复杂的系统，文档和教程众多，但缺乏明显的条理和层次，虽然查找很方便，但用户却很难找到一个真正循序渐进的入门教程。

由于直接使用 TensorFlow 的生产力过于低下，Google 官方等众多开发者都尝试基于 TensorFlow 构建一个更易用的接口，包括 Keras、Sonnet、TFLearn、TensorLayer、Slim、Fold、PrettyLayer 等在内的第三方框架每隔几个月就会出现新版本，但是又大多归于沉寂，至今

TensorFlow 都没有一个统一易用的接口。

　　凭借着 Google 强大的推广能力，TensorFlow 已经成为当今炙手可热的深度学习框架，但是由于其自身的缺陷，TensorFlow 离最初的设计目标还很遥远。另外，由于 Google 对 TensorFlow 略显严格的把控，目前各大公司都在开发自己的深度学习框架。

　　PyTorch 是当前难得的简洁优雅且高效快速的框架。PyTorch 的设计追求最少的封装，尽量避免重复造轮子，不像 TensorFlow 中充斥着 Session、Graph、Operation、Name_scope、Variable、Tensor 等全新的概念。PyTorch 的设计遵循 Tensor → Variable（Autograd）→ nn. Module 这 3 个由低到高的抽象层次，分别代表高维数组（张量）、自动求导（变量）和神经网络（层/模块），而且这 3 个抽象之间的联系紧密，可以同时进行修改和操作。

　　简洁的设计带来的另外一个好处就是代码易于理解。PyTorch 的源码只有 TensorFlow 的十分之一左右，更少的抽象、更直观的设计使得 PyTorch 的源码十分易于阅读。

　　PyTorch 的灵活性不以速度为代价，在许多评测中，PyTorch 的速度表现胜过 TensorFlow 和 Keras 等框架。框架的运行速度和程序员的编码水平有极大关系，但同样的算法，使用 PyTorch 实现的那个更有可能快过用其他框架实现的。

　　同时，PyTorch 是所有框架中面向对象设计的最优雅的一个。PyTorch 的面向对象的接口设计来源于 Torch，而 Torch 的接口设计以灵活易用而著称，Keras 的作者最初就是受 Torch 的启发才开发了 Keras。PyTorch 继承了 Torch 的"衣钵"，尤其是 API 的设计和模块的接口都与 Torch 高度一致。PyTorch 的设计最符合人们的思维，它让用户尽可能地专注于实现自己的想法，即"所思即所得"，而不需要考虑太多关于框架本身的束缚。

　　PyTorch 提供了完整的文档、循序渐进的指南、作者亲自维护的论坛，以供用户交流和求教问题。Facebook 人工智能研究院对 PyTorch 提供了强力支持，作为当今排名前三的深度学习研究机构，FAIR 的支持足以确保 PyTorch 获得持续的开发更新。

　　在 PyTorch 推出不到一年的时间内，各类深度学习问题都有利用 PyTorch 实现的解决方案在 GitHub 上开源。同时也有许多新发表的论文采用 PyTorch 作为实现的工具，PyTorch 正在受到越来越多人的追捧。如果说 TensorFlow 的设计是"使它变得复杂"，Keras 的设计是"使它变得复杂并隐藏复杂性"，那么 PyTorch 的设计真正做到了"保持简单、易用"。

　　相对于 TensorFlow 和 PyTorch，PaddlePaddle 给人们留下的最深的印象就是巨大的本土化优势。现在，深度学习框架发展的速度逐渐慢了下来，这也意味着深度学习框架在现阶段已经趋近成熟。而在使用框架时会发现，框架上的差异逐渐小了，API 也越来越相似，甚至框架的迁移也变得容易起来。但是以 PaddlePaddle 为代表的国产深度学习框架则在发展中不断寻找着属于自己的特色。PaddlePaddle 有着极其详细的中文教程、开发工具，同时也会不定期地组织开发者培训，组建开发者讨论社区，为开发者提供了极大的便利。其他的国产深度学习框架也各显特色，如华为的 MindSpore 倡导 AI 算法即代码，降低 AI 开发门槛，基于数学原生表达的 AI 编程新范式让算法专家聚焦 AI 创新和探索；清华大学发布的计图（Jittor）是一个完全基于动态编译（Just-in-time）、内部使用创新的元算子和统一计算图的深度学习框架。我们希望看到一个百家争鸣的环境，这样才不会因循守旧，才会共同进步。

2.5　本章小结

　　本章介绍了 3 种常用的机器学习框架，其中，TensorFlow 和 PyTorch 是目前非常流行的两种开源框架。在以往版本的实现中，TensorFlow 最开始提供静态图构建的功能，具有较高的运算性能，但是模型的调试分析成本较高；之后的 TensorFlow 2.x 版本提供了动态图，提高了开发效率。PyTorch 主要提供动态图计算的功能，API 设计接近 Python 原生语法，因此易用性较好，但是在图形优化方面不如 TensorFlow。这样的特点使 TensorFlow 被大量用于 AI 企业的模型部署，而学术界则大量使用 PyTorch 进行研究。目前两种框架正在借鉴对方的优势，例如，TensorFlow 的 eager 模式就是对动态图的一种尝试。另外，国内的深度学习框架发展也很迅猛，以百度的 PaddlePaddle 为代表的国产深度学习框架在功能上不输 PyTorch 和 TensorFlow，而且有更多的本土特色，很适合国内的开发者研究学习和使用。同样，很多其他的国产深度学习框架也值得学习，如华为的 MindSpore、旷视的 MegEngine、清华大学的 Jittor，有兴趣的读者可以深入了解。

习题

1. 选择题

1）以下（　　）不是深度学习框架。

A. LeNet　　　　　　B. Caffe　　　　　　C. MXNet　　　　　　D. PyTorch

2）Caffe 框架支持（　　）语言。

A. C++　　　　　　B. Python　　　　　　C. MATLAB　　　　　　D. 以上都支持

3）下列关于 TensorFlow 的描述中，不正确的是（　　）。

A. TensorFlow 的计算图中每个节点都代表一个操作，如加法、减法等

B. TensorFlow 的张量是作为非子叶节点出现的

C. 基于梯度的机器学习算法会受益于 TensorFlow 的自动求微分能力

D. TensorFlow 支持 C++和 Python 程序

4）下列关于 PyTorch 的描述中，正确的是（　　）。

A. PyTorch 可以视作加入了 GPU 支持的 NumPy

B. PyTorch 采用静态的、命令式的编程语言

C. PyTorch 的网络都是有向无环图的集合，可以直接定义

D. PyTorch 的底层代码高度工业化，不容易看懂

5）下列深度学习框架中，（　　）具有最高的代码可读性。

A. LeNet　　　　　　B. Caffe　　　　　　C. PyTorch　　　　　　D. Theano

2. 判断题

1）Caffe 的基本工作流程：所有计算都以层的形式表示，网络层所做的事情就是输入数据，然后输出计算结果。　　　　　　　　　　　　　　　　　　　　　　　（　　）

2）TensorFlow 是一个采用数据流图来进行数据计算的开源软件库。　　　　（　　）

3）TensorFlow 中的数据流图可以形成环路。　　　　　　　　　　　　　　（　　）

4）PyTorch 通过反向自动求导技术实现了神经网络的零延迟任意改变。　　（　　）

5）作为灵活性的代价，PyTorch 速度表现不如 TensorFlow 和 Caffe。　　　（　　）

3. 填空题

1）＿＿＿＿是一种对新手非常友好的深度学习框架模型，它的相应优化都以文本形式而非代码形式给出。

2）Caffe 是第一个主流的工业级深度学习工具，专精于＿＿＿＿。

3）在 TensorFlow 的数据流图中，节点表示＿＿＿＿，线表示节点间相互联系的多维数

据组（张量）。

4）计算图中，同级节点的操作彼此_____，可以并行运行。TensorFlow 使用这一特性允许用户更快地执行操作。

5）PyTorch 的设计遵循 Tensor→Variable→nn. Module 这 3 个由低至高的抽象层次，分别代表_____、自动求导和神经网络，而且 3 个抽象层次之间紧密联系，可以同时进行修改和操作。

4. 问答题

1）Caffe 的基本工作流程是怎样的？以卷积为例，简述这一过程。

2）请简述 Caffe 的数据结构。

3）TensorFlow 的核心组件包括哪些部分？它们各自负责什么工作？

4）如何理解 TensorFlow 中的流？

5）Caffe、PyTorch、TensorFlow 这 3 种深度学习框架各自有什么优劣？

第 3 章
机器学习基础知识

在过往漫长的岁月中，人们在完善对客观世界的认知和对客观世界的规律进行探索时主要依靠不够充足的数据，如采样数据、片面的数据和局部的数据。而现如今，随着计算机、移动电话等的普及，以及互联网应用技术的发展，人类进入了一个能够大批量生产、应用以及共享数据的时代。当前，可应用探索存储的数据类型不再局限于过往的数字、字母等结构化的数据信息，像语音、图片等非结构化的数据信息也得以被存储、分析、分享和应用，在众多领域，人们可以利用通过互联网技术存储下来的数据，深层次地探索这些数据之间的关联，进而发现新的机会，大幅提高产业和社会的效率。那么，如何把存储在机器中的成百上千种维度的数据组合并应用起来，形成对日常生产、生活有价值的产出，就是机器学习所要解决的问题。

3.1 机器学习概述

在当今社会的日常生产及生活中，机器学习已经深入到了各个场景。例如，打开淘宝，推荐页面展示着你近期浏览却一直没有购买的符合需求的服装款式；进入交友网站，和你匹配的都是年龄相仿、兴趣相投的人；打开邮箱，推荐商品等广告邮件被自动放入垃圾箱；付款时，支付宝的人脸识别支付和指纹支付等。

那么到底什么是机器学习呢？机器学习是一门致力于使用计算手段，利用过往积累的关于描述事物的数据而形成的数学模型，在新的信息数据到来时，通过上述模型得到目标信息的一门学科。为了方便理解，这里举一个实际的例子。例如，一位刚入行的二手车评估师在经历了评估并转手上千台二手车后，成长为一位经验丰富的二手车评估师。在后续的工作中，每遇到一辆未定价的二手车，他都可以迅速地根据车辆当前的性能，包括里程数、车型、上牌时间、上牌地区、各功能部件检测情况等各维度数据，给出当前二手车在市场上合理的折算价格。这位刚入行的二手车评估师，经过长期的工作，对过往大量二手车的性能状态和售卖定价进行了归纳和总结，形成了一定的理论方法。在未来，再有车子需要进行定价评估的时候，评估师就可以根据过往的经验迅速地给出车子合理的定价。那么，这里"过往的经验"是什么？"归纳、总结、方法"是什么？可不可以尝试让机器（也就是计算机）来实现这个过程？这就是机器学习想要研究和实现的内容。所以，机器学习本质上就是想让机器模拟人脑的思维进行学习的过程，对过往遇到的经历进行学习，进而对未来出现的类似情景做出预判，进而实现机器的"智能"。

3.1.1 关键术语

在进一步阐明各种机器学习的算法之前，这里先介绍一些基本的术语。这里还是利用二手车评估师估算汽车价格的场景。表 3-1 所示为二手车评估师过往经手的 1000 台二手车的数据。

表 3-1　二手车数据表

维度属性	品牌	车型	车款	行驶里程/km	上牌时间/年	上牌时间/月	折算价格/万
1	奥迪	A4	2.2 L MT	10000	2013	9	3.2
2	奥迪	Q3	1.8T	30000	2017	4	4.7
3	大众	高尔夫	15 款 1.4TSI	18000	2020	3	5.9
⋮	⋮	⋮	⋮	⋮	⋮	⋮	⋮
1000	北京吉普	2500	05 款	75000	2015	6	1.2

注：表中填充数据为伪数据，仅供逻辑和场景参考。

上述数据如果想要给计算机使用，让计算机模拟人脑进行学习归纳，需要做出如下术语定义。

1）**属性维度/特征（Feature）**：就是指能够描述目标事物样貌的一些属性。这里指二手车的各个维度指标，即最终帮助评定二手车价格的特征，如品牌、车型、车款、行驶里程、上牌时间等。

2）**预测目标（Target/Label）**：基于已有的维度属性的数据值预测出的事物的结果，可以是类别判断和数值型数字的预测。这里，二手车的价格就是预测的目标，该预测目标是数据型的，属于回归。

3）**训练集（Train Set）**：表 3-1 中的 1000 条数据，包括维度属性和预测目标，用来训练模型，找到事物维度属性和预测目标之间的关系。

4）**模型（Model）**：定义了事物的属性维度和预测目标之间的关系，是通过学习训练集中事物的特征和结果之间的关系得到的。

3.1.2　机器学习的分类

机器学习通常又被分为监督学习、无监督学习和半监督学习。近期，经过人们的不断探索和专研，机器学习领域又出现了新的重要分枝，如神经网络、深度学习和强化学习。

1）**监督学习**。在现有的数据集中，既指定维度属性，又指定预测的目标结果，通过计算机学习出能够正确预测维度属性和目标结果之间的关系的模型。对于后续的只有维度属性的新样本，可利用已经训练好的模型进行目标结果的正确预判。常见的监督学习有回归和分类：回归是指通过现有数据预测出数值型数据的目标值，通常目标值是连续型数据；分类是指通过现有数据预测出目标样本的类别。

2）**无监督学习（也称非监督学习）**。无监督学习指现有的样本集没有做好标记，即没有给出目标结果，需要对已有维度的数据直接进行建模。无监督学习中最常见的使用就是聚类，把具有高度相似度的样本归纳为一类。

3）**半监督学习和强化学习**。半监督学习一般指数据集中的一部分数据是有标签的，另一部分是没有标签的，在这种情况下，想要获得和监督学习同样的结果而产生的算法。强化学习，有一种说法是它是半监督学习的一种。它模拟了生物体和环境互动的本质，当行为为正向时获得"奖励"，行为为负向时获得"惩罚"，是基于此构造出的具有反馈机制的模型。

4）**神经网络和深度学习**。神经网络，正如它的名字，该模型的灵感来自于中枢神经系统的神经元，它通过对输入值施加特定的激活函数，得到合理的输出结果。神经网络是一种机器学习模型，可以说是目前最"火"的一种。深度神经网络就是搭建层数比较多的神经网络，深度学习就是使用了深度神经网络的机器学习。人工智能、机器学习、神经网络和深度学习之间的具体关系如图 3-1 所示。

图 3-1　人工智能、机器学习、神经网络和深度学习的关系

3.1.3　机器学习的模型构造过程

机器学习的构造模型的一般步骤描述思路如下。

1）找到合适的假设函数 $h_\theta(x)$，它的目的是通过输入数据来预测判断结果。其中，θ 为假设函数里面待求解的参数。

2）构造损失函数，该函数表示预测的输出值 [即模型的预测结果（h）] 与训练数据类别 y 之间的偏差，可以是偏差绝对值和的形式或其他合理的形式，将此记为 $J(\theta)$，表示所有训练数据的预测值和实际类别之间的偏差。

3）显然，$J(\theta)$ 的值越小，预测函数越准确，最后以此为依据求解出假设函数里面的参数 θ。

根据以上思路，目前已经可以成熟使用的机器学习模型非常多，如逻辑斯谛回归、分类树、KNN 算法、判别分析、层次分析法。下面将详细介绍这些模型的算法原理和使用。

3.2　监督学习

监督学习，上节已经介绍过了，它是机器学习算法中的重要组成部分。其分为分类和回归。其中，分类算法是通过对已知类别训练集的分析，从中发现分类规则，进而以此预测新数据的类别。目前，分类算法的应用非常广泛，如银行风险评估、客户类别分类、文本检索和搜索引擎分类、安全领域中的入侵检测以及软件项目中的应用等。下面展开介绍各种成熟的分类和回归算法。

3.2.1　线性回归

回归在机器学习中是非常常用的一种算法。在统计学中，线性回归是利用称为线性回归方程的最小平方函数对一个或多个自变量和因变量之间的关系进行建模的一种回归分析。当因变量和自变量之间高度相关时，通常可以使用线性回归来对数据进行预测。这里列举最为简单的一元线性回归，示意图如图 3-2 所示。

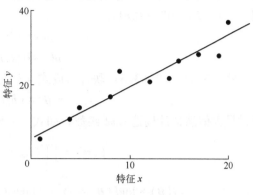

这里有样本点 $(x_1, y_1), (x_2, y_2), \cdots, (x_n, y_n)$，假设 x、y 满足一元线性回归关系，则有 $\hat{y} = ax + b$，这里的 y 为真实值，$\hat{y}$ 为根据上述一元线性关系计算出的预测值。a、b 分别为公式中的参数。为了计算出上述参数，这里的构造损失函数为残差平方和，即 $\sum_{i=1}^{n}(y - \hat{y})^2$ 最小。把已知的 x、y 数据代入，求解最小损失函数，即可得参数的解。

图 3-2 一元线性回归示意图

案例分析

例如在炼钢过程中，钢水的含碳量 x 与冶炼时间 y 如表 3-2 所示，x 和 y 具有线性相关性。

表 3-2 钢水含碳量与冶炼时间数据表

x	104	180	190	177	147	134	150	191	204	121
y（min）	100	200	210	185	155	135	170	205	235	125

此时有 $\hat{y} = ax + b$；接下来通过偏导公式求解式（3.1）中的 a、b 值：

$$\sum_{i=1}^{n}(y - \hat{y})^2 = [100 - (104a + b)]^2 + \cdots + [125 - (121a + b)]^2 \tag{3.1}$$

此时得到 b 约为 1.27，a 约为 -30.5，即得到 x、y 之间的关系。

3.2.2 逻辑斯谛回归

逻辑斯谛回归（Logistic Regression）是通过 Sigmoid 函数来构造预测函数 $h_\theta(x)$ 的，用于二分类问题。其中，Sigmoid 函数公式如式（3.2）所示，Sigmoid 函数图像如图 3-3 所示。

$$h(\boldsymbol{\theta}) = \frac{1}{1 + e^{-\theta x}} \tag{3.2}$$

通过图 3-3 可以看到，Sigmoid 函数的输入区间是 $(-\infty, +\infty)$，输出区间是 $(0, 1)$ 之间，可以表示预测值发生的概率。

对于线性边界的情况，边界的形式如式（3.3）所示。

$$\theta_0 + \theta_1 x_1 + \theta_2 x_2 + \cdots + \theta_n = \sum_{i=0}^{n} \theta_i x_i = \boldsymbol{\theta}^{\mathrm{T}} \boldsymbol{X} \tag{3.3}$$

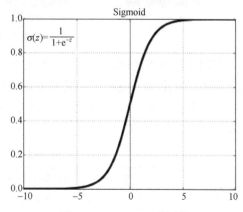

图 3-3 Sigmoid 函数图像

构造的预测函数如式（3.4）所示

$$h_{\boldsymbol{\theta}}(x) = g(\boldsymbol{\theta}^{\mathrm{T}} \boldsymbol{X}) = \frac{1}{1 + e^{-\boldsymbol{\theta}^{\mathrm{T}} x}} \tag{3.4}$$

$h_{\boldsymbol{\theta}}(x)$ 函数的值有特殊的含义，它可以表示当分类结果为类别"1"时的概率，式（3.5）和式（3.6）分别展示了当输入为 x 时通过模型公式判断出的最后结果的类别分别为"1"和"0"的概率：

$$p(y=1\,|\,x;\boldsymbol{\theta})=h_{\boldsymbol{\theta}}(x) \tag{3.5}$$

$$p(y=0\,|\,x;\boldsymbol{\theta})=1-h_{\boldsymbol{\theta}}(x) \tag{3.6}$$

式（3.5）、式（3.6）联合写成式（3.7）：

$$p(y\,|\,x;\boldsymbol{\theta})=(h_{\boldsymbol{\theta}}(x))^{y}(1-h_{\boldsymbol{\theta}}(x))^{1-y} \tag{3.7}$$

通过最大似然估计构造 Cost 函数，如式（3.8）和式（3.9）所示。

$$L(\boldsymbol{\theta})=\prod_{i=1}^{m}(h_{\boldsymbol{\theta}}(x^{i}))^{y^{i}}(1-h_{\boldsymbol{\theta}}(x^{i}))^{1-y^{i}} \tag{3.8}$$

$$J(\boldsymbol{\theta})=\log L(\boldsymbol{\theta})=\sum_{i=1}^{m}(y^{i}\log h_{\boldsymbol{\theta}}(x^{i})+(1-y^{i})\log(1-h_{\boldsymbol{\theta}}(x^{i}))) \tag{3.9}$$

其目标是使得构造函数最小，通过梯度下降法求 $J(\boldsymbol{\theta})$，得到 $\boldsymbol{\theta}$ 的更新方式如式（3.10）所示。

$$\theta_{j}:=\theta_{j}-\alpha\frac{\partial}{\partial\theta_{j}}J(\boldsymbol{\theta}),\quad(j=0,\cdots,n) \tag{3.10}$$

不断迭代，直至最后，求解得到参数，得到预测函数，进行新样本的预测。

案例分析

这里采用最经典的鸢尾花数据集理解上述模型。鸢尾花数据集记录了图 3-4 所示的 3 类鸢尾花的萼片长度（cm）、萼片宽度（cm）、花瓣长度（cm）、花瓣宽度（cm）。

山鸢尾花(Setosa)　　　　杂色鸢尾花(Versicolour)　　　　维吉尼亚鸢尾(Virginica)

图 3-4　3 类鸢尾花

鸢尾花数据集的部分详细数据如表 3-3 所示，其采集的是鸢尾花的测量数据以及其所属的类别。这里为方便解释，仅采用 Iris-setosa 和 Iris-virginica 这两类，一共有 100 个观察值、4 个输入变量和 1 个输出变量。测量数据包括萼片长度（cm）、萼片宽度（cm）、花瓣长度（cm）、花瓣宽度（cm），进而用其建立二分类问题。

表 3-3　鸢尾花数据集（部分）

属　　性	萼片长度/cm	萼片宽度/cm	花瓣长度/cm	花瓣宽度/cm	类　　别
1	5.1	3.5	1.4	0.2	Iris-setosa
2	4.9	3	1.4	0.2	Iris-setosa
3	4.7	3.2	1.3	0.2	Iris-setosa
4	3.9	3.2	5.7	2.3	Iris-virginica

（续）

属　　性	萼片长度/cm	萼片宽度/cm	花瓣长度/cm	花瓣宽度/cm	类　　别
5	5.6	2.8	4.9	2	Iris-virginica
⋮	⋮	⋮	⋮	⋮	⋮
100	7.7	2.8	3.7	2	Iris-virginica

首先各维度属性的集合是 $\{X_{维度属性}:x_{花萼长度},x_{花萼宽度},\ x_{花瓣长度},x_{花瓣宽度}\}$，待求解参数的集合为 $\{\boldsymbol{\theta}^{\mathrm{T}}:\theta_0,\theta_1,\theta_2,\theta_3,\theta_4\}$，那么模型的线性边界如式（3.11）所示。

$$\theta_0+\theta_1x_{花萼长度}+\theta_2x_{花萼宽度}+\theta_3x_{花瓣长度}+\theta_4x_{花瓣宽度}=\sum_{i=0}^{n}\theta_ix_i \tag{3.11}$$

构造出的预测函数如式（3.12）所示。

$$h_{\boldsymbol{\theta}}(x)=g(\boldsymbol{\theta}^{\mathrm{T}}x)=\frac{1}{1+\mathrm{e}^{-(\theta_0+\theta_1x_{花萼长度}+\theta_2x_{花萼宽度}+\theta_3x_{花瓣长度}+\theta_4x_{花瓣宽度})}} \tag{3.12}$$

然后继续构造惩罚函数，求解出公式中的参数 $\boldsymbol{\theta}$ 即可。预测函数的输出结果是预测待判断样本为某一种类型的花的概率。这里，求解方法有很多种，感兴趣的读者可以通过查阅其他资料了解。

3.2.3　最小近邻法

最小近邻（K-Nearest Neighbors，KNN）算法是一种基于实例学习（Instance-Based Learning，IBL）的算法。KNN 算法的基本思想是，如果一个样本在特征空间中的 K 个最相似（即特征空间中最邻近）的样本中的大多数属于某一个类别，则该样本也属于这个类别。通常 K 的取值比较小，不会超过 20。图 3-5 所示为 KNN 算法的分类逻辑示意图。

最小近邻算法的原理：

1）计算测试数据与各个训练数据之间的距离。

2）按照距离公式将对应数据之间的距离计算出来后，将结果按照从小到大排序。

3）选取计算结果中最小的前 K 个点（关于 K 值的确定，后面会具体介绍）。

4）把这 K 个点中出现频率次数最多的类别作为最终待判断数据的预测分类。通过这一流程可以发现，KNN 算法在实现其分类效果的过程中有 3 个重要的因素：衡量测试数据和训练数据之间的距离计算准则、K 值大小的选取、分类的规则。

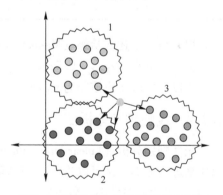

图 3-5　KNN 算法的分类逻辑示意图

（1）距离的选择

特征空间中的两个实例点的距离是两个实例点相似程度的反映。K 近邻法的特征空间一般是 n 维实数向量空间 $\mathbb{R}^n$。使用的距离是欧氏距离，但也可以是其他距离，如更一般的 Lp 距离或 Minkowski 距离。

现设特征空间 X 是 n 维实数向量空间 $\mathbb{R}^n$，$x_i,x_j\in X$，$x_i=(x_i^{(1)},x_i^{(2)},\cdots,x_i^{(n)})^{\mathrm{T}}$，$x_i$、$x_j$ 的 Lp 距离定义为（$p\geqslant1$），如式（3.13）所示。

$$\mathrm{Lp}(x_i,x_j)=\Big(\sum_{\mathrm{ln}=1}^{n}\mid x_i^{(1)}-x_j^{(1)}\mid^p\Big)^{\frac{1}{p}} \tag{3.13}$$

当 $p=1$ 时，曼哈顿（Manhattan）距离如式（3.14）所示。

$$d(x,y) = \sum_{i=1}^{n} |x_i - y_i| \tag{3.14}$$

当 $p=2$ 时，欧氏（Euclidean）距离如式（3.15）所示。

$$d(x,y) = \sqrt{\sum_{i=1}^{n} (x_i - y_i)^2} \tag{3.15}$$

当 $p \to \infty$ 时，切比雪夫距离如式（3.16）所示。

$$d(x,y) = \max |x_i - x_j| \tag{3.16}$$

（2）K 值的确定

通常情况，K 值从 1 开始迭代，每次分类结果都使用测试集来估计分类器的误差率或其他评价指标。K 值每次增加 1，即允许增加一个近邻（一般 K 的取值不超过 20，上限是 n 的开方，随着数据集的增大，K 的值也增大）。最后，在实验结果中选取分类器表现最好的 K 值。

案例分析

现有某特征向量 $x=(0.1, 0.1)$，另外 4 个数据数值和类别如表 3-4 所示。

表 3-4 数据数值和类别

数 据 项	特 征 向 量	类 别
x_1	$(0.1, 0.2)$	w_1
x_2	$(0.2, 0.5)$	w_1
x_3	$(0.4, 0.5)$	w_2
x_4	$(0.5, 0.7)$	w_2

取 $k=1$，上述曼哈顿（Manhattan）距离为衡量距离的方法，则有：

$D_{x \to x_1} = 0.1$；$D_{x \to x_2} = 0.5$；$D_{x \to x_3} = 0.7$；$D_{x \to x_4} = 1.0$。

所以，此时 x 应该归为 w_1 类。

3.2.4 线性判别分析法

线性判别分析（Linear Discriminant Analysis，LDA）是机器学习中的经典算法，它既可以用来进行分类，又可以进行数据的降维。线性判别分析的思想可以用一句话概括，就是"投影后类内方差最小，类间方差最大"。也就是说，要将数据在低维度上进行投影，投影后希望每一种类别数据的投影点尽可能地接近，而不同类别数据的类别中心之间的距离尽可能地大，线性判别分析的原理图如图 3-6 展示：

下面介绍线性判别分析算法原理和公式求解。

目的是找到最佳投影方向 $\boldsymbol{\omega}$，则样例 x 在方向向量 $\boldsymbol{\omega}$ 上的投影可以表示为：

$$y = \boldsymbol{\omega}^{\mathrm{T}} x \quad （此处以二分类模式为例）$$

给定数据集 $D = \{(x_i, y_i)\}_{i=1}^{m}$，$y_i \in \{0, 1\}$，令 N_i、X_i、$\boldsymbol{\mu}_i$、$\boldsymbol{\Sigma}_i$ 分别表示 $i \in \{0, 1\}$ 类示例的样本个数、样本集合、均值向量、协方差矩阵。

$\boldsymbol{\mu}_i$ 的表达式：$\boldsymbol{\mu}_i = \dfrac{1}{N} \sum_{x \in X_i} x (i = 0, 1)$；

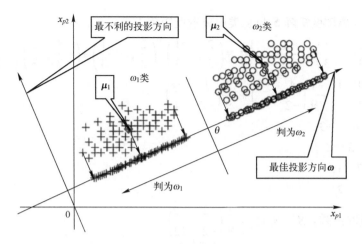

图 3-6　线性判别分析的原理图

$\boldsymbol{\Sigma}_i$ 的表达式：$\boldsymbol{\Sigma}_i = \sum\limits_{x \in X_i} (x - \boldsymbol{\mu}_i)(x - \boldsymbol{\mu}_i)^{\mathrm{T}}(i = 0, 1)$。

现有直线投影向量 $\boldsymbol{\omega}$，两个类别的中心点 $\boldsymbol{\mu}_0$、$\boldsymbol{\mu}_1$，则直线 $\boldsymbol{\omega}$ 的投影为 $\boldsymbol{\omega}^{\mathrm{T}}\boldsymbol{\mu}_0$ 和 $\boldsymbol{\omega}^{\mathrm{T}}\boldsymbol{\mu}_1$，能够使投影后的两类样本中心点尽量分离的直线就是好的直线，定量表示如式（3.17）所示，其越大越好：

$$arg \max_{\boldsymbol{\omega}} J(\boldsymbol{\omega}) = \| \boldsymbol{\omega}^{\mathrm{T}}\boldsymbol{\mu}_0 - \boldsymbol{\omega}^{\mathrm{T}}\boldsymbol{\mu}_1 \|^2 \tag{3.17}$$

此外，引入新度量值，称作散列值（Scatter），对投影后的列求散列值，如式（3.18）所示。

$$\overline{S} = \sum_{x \in X_i} (\boldsymbol{\omega}^{\mathrm{T}}x - \overline{\boldsymbol{\mu}_i})^2 \tag{3.18}$$

从式（3.18）可以看出，从集合意义的角度来看，散列值代表着样本点的密度。散列值越大，样本点的密度越分散，密度越小；散列值越小，则样本点越密集，密度越大。

基于上文阐明的原则：不同类别的样本点越分开越好，同类的样本点越聚集越好，也就是均值差越大越好，散列值越小越好。因此，同时考虑使用 $J(\boldsymbol{\theta})$ 和 S 来度量，则可得到欲最大化的目标，如式（3.19）所示。

$$J(\boldsymbol{\theta}) = \frac{\| \boldsymbol{\omega}^{\mathrm{T}}\boldsymbol{\mu}_0 - \boldsymbol{\omega}^{\mathrm{T}}\boldsymbol{\mu}_1 \|^2}{\overline{S_0}^2 + \overline{S_1}^2} \tag{3.19}$$

之后化简求解参数，即得分类模型参数 $\boldsymbol{\omega} = S_{\boldsymbol{\omega}}^{-1}(m_1 - m_2)$，其中 $S_{\boldsymbol{\omega}}$ 为总类内离散度。若有两类数据，则 $S_{\boldsymbol{\omega}} = S_1 + S_2$，$S_1$、$S_2$ 分别为两个类的类内离散度，有 $S_i = \sum\limits_{X \in x_i} (x - m_i)(x - m_i)^{\mathrm{T}}$，$i = 1, 2$。

案例分析

已知有两类数据，分别为：

$$\omega_1 : (1, 0)^{\mathrm{T}}, (2, 0)^{\mathrm{T}}, (1, 1)^{\mathrm{T}} ; \quad \omega_2 : (-1, 0)^{\mathrm{T}}, (0, 1)^{\mathrm{T}}, (-1, 1)^{\mathrm{T}}$$

请按照上述线性判别的方法找到最优的投影方向。

两类向量的中心点分别为 $m_1 = \left(\dfrac{4}{3}, \dfrac{1}{3} \right)^{\mathrm{T}}$，$m_2 = \left(-\dfrac{2}{3}, \dfrac{2}{3} \right)^{\mathrm{T}}$。

1）样本类内离散度矩阵 S_i 与总类内离散度矩阵 S_ω：

$$S_1 = \left(-\frac{1}{3}, -\frac{1}{3}\right)^T \left(-\frac{1}{3}, -\frac{1}{3}\right) + \left(\frac{2}{3}, -\frac{1}{3}\right)^T \left(\frac{2}{3}, -\frac{1}{3}\right) + \left(-\frac{1}{3}, \frac{2}{3}\right)\left(-\frac{1}{3}, \frac{2}{3}\right)$$

$$= \frac{1}{9}\begin{pmatrix} 1 & 1 \\ 1 & 1 \end{pmatrix} + \frac{1}{9}\begin{pmatrix} 4 & -2 \\ -2 & 1 \end{pmatrix} + \frac{1}{9}\begin{pmatrix} 1 & -2 \\ -2 & 4 \end{pmatrix}$$

$$= \frac{1}{9}\begin{pmatrix} 6 & -3 \\ -3 & 6 \end{pmatrix}$$

$$S_2 = \frac{1}{3}\begin{pmatrix} 2 & 1 \\ 1 & 2 \end{pmatrix}$$

总类内离散度矩阵：$S_\omega = S_1 + S_2 = \frac{1}{9}\begin{pmatrix} 12 & -2 \\ -2 & 12 \end{pmatrix}$。

2）样本类间离散度矩阵：$S_b = (m_1 - m_2)(m_1 - m_2)^T = \frac{1}{9}\begin{pmatrix} 36 & -6 \\ -6 & 1 \end{pmatrix}$。

3）$S_\omega^{-1} = [0.7714, 0.1286, 0.1286, 0.7714]$。

4）最后，最佳投影方向为 $\omega = S_\omega^{-1}(m_1 - m_2) = [2.7407, -0.8889]^T$。

3.2.5 朴素贝叶斯分类器

朴素贝叶斯模型是一组非常简单快速的分类算法，通常适用于维度非常高的数据集。由于其运行速度快，而且可调参数少，因此非常适合为分类问题提供快速粗糙的基本方案。图 3-7 所示是朴素贝叶斯分类器基于的理论。

下面介绍朴素贝叶斯算法原理和公式推导。

具体来说，若决策的目标是最小化分类错误率，那么贝叶斯最优分类器要对每个样本 x 选择能使后验概率 $p(c|x)$ 最大的类别 c 标记。在现实任务中，后验概率通常难以直接获得。从这个角度来说，机器学习所要实现的是基于有限的训练样本集尽可能准确地估计出后验概率 $p(c|x)$。要实现这一目标，综合看来，一共有两种方法：第一种方法，已知数据各维度属性值 x 及其对应的类别 c，可通过直接建模 $p(c|x)$ 来预测 c，这样得到的是"判别式模型"，如决策树、BP 神经网络、支

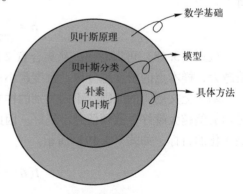

图 3-7 朴素贝叶斯分类器基于的理论

持向量机等；第二种方法，也可先对联合概率分布 $p(x,c)$ 建模，然后由此获得 $p(c|x)$，这样得到的是"生成式模型"。对于生成式模型来说，必然考虑式（3.20）：

$$p(c|x) = \frac{p(x,c)}{p(x)} \tag{3.20}$$

基于贝叶斯定理，$p(c|x)$ 可以写成式（3.21）：

$$p(c|x) = \frac{p(c)p(x|c)}{p(x)} \tag{3.21}$$

这就将求后验概率 $p(c|x)$ 的问题转变为求类先验概率 $p(c)$ 和条件概率 $p(x|c)$ 的问题。每个类别的先验概率 $p(c)$ 表达了各类样本在总体的样本空间所占的比例。由大数定律定理

可知，当用于训练模型的数据集拥有足够的样本，且这些样本满足独立同分布样本时，每个类别的先验概率 $p(c)$ 可通过各个类别的样本出现的频率来进行估计。朴素贝叶斯分类器采用了"属性条件独立性假设"：对已知类别，假设所有属性相互独立。这句话也可以表述为，假设输入数据 x 的各个维度都独立地作用着最终的分类结果，则有式（3.22）：

$$p(c|x) = \frac{p(c)p(x|c)}{p(x)} = \frac{p(c)}{p(x)} \prod_{i=1}^{d} p(x_i|c) \tag{3.22}$$

那么，很明显通过训练数据集 D 来预测类的先验概率 $p(c)$，并为每个属性估计条件概率 $p(x|c)$，即为其模型训练的主要思路。由于对所有类别来说，$p(x)$ 相同，因此有式（3.23）：

$$h_{nb}(x) = \text{argmax} p(c) \prod_{i=1}^{d} p(x_i|c) \tag{3.23}$$

若 D_c 表示训练数据集 D 中类别为 c 的样本组成的集合，在数据充足且输入的维度满足独立同分布的情况下，则能够估计出类别为 c 的样本的类先验概率，如式（3.24）：

$$p(c) = \frac{|D_C|}{|D|} \tag{3.24}$$

若输入维度数据为离散值，令 D_{c,x_i} 表示类别集 D_C 中在第 i 个维度属性上取值为 x_i 的数据组成的集合，则条件概率 $p(x_i|c)$ 可通过式（3.25）估计：

$$p(x_i|c) = \frac{|D_{c,x_i}|}{|D_C|} \tag{3.25}$$

若某个属性值在训练集中没有与某个类同时出现过，则基于式（3.24）进行概率估计，再根据式（3.25）进行判别将出现问题。因此，引入拉普拉斯修正，如式（3.26）和式（3.27）所示。

$$p(c) = \frac{|D_C|+1}{|D|+N} \tag{3.26}$$

$$p(x_i|c) = \frac{|D_{c,x_i}|+1}{|D_C|+N_I} \tag{3.27}$$

补充说明，当用于训练的数据集不够充足的时候，存在某类样本在某几个维度下的概率的估计值为 0 的情况，所以这里的分母加上了样本量，分子加了一。这样的修改对模型最后的结果不会有太大的干扰，因为当用于训练的数据集变大的时候，这种影响会越来越小，直到可以忽略不计，即估计值会逐渐趋向于实际的概率值。

案例分析

表 3-5 是关于用户的年龄、收入状况、身份、信用卡状态以及是否购买计算机作为分类标准，购买的标签是 yes，没有购买的标签是 no。

表 3-5　用户特征及其是否购买计算机数据表格

id	age	income	student	credit_rating	class：buys_computer
1	≤30	high	no	fair	no
2	≤30	high	no	excellent	no
3	31~40	high	no	fair	yes
4	>40	medium	no	fair	yes
5	>40	low	yes	fair	yes

（续）

id	age	income	student	credit_rating	class：buys_computer
6	>40	low	yes	excellent	no
7	31~40	low	yes	excellent	yes
8	≤30	medium	no	fair	no
9	≤30	low	yes	fair	no
10	>40	medium	yes	fair	yes
11	≤30	medium	yes	excellent	yes
12	31~40	medium	no	excellent	yes
13	31~40	high	yes	fair	yes
14	>40	medium	no	excellent	no

现有未知样本 $X = ($ age $= $ " $< = 30$ " , income $= $ " medium " , student $= $ " yes " , credit_rating $= $ "fair" $)$,判断其类别：

1）首先,按照"用户买计算机"或者"不买计算机"这两个标准分类,可得到每个类别的先验概率 $p(C_i)$, $i = 1,2$ 。可以根据训练样本计算得:

$$p(\text{buys\_computer} = \text{yes}) = 9/14 = 0.643$$

$$p(\text{buys\_computer} = \text{no}) = 5/14 = 0.357$$

2）然后,假设各个属性相互独立,则有后验概率为 $p(X \mid C)$, $i = 1,2$:

$p(\text{age} = \text{"<30"} \mid \text{buys\_computer} = \text{yes}) = 0.222$

$p(\text{age} = \text{"<30"} \mid \text{buys\_computer} = \text{no}) = 0.600$

$p(\text{income} = \text{"medium"} \mid \text{buys\_computer} = \text{yes}) = 0.444$

$p(\text{income} = \text{"medium"} \mid \text{buys\_computer} = \text{no}) = 0.400$

$p(\text{students} = \text{"yes"} \mid \text{buys\_computer} = \text{yes}) = 0.667$

$p(\text{students} = \text{"yes"} \mid \text{buys\_computer} = \text{no}) = 0.200$

$p(\text{credit\_rating} = \text{"fair"} \mid \text{buys\_computer} = \text{yes}) = 0.667$

$p(\text{credit\_rating} = \text{"fair"} \mid \text{buys\_computer} = \text{no}) = 0.400$

所以有

$p(X \mid \text{buys\_computer} = \text{"yes"}) = 0.222 \times 0.444 \times 0.667 \times 0.667 = 0.044$

$p(X \mid \text{buys\_computer} = \text{"no"}) = 0.600 \times 0.400 \times 0.200 \times 0.400 = 0.019$

3） $p(X \mid \text{buys\_computer} = \text{"yes"}) P(\text{buys\_computer} = \text{"yes"}) = 0.044 \times 0.643 = 0.028$

$p(X \mid \text{buys\_computer} = \text{"no"}) P(\text{buys\_computer} = \text{"no"}) = 0.019 \times 0.357 = 0.007$

因此,对于样本 X ,朴素贝叶斯分类器预测 buys_computer $= $ "yes" 。

3.2.6　决策树分类算法

决策树（Decision Tree）模型既可以用于解决分类问题,又可以用于解决回归问题。决策树算法采用树形结构,通过层层推理最终实现模型目标。决策树由下面几种元素构成:

1）根节点,包含样本的全集。

2）内部节点,对应特征属性的测试。

3）叶子节点,代表决策结果。

决策树模型如图 3-8 所示。从图中可以看到，决策树的生成包含 3 个关键环节：特征选择、决策树的生成、决策树的剪枝。

1）特征选择。决定使用哪些特征来作为树的分裂节点。在训练数据集中，每个样本的属性都可能有很多个，不同属性的作用有大有小。因而，特征选择的作用就是筛选出跟分类结果相关性较高的特征，也就是分类能力较强的特征。在特征选择中通常使用的准则是信息增益。

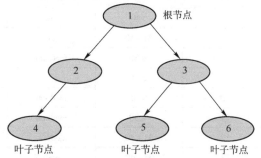

图 3-8　决策树模型

2）决策树的生成。选择好特征后，就从根节点出发，对节点计算所有特征的信息增益，具有最大信息增益的属性被作为决策树的节点，根据该特征的不同取值建立子节点；对接下来的子节点使用相同的方式生成新的子节点，直到信息增益很小或者没有特征可以选择为止。

3）决策树的剪枝。剪枝的主要目的是防止模型的过拟合，通过主动去掉部分分支来降低过拟合的风险。

（1）决策树算法的原理

决策树算法有 3 种非常典型的算法原理：ID3、C4.5、CART（Classification And Regression Tree）。其中，ID3 是最早提出的决策树算法，它是利用信息增益来选择特征的。C4.5 算法是 ID3 的改进版，它不直接使用信息增益，而是引入"信息增益比"指标作为特征的选择依据。CART 算法既可以用于分类，也可以用于回归问题。CART 算法使用了基尼系数取代了信息熵模型。

（2）模型生成流程

1）从根节点开始，依据决策树的各种算法的计算方式，计算各个特征的作为新的分裂节点的衡量指标的值，选择计算结果最优的特征作为节点的划分特征（其中，ID3 算法选用信息增益值最大的特征，C4.5 使用信息增益率，CART 选用基尼指数最小的特征）。

2）由该特征的不同取值建立子节点。

3）再对子节点递归地调用以上方法，构建决策树。

4）直到结果收敛（不同算法评价指标的规则不同）。

5）剪枝，以防止过拟合（ID3 不需要）。

案例分析

这里以 ID3 算法为例，还是以上一小节中的是否购买计算机作为区分用户的标签，拥有的用户属性有年龄、收入、是否为学生、信用卡等级，数据如表 3-6 所示。

表 3-6　用户特征及其是否购买计算机数据表格

id	age	income	student	credit_rating	class：buys_computer
1	≤30	high	no	fair	no
2	≤30	high	no	excellent	no
3	31~40	high	no	fair	yes
4	>40	medium	no	fair	yes
5	>40	low	yes	fair	yes

（续）

id	age	income	student	credit_rating	class：buys_computer
6	>40	low	yes	excellent	no
7	31~40	low	yes	excellent	yes
8	≤30	medium	no	fair	no
9	≤30	low	yes	fair	no
10	>40	medium	yes	fair	yes
11	≤30	medium	yes	excellent	yes
12	31~40	medium	no	excellent	yes
13	31~40	high	yes	fair	yes
14	>40	medium	no	excellent	no

根节点上的熵不纯度：

$$E(\text{root}) = -\left(\frac{9}{14}\log_2\frac{9}{14} + \frac{5}{14}\log_2\frac{5}{14}\right) = 0.940$$

age 作为查询的信息熵是：

For age = "<30"：

$$S11 = 2,\ S21 = 3 \qquad E(\text{root}1) = -\left(\frac{2}{5}\log_2\frac{2}{5} + \frac{3}{5}\log_2\frac{3}{5}\right) = 0.971$$

For age = "30-40"：

$$S12 = 4,\ S22 = 0 \qquad E(\text{root}2) = 0$$

For age = ">40"：

$$S13 = 3,\ S23 = 2 \qquad E(\text{root}3) = -\left(\frac{3}{5}\log_2\frac{3}{5} + \frac{2}{5}\log_2\frac{2}{5}\right) = 0.971$$

$$E(\text{age}) = \frac{5}{14}i(\text{root}_1) + \frac{4}{14}i(\text{root}_2) + \frac{5}{14}i(\text{root}_3) = 0.694$$

所以，当以 age 为查询的信息增益时：

$$\text{Gain}(\text{age}) = E(\text{root}) - E(\text{age}) = 0.246$$

类似的，可以计算出所有属性的信息增益：

$\text{Gain}(\text{income}) = 0.029$；$\text{Gain}(\text{student}) = 0.151$；$\text{Gain}(\text{credit\_rating}) = 0.048$

age 的信息增益最大，所以选择 age 作为根节点的分叉，对训练集进行首次划分。接下来，继续进行分裂指标的选择和节点的分裂，此处不再详细介绍。

3.2.7 支持向量机分类算法

支持向量机（Support Vector Machines，SVM）是一种二分类模型。其学习的基本思路是求解能够正确划分训练数据集且几何间隔最大的分离超平面。图 3-9 所示为分离超平面。对于线性可分的数据集来说，这样的超平面有无穷多个（即感

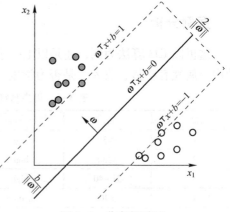

图 3-9　分离超平面

知机），但是几何间隔最大的分离超平面却是唯一的。

下面介绍支持向量机算法原理和公式推导。

在推导之前，先给出一些定义。假设训练集合为 $D = \{(x_i, y_i) \mid x_i \in \mathbb{R}^r, \ i = 1, 2, \cdots, n\}$，其中 x_i 为第 i 个特征向量，y_i 为 x_i 的类标记，当它等于 $+1$ 时为正例；当为 -1 时为负例。再假设训练数据集是线性可分的。

对于给定的数据集 T 和超平面 $\omega * x + b = 0$，定义超平面关于样本点 (x_i, y_i) 的几何间隔如式（3.28）所示。

$$\gamma_i = y_i \left(\frac{\omega}{\|\omega\|} x_i + \frac{b}{\|\omega\|} \right) \tag{3.28}$$

超平面关于所有样本点的几何间隔的最小值为式（3.29）：

$$\gamma = \min_{i=1,2,\cdots,n} \gamma_i \tag{3.29}$$

实际上，这个距离就是所谓的支持向量到超平面的距离。根据以上定义，SVM 模型的求解最大分割超平面问题就可以表示为以下约束最优化问题，如式（3.30）和式（3.31）所示。

$$\max_{\omega,b} \gamma \tag{3.30}$$

$$\text{s. t. } \ y_i \left(\frac{\omega}{\|\omega\|} x_i + \frac{b}{\|\omega\|} \right) \geq \gamma, \quad i = 1, 2, \cdots, n \tag{3.31}$$

经过一系列化简，求解最大分割超平面问题又可以表示为以下约束最优化问题，如式（3.32）和式（3.33）所示。

$$\min_{\omega,b} \frac{1}{2} \|\omega\|^2 \tag{3.32}$$

$$\text{s. t. } \ y_i (\omega x_i + b) \geq 1, \quad i = 1, 2, \cdots, n \tag{3.33}$$

这是一个含有不等式约束的凸二次规划问题，可以对其使用拉格朗日乘子法得到，如式（3.34）所示：

$$
\begin{aligned}
L(\omega, b, \alpha) &= \frac{1}{2} \omega^{\mathrm{T}} \omega + \alpha_1 h_1(x) + \cdots + \alpha_n h_n(x) \\
&= \frac{1}{2} \omega^{\mathrm{T}} \omega - \sum_{i=1}^{N} \alpha_i y_i (\omega x_i + b) + \sum_{i=1}^{N} \alpha_i
\end{aligned}
\tag{3.34}
$$

当数据线性可分时，对 ω、b 求导，得到式（3.35）和式（3.36）：

$$\omega = \sum_{i=1}^{N} \alpha_i y_i x_i \tag{3.35}$$

$$\sum_{i=1}^{N} \alpha_i y_i = 0 \tag{3.36}$$

最终演化为式（3.37）：

$$\min \ \omega(\alpha) = \frac{1}{2} \left(\sum_{i,j=1}^{N} \alpha_i y_i \alpha_j y_j x_i x_j \right) - \sum_{i=1}^{N} \alpha_i$$

$$\text{s. t. } \ 0 \leq \alpha_i \leq C, \quad \sum_{i=1}^{N} \alpha_i y_i = 0 \tag{3.37}$$

最后求解得到函数的参数，即可以得到分类函数。

案例分析

样本数据如图 3-10 所示，其中正例点是 $x_1 = (3,3)^{\mathrm{T}}$，$x_2 = (4,3)^{\mathrm{T}}$，负例点是 $x_3 = (1,1)^{\mathrm{T}}$，

试求最大间隔分离超平面。

解：按照支持向量机算法，根据训练数据集构造约束最优化问题：

$$\min_{\boldsymbol{\omega},b}\frac{1}{2}(\omega_1^2+\omega_2^2)$$

$$\text{s. t. } 3\omega_1+3\omega_2+b\geqslant1,$$

$$4\omega_1+3\omega_2+b\geqslant1,$$

$$-\omega_1-3\omega_2-b\geqslant1$$

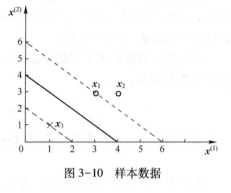

图 3-10　样本数据

求得此最优化问题的解 $\omega_1=\omega_2=\dfrac{1}{2}$，$b=-2$。所以最

大间隔分离超平面为：

$$\frac{1}{2}x_1+\frac{1}{2}x_3-2=0$$

其中，$\boldsymbol{x}_1=(3,3)^\mathrm{T}$ 与 $\boldsymbol{x}_3=(1,1)^\mathrm{T}$ 为支持向量。

本节较为详细地介绍了监督学习中分类的各种常见传统算法，并列举了简单的例子。

3.3　无监督学习

聚类分析是机器学习中非监督学习的重要部分，旨在发现数据中各元素之间的关系，组内相似性越大，组间差距越大，聚类效果越好。在目前实际的互联网业务场景中，把针对特定运营目的和商业目的所挑选出的指标变量进行聚类分析，把目标群体划分成几个具有明显特征的细分群体，从而可以在运营活动中为这些细分群体采取精细化、个性化的运营和服务，最终提升运营的效率和商业效果。此外，聚类分析还可以应用于异常数据点的筛选检测，例如，在反欺诈场景、异常交易场景、违规刷好评场景中，聚类算法都有着非常重要的应用，聚类算法样式如图 3-11 所示。聚类分析大致分为 5 大类：基于划分方法的聚类分析、基于层次方法的聚类分析、基于密度方法的聚类分析、基于网格方法的聚类分析、基于模型方法的聚类分析。本节将挑选部分内容来做介绍。

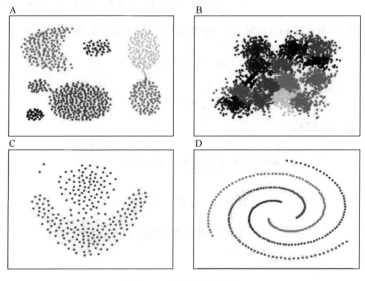

图 3-11　聚类算法样式

3.3.1　划分式聚类方法

给定一个有 N 个元素的数据集，将构造 k 个分组，每一个分组就代表一个聚类，$k<N$。这 k 个分组需要满足下列几个条件：每一个分组至少包含一个数据记录；每一个数据记录属于且仅属于一个分组（注意：这个要求在某些模糊聚类算法中可以放宽）；对于给定的 k，算法首先给出一个初始的分组方法，以后通过反复迭代的方法改变分组，使得每一次改进之后的分组方案都较前一次更好，而所谓好的标准就是：同一分组中的记录越近越好，不同分组中的记录越远越好。使用这个基本思想的算法有 K-means 算法、K-Medoids 算法、Clarants 算法。这里以最为基础简单的 K-Means 算法为例详细展开阐述。

数据集 D 有 n 个样本点 $\{x_1, x_2, \cdots, x_n\}$，假设现在要将这些样本点聚集为 k 个簇，现选取 k 个簇中心为 $\{\mu_1, \mu_2, \cdots, \mu_n\}$。然后定义指示变量 $\gamma_{ij} \in \{0,1\}$，如果第 i 个样本属于第 j 个簇，那么有 $\gamma_{ij}=1$，否则 $\gamma_{ij}=0$（其指的是 K-means 中的每个样本只能属于一个簇，所以在 K-means 算法中 $\sum_j \gamma_{ij} = 1$）。最后，K-means 的优化目标即损失函数是 $J(\gamma,\mu) = \sum_{i=1}^{n} \sum_{j=1}^{k} \gamma_{ij} \|x_i - \mu_j\|_2^2$，即所有样本点到其各自中心的欧式距离的和最小。

算法流程：

1）随机选取 k 个聚类中心为 $\{\mu_1, \mu_2, \cdots, \mu_n\}$。

2）重复下面过程，直到收敛：

a）按照欧式距离最小原则，将每个点划分至其对应的簇。

b）更新每个簇的样本中心，按照样本均值来更新。

备注：这里的收敛原则具体是指簇中心收敛，即其保持在一定的范围内不再变动时停止算法。

通过上述算法流程的描述，可以看到 K-means 算法的一些缺陷，比如，簇的个数 k 值的选取和簇中心的具体位置的选取是人为进行的，这样不是很准确。当然，目前有一些解决方案，例如，肘方法辅助 k 值的选取。另外，由于簇内中心坐标是按照簇内样本点的均值计算的，所以其受异常点的影响非常大。最后，由于 K-means 采用欧式距离来衡量样本之间的相似度，所以得到的都是凸簇聚类，如图 3-12 所示，不能解决其他类型的数据分布的聚类，有很大的局限性。基于上述问题，K-means 算法衍生出了 K-Meidans、K-Medoids、K-means++ 等方法。

图 3-12　凸簇聚类

案例分析

元素集合 S 如表 3-7 所示，共有 5 个元素。作为一个聚类分析的二维样本，现假设簇的数量为 $k=2$。

表 3-7　元素集合 S

o（样本点）	x 坐标值	y 坐标值
1	0	2
2	0	0
3	1.5	0
4	5	0
5	5	2

1）选择 $O_1(0,2)$、$O_2(0,0)$ 为初始的簇中心，即 $M_1 = O_1 = (0,2)$，$M_2 = O_2 = (0,0)$。

2）对剩余的每个对象，根据其与各个簇中心的距离将它赋予最近的簇。

对于 O_3，$d(M_1,O_3) = 2.5$，$d(M_2,O_3) = 1.5$。显然，$d(M_2,O_3) < d(M_1,O_3)$，O_3 分配给 C_2；同理，将 O_4 分配给 C_1，将 O_5 分配给 C_2。

有 $C_1 = \{O_1,O_5\}$，$C_2 = \{O_2,O_3,O_4\}$。

到簇中心的距离和：$E_1 = 25$，$E_2 = 2.25 + 25 = 27.25$，$E = 52.25$。

新的簇中心为 $M_1 = (2.5,2)$，$M_2 = (2.17,0)$。

3）重复上述步骤，得到新簇 $C_1 = \{O_1,O_5\}$，$C_2 = \{O_2,O_3,O_4\}$，簇中心仍为 $M_1 = (2.5,2)$，$M_2 = (2.17,0)$，未变。此时，$E_1 = 12.5$，$E_2 = 13.15$，$E = E_1 + E_2 = 25.65$。

此时，E 为 25.65，比上次的 52.25 大大地减小，又因为簇中心未变，所以停止迭代，算法停止。

3.3.2　层次化聚类方法

层次化聚类方法将数据对象组成一棵聚类树，如图 3-13 所示。

根据层次的分解是自底向上（合并）还是自顶向下（分裂），层次化聚类方法可以进一步分为凝聚的（Agglomerrative）和分裂的（Divisive）。也就是说有两种类型的层次化聚类方法：

1）**凝聚层次聚类**：采用自底向上的策略，首先将每个对象作为单独的一个簇，然后按一定规则合并这些小的簇，形成一个更大的簇，直到最终所有的对象都在最上层的一个簇中，或者达到某个终止条件。Agnes 是其代表算法，如图 3-14 所示。

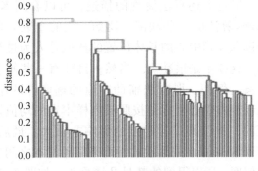

图 3-13　聚类树

2）**分裂层次聚类**：采用自顶向下的策略，首先将所有对象置于一个簇中，然后逐渐细分为越来越小的簇，直到每个对象自成一个簇，或者达到终止条件。Diana 是其代表算法，如图 3-14 所示。

下面以 Agnes 算法为例展开阐述。

输入：n 个对象，终止条件簇的数目 k。

输出：k 个簇，达到终止条件规定的簇的数目。

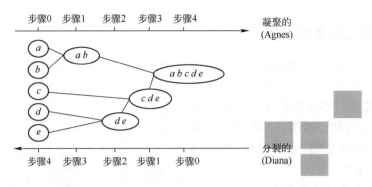

图 3-14　两种类型的层次化聚类方法

算法流程：

1）将每一个元素当成一个初始簇。

2）循环迭代，直到达到定义的簇的数目：

a）根据两个簇中最近的数据点找到最近的两个簇。

b）合并两个簇，生成新的簇。

案例分析

表 3-8 所示的 8 个元素，分别有属性 1 和属性 2 两个维度。

表 3-8　元素参数

序　号	属性 1	属性 2
1	1	1
2	1	2
3	2	1
4	2	2
5	3	4
6	3	5
7	4	4
8	4	5

那么，按照 Agnes 算法进行层次化聚类的过程如表 3-9 所示。另外，两个簇之间的距离，以两个簇间点的最小距离为度量的依据。

表 3-9　层次化聚类过程

步　骤	最近的簇距离	最近的两个簇	合并后的新簇
1	1	{1},{2}	{1,2},{3},{4},{5},{6},{7},{8}
2	1	{3},{4}	{1,2},{3,4},{5},{6},{7},{8}
3	1	{5},{6}	{1,2},{3,4},{5,6},{7},{8}
4	1	{7},{8}	{1,2},{3,4},{5,6},{7,8}
5	1	{1,2},{3,4}	{1,2,3,4},{5,6},{7,8}
6	1	{5,6},{7,8}	{1,2,3,4},{5,6,7,8}结束

3.3.3 基于密度的聚类方法

基于密度的聚类方法是根据样本的密度分布来进行聚类的。通常情况下，密度聚类从样本密度的角度出发来考查样本之间的可连接性，并基于可连接样本不断扩展聚类簇，以获得最终的聚类结果，如图 3-15 所示。其中，最有代表性的基于密度的算法是 DBSCAN 算法，下面展开介绍。

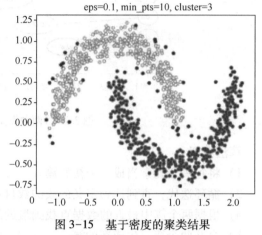

图 3-15 基于密度的聚类结果

DBSCAN 所涉及的基本术语：

1）**对象的 ε-邻域**：给定的对象 $x_j \in D$，在其半径 ε 内的区域中包含的样本点的集合，即 $|N_\varepsilon(x_j)| = \{x_i \in D \mid \mathrm{distance}(x_i, x_j) \le \varepsilon\}$，这个子样本中包含样本点的个数记为 $|N_\varepsilon(x_j)|$。

2）**核心对象**：对于任一样本 $x_j \in D$，如果其 ε-邻域对应的 $N_\varepsilon(x_j)$ 至少包含 MinPts 个样本，即 $|N_\varepsilon(x_j)| \ge$ MinPts，则 x_j 是核心对象。

3）**密度直达**：如果 x_i 位于 x_j 的 ε-邻域，且 x_j 为核心对象，则称 x_i 由 x_j 密度直达。注意，反之不一定成立。

4）**密度可达**：对于 x_i 和 x_j，如果存在样本序列 $p_1, p_2, \cdots, p_t$ 满足 $p_1 = x_i$，$p_t = x_j$，且 p_{t+1} 由 p_t 密度直达，则称 x_i 由 x_j 密度可达。

5）**密度相连**：对于 x_i 和 x_j，如果存在核心样本 x_k，使 x_i 和 x_j 均由 x_k 密度可达，则称 x_i 和 x_j 密度相连。

如图 3-16 所示，MinPts=5，浅色的点都是核心对象，因为其 ε-邻域内至少有 5 个样本。深色的样本是非核心对象。所有核心对象密度直达的样本都在以浅色核心对象为中心的超球体内，如果不在超球体内，则不能密度直达。图中用箭头连起来的核心对象组成了密度可达的样本序列。在这些密度可达的样本序列的 ε-邻域内，所有的样本都是密度相连的。

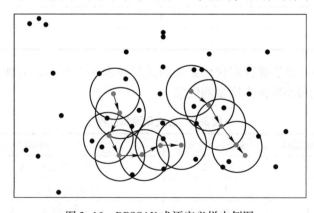

图 3-16 DBSCAN 术语定义样本例图

有了上述 DBSCAN 的聚类术语的定义，其算法流程的描述就简单多了。其流程如下。

输入：包含 n 个元素的数据集，半径为 ε，最少数据为 MinPts。

输出：按照上述要求生成的所有簇。

迭代循环，直到达到收敛条件：所有的点都被处理过 {

1）从数据集中随机选取一个未经处理过的点。

2）如果抽中的点是核心点，那么找出所有从该点密度可达的对象，形成一个簇。

3）否则，如果抽中的点是非核心点，则跳出本次循环，寻找下一个点。

}

案例分析

表 3-10 是 DBSCAN 样本数据和算法实现，表中注明样本序号及其属性值，对其使用 DBSCAN 进行聚类，同时定义 $\varepsilon = 1$，MinPts = 4。

表 3-10 DBSCAN 样本数据和算法实现

序号	属性1	属性2	迭代步骤	选择点的序号	在 ε 中点的个数	通过计算密度可达而形成的簇
1	2	1	1	1	2	无
2	5	1	2	2	2	无
3	1	2	3	3	3	无
4	2	2	4	4	5（核心对象）	簇1：{1, 3, 4, 5, 9, 10, 12}
5	3	2	5	5	3	在簇1中
6	4	2	6	6	3	无
7	5	2	7	7	5（核心对象）	簇2：{2, 6, 7, 8, 11}
8	6	2	8	8	2	在簇2中
9	1	3	9	9	3	在簇1中
10	2	3	10	10	4（核心对象）	在簇1中
11	5	3	11	11	2	在簇2中
12	2	4	12	12	2	在簇1中

通过表 3-10 中的步骤，完成了基于密度的 DBSCAN 的聚类，聚类前后的样本如图 3-17 所示。

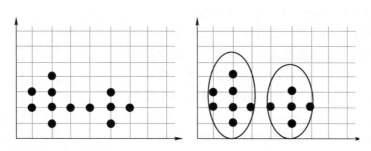

图 3-17 DBSCAN 聚类前后的样本

本节较为详细地介绍了非监督学习中聚类分析的各种常见传统算法，并列举了简单的例子。

3.4　强化学习

在人工智能的发展过程中，强化学习已经变得越来越重要，在很多应用中都取得了非常重要的突破。尤其是在 2017 年 1 月 4 日晚，DeepMind 公司研发的 AlphaGo 升级版 Master 在战胜人类棋手时突然发声自认："我是 AlphaGo 的黄博士。"自此，Master 取得了 59 场的不败纪录，将对战人类棋手的纪录变为 59：0。而 Master 程序背后所应用的强化学习思想也受到了广泛的关注，本节就来简单地介绍机器学习领域中非常重要的一个分支——强化学习。

3.4.1　强化学习、监督学习和无监督学习

相较于机器学习领域中经典的监督学习和无监督学习，强化学习主要是模仿生物体与环境交互的过程，根据得到的正负反馈，不断地更正下次的行为，进而实现学习的目的。这里以一个学习烹饪的人为例：一个初次下厨的人，在第一次烹饪的时候火候过大，导致食物的味道不好；在下次做菜的时候，他就将火候调小一些，食物的味道比第一次好了很多，但是可能火候又有些小了，做出来的食物味道还是不够好；于是，在下次做菜的时候，他又调整了自己烹饪的火候……就这样，他每次做菜时都根据之前的经验去调整当前做菜的"策略"，获得本次菜肴是否足够美味的"反馈"，直到他掌握了烹饪菜肴的最佳方法。强化学习模型构建的范式正是模仿上述人类学习的过程，也正因如此，强化学习被视为实现人工智能的重要的途径。

强化学习在以下几个方面明显区别于传统的监督学习和非监督学习：

1）强化学习中没有像监督学习中明显的"label"，它有的只是每次行为过后的反馈。
2）当前的策略会直接影响后续接收到的整个反馈序列。
3）收到的反馈或者是奖励的信号不一定是实时的，有时甚至有很多的延迟。
4）时间序列是一个非常重要的因素。

3.4.2　强化学习问题描述

强化学习由图 3-18 所示的几个部分组成，这里引用的是 David Silver 在相关课程中的图片。整个过程可以描述为：在第 t 个时刻，个体（Agent）对环境（Environment）有一个观察评估 O_t，因此它做出行为 A_t，随后个体获得环境的反馈 R_t；与此同时，环境接收个体的动作 A_t，同时更新环境的信息 O_{t+1}，以便可以在下一次行动前观察到，然后反馈给个体信号 R_{t+1}。在这里，R_t 是环境对个体的一个反馈信号，将其称为奖励（Reward）。它是一个标量，反映的是个体在 t 时刻的行为的指标。因此，这里个体的目标就是在这个时间序列中使得奖励的期望最大。

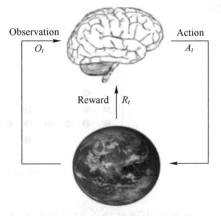

图 3-18　强化学习的组成

个体学习的过程就是一个观测、行为、奖励不断循环的序列，被称为历史 H_t：$O_1, R_1, A_1, O_2, R_2, A_2, \cdots,$ O_t, R_t, A_t。这里，基于历史的所有信息，都可以得到当前状态（State）的一个函数 $S_t =$

$f(H_t)$，这个状态又分为环境状态、个体状态和信息状态。状态具有马尔可夫属性，以概率的形式表示为式(3.38)：

$$p[S_{t+1}|S_t]=p[S_{t+1}|S_1,\cdots,S_t] \tag{3.38}$$

即第 $t+1$ 时刻的信息状态，基于 t 时刻就可以全部得到，而不再需要 t 时刻以前的历史数据。

基于上述描述，强化学习系统中的个体可以由以下三个组成部分中的一个或多个组成。

(1) 策略（Policy）

策略是决定个体行为的机制，是从状态到行为的一个映射，可以是确定性的，也可以是不确定性的。详细来说，就是当个体在状态 S 时所要做出行为的选择，将其定义为 π，这是强化学习中最核心的问题。如果策略是随机的，那么策略根据每个动作概率 $\pi(a|S)$ 这样的条件概率分布来选择动作；如果策略是确定性的，那么策略直接根据状态 S 选择出动作 $a=\pi(S)$。

因此，随机策略：$\sum\pi(a|S)=1$；确定型策略：$\pi(S):S\to A$。

(2) 价值函数（Value Function）

如果反馈（Reward）定义的是评判一次交互中立即回报的好坏，那么价值函数定义的是从长期看 Action 平均回报的好坏。比如烹饪过程中，应用大量高热量的酱料虽然当下烹饪后食物的口味会比较好，但如果长期吃高热量的酱料会导致肥胖，显然长期看使用高热量酱料的这个 Action 是不好的，即一个状态 s 的价值函数是其长期期望 Reward 的高低。因此，某一策略下的价值函数用式(3.39)和式(3.40)表示：

$$v_\pi(S)=E_\pi[R_{t+1}+R_{t+2}+R_{t+3}+\cdots|S_t=S] \tag{3.39}$$

$$v_\pi(S)=E_\pi[R_{t+1}+\gamma R_{t+2}+\gamma^2 R_{t+3}+\cdots|S_t=S] \tag{3.40}$$

式(3.39)代表的是回合制任务（Episodic Task）的价值函数，回合制任务是指整个任务有一个最终结束的时间点。而式(3.40)代表的是连续任务（Continuing Task）的价值函数，原则上这类任务可以无限制地运行下去。式子中的 γ 称为衰减率（Discount Factor），满足 $0\leqslant\gamma\leqslant1$。它可以理解为，在连续任务中，相比于更远的收益，更加偏好临近的收益，因此对于离得较近的收益权重更高。

(3) 环境的模型（Model of the Environment）

它是个体对环境的建模，主要体现了个体和环境的交互机制，即在环境状态 S 下个体采取动作 a，环境状态转到下一个状态 S' 的概率，其可以表示为 $p_{SS'}^a$。它可以用来解决两个问题，一个问题是预测下一个状态（State）可能发生各种情况的概率，另一个问题是预测可能获得的即时的奖励（Reward）。

3.4.3　强化学习问题分类

解决强化学习问题有多种思路，根据这些解决问题思路的不同，强化学习问题大致可以分为 3 类。

1）仅基于价值函数（Value Based）的解决思路：在这样的解决问题的思路中，有对状态的价值估计函数，但是没有直接的策略函数，策略函数由价值函数间接得到。

2）仅直接基于策略的（Policy Based）的解决思路：这样的个体中，行为直接由策略函数产生，个体并不维护一个对各状态价值的估计函数。

3）演员-评判家形式（Actor-Critic）的解决思路：个体既有价值函数，也有策略函数。

两者相互结合解决问题。

案例分析

这里以图 3-19 所示的 3×3 的一字棋为例，3 个人轮流下，当一个人的棋子满足一横或者一竖，则为赢得比赛，或者这个棋盘填满也没有人赢，则为和棋。

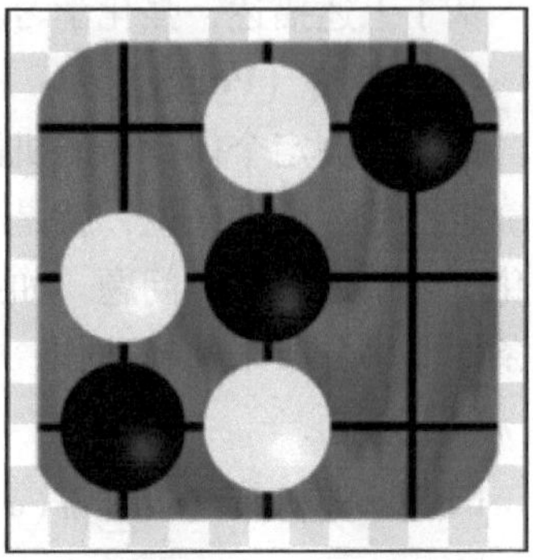

这里尝试使用强化学习的方法来训练一个 Agent，使其能够在该游戏上表现出色（即 Agent 在任何情况下都不会输，最多平局）。由于没有外部经验，因此需要同时训练两个 Agent 进行上万轮的对弈来寻找最优策略。

1）环境的状态 S，这是一个九宫格，每个格子都有 3 种状态，即没有棋子（取值 0），有第一个选手的棋子（取值 1），有第二个选手的棋子（取值 -1）。那么，这个模型的状态一共有 $3^9 = 19683$ 个。

2）接着看个体的动作 A，这里只有 9 个格子，每次也只能下一步，所以最多只有 9 个动作选项。实际上，由于已经有棋子的格子是不能再下棋的，所以动作选项会更少。实际可以选择动作的就是那些取值为 0 的格子。

图 3-19 一字棋

3）环境的奖励 R，一般是用户自己设计的。由于实验的目的是赢棋，所以如果某个动作导致的状态可以使我们赢棋，结束游戏，那么奖励最高，反之则奖励最低。其余的双方下棋动作都有奖励，但奖励较少。特别的，对于先下的棋手，不会导致结束的动作奖励要比后下的棋手少。

4）个体的策略（Policy），一般是学习得到的，会在每轮以较大的概率选择当前价值最高的动作，同时以较小的概率去探索新动作。

整个过程的逻辑思路如下。

```
REPEAT {
if 分出胜负或平局：返回结果，break；
else 依据 ε 概率选择 explore，或依据 1-ε 概率选择 exploit：
    if 选择 explore 模式：随机地选择落点下棋；
    else 选择 exploit 模型：
        从 value_table 中查找对应最大 value 状态的落点下棋；
        根据新状态的 value 在 value_table 中更新原状态的 value；}
```

由于井字棋的状态逻辑比较简单，使用价值函数 $V(S) = V(S) + \alpha(V(S') - V(S))$ 即可。其中，V 表示 Value Function；S 表示当前状态；S' 表示新状态；$V(S)$ 表示 S 的 value；α 表示学习率，是可以调整的超参。

ϵ 表示探索率（Explore Rate），即策略模式以 $1-\epsilon$ 的概率选择当前最大价值的动作，以 ϵ 的概率随机选择新动作。

5）环境的状态转化模型，由于每一个动作后，环境的下一个模型状态是确定的，也就是九宫格的每个格子是否有某个选手的棋子是确定的，因此转化的概率都是 1，不存在某个动作后会以一定的概率到某几个新状态。

本节简单介绍了强化学习的构建思路和基本的问题阐述，并以在一字棋游戏中训练可以胜利的个体为实际案例，没有涉及具体模型。如果想要对这部分问题有更全面的了解，建议参考其他书籍。

3.5　神经网络和深度学习

近年来，深度学习（Deep Learning）无论是在学术界，还是在工业界，深度学习（Deep Learning）都备受关注。深度学习在许多人工智能的应用场景中，都取得了较为重大的成功和突破，如图像识别、指纹识别、声音识别、自然语言处理。从本质上说，深度学习是机器学习的一个分支，它代表了一类问题以及它们的解决方法。而人工神经网络（Artificial Neural Network，ANN）又简称神经网络，由于其可以很好地解决深度学习中的贡献度分配问题，所以神经网络模型被大量地引入，以用来解决深度学习的问题。

3.5.1　感知器模型

在神经网络中，最基本的组成成分是神经元模型。它是模拟生物体的中枢神经系统。在其中，每个神经元都与其他神经元相连，当它受到刺激时，神经元内部的电位就会超过一定的阈值，继而向其他神经元传递化学物质。神经元的内部结构如图 3-20 所示。

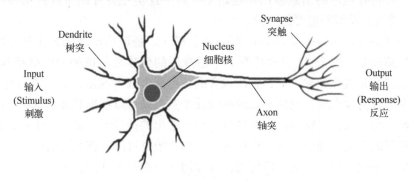

图 3-20　神经元的内部结构

神经网络中的感知器，就是以图 3-20 为灵感产生的，它只有一个神经元，是最简单的神经网络。在这个模型中，中央的神经元接收从外界传送过来的 r 个信号，分别为 $p_1,p_2,\cdots,p_r$。这些输入信号都有其对应的权重，分别为 $\omega_1,\omega_2,\cdots,\omega_r$，然后将各个输入值与其相应的权重相乘，再加上偏移量 b。最后，通过激活函数的处理产生相应的输出 a，感知器原理示意图如图 3-21 所示。这里，激活函数又称为非线性映射函数，它通常使用的形式

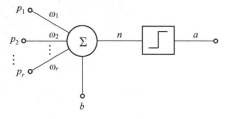

图 3-21　感知器原理示意图

有 Sigmoid 函数、"0，1"的阶跃函数、ReLU 函数等，以把无限的输出区间转换到有限的输出范围内。

上述模型用公式描述，即如式(3.41)所示，其实 $f(x)$ 代表的是激活函数：

$$y = f\left(\sum_{i=1}^{r} p_i\boldsymbol{\omega}_i + b\right) \tag{3.41}$$

从几何的角度来看，对于 n 维空间的一个超平面，$\boldsymbol{\omega}$ 为超平面的法向量，b 为超平面的截距，p 为空间中的点。当 x 位于超平面的正侧时，$\boldsymbol{\omega}x+b>0$；当 x 位于超平面的负侧时，$\boldsymbol{\omega}x+b<0$。因此，可以将感知器用作分类器，超平面就是其决策的分类平面。

这里给定一组训练数据：$T=(x_1,y_1),(x_2,y_2),\cdots,(x_n,y_n)$。其中，$x_i \in X = R^n$，$y_i \in Y=$

$\{+1,-1\}$，$i=1,2,\cdots,n$。此时，学习的目的就是要找到一个能够将上述正负数据都分开的超平面，其可以通过最小化误分类点到超平面的总距离来实现。有 j 个错误分类的点，可以通过求解式(3.42)的损失函数找到最优参数。

$$L(\boldsymbol{\omega},b)=-\frac{1}{\|\boldsymbol{\omega}\|}\sum_{x_i\in X}^{j}y_i(\boldsymbol{\omega}x_i+b) \tag{3.42}$$

参数求解不是本书的重点，所以这里就不再详细阐释了。

3.5.2 前馈神经网络

一个感知器处理的问题比较简单，但当通过一定的连接方式将多个不同的神经元模型组合起来的时候，就变成了神经网络，其处理问题的能力也大大地提高。这里有一种连接方式，叫作"前馈网络"。它是指在整个神经元模型组成的网络中，信息朝着一个方向传播，没有反向的回溯。按照接收信息的顺序不同被分为不同的层，当前层的神经元接收前一层神经元的输出，并将处理过的信息输出传递给下一层。这里主要介绍全连接前馈网络，它是"前馈网络"神经元模型的重要的一种。

前馈神经网络（Feedforward Neural Network，FNN）是最早出现的人工神经网络，其又常被称为多层感知器。图 3-22 所示是有 3 个隐藏层的全连接前馈神经网络结构的示意图。首先，第一层神经元被称为输入层，它所包含的神经元个数不确定，大于 1 就好，此处为 3 个。最后一层被称为输出层，它所涵盖的神经元个数也是可以根据具体情况确定的，图例中的输出层有两个神经元，根据实际情况可以有多个输出的神经元。最后，中间层被统一称为隐藏层，隐藏层的层数不确定，每一层的神经元的个数也可以根据实际情况进行调整。在整个网络中，信号单向一层一层地向后传播，可以用一个有向无环图表示。

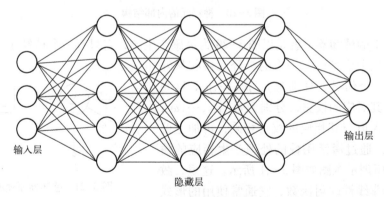

图 3-22　全连接前馈神经网络结构的示意图

前馈神经网络的结构可以用如下记号联合表示。

1）L：神经网络的层数。

2）M_l：第 l 层神经元的个数。

3）$f_l(\ )$：第 l 层神经元的激活函数。

4）$w^{(l)}\in R^{M_l*M_{l-1}}$：第 $l-1$ 层到第 l 层的权重矩阵。

5）$b^{(l)}\in R^{M_l}$：第 $l-1$ 层到第 l 层的偏置。

6）$z^{(l)}\in R^{M_l}$：第 l 层神经元的净输入（净活性值）。

7）$a^{(l)} \in R^{M_1}$：第 l 层神经元的输出（活性值）。

若令 $a^{(0)} = x$，则前馈神经网络迭代的公式如式（3.43）、式（3.44）所示。

$$z^{(l)} = \omega^{(l)} a^{(l-1)} + b^{(l)} \tag{3.43}$$

$$a^{(l)} = f_l(z^{(l)}) \tag{3.44}$$

而对于常见的连续的非线性函数，前馈神经网络都能够拟合。

3.5.3　卷积神经网络

卷积神经网络（Convolutional Netural Network，CNN）是前馈神经网络中的一种。当使用全连接前馈神经网络进行图像信息的处理时，全连接前馈神经网络存在参数过多，进而导致计算量过大及图像中的某些局部特征不能顺利提取的问题。同时，受生物学中神经元在实际信息传递时上一层某个神经元产生的信号会仅传递给下一层部分相关神经元的这个事实的影响，改进了全连接前馈神经网络，得到了卷积神经网络。卷积神经网络通常由 3 层交叉堆叠而组成，即卷积层、汇聚层（Pooling Layer）、全连接层。

卷积神经网络主要使用在图像分类、人脸识别、物体识别等图像和视频分析的任务中，它的使用效果非常好，远超过目前其他的一些模型。同时，近些年，在自然语言处理、语音处理，以及互联网业务场景的推荐系统中，也常常被应用。

下面以手写字体识别为例，来认识卷积神经网络的工作过程，如图 3-23 所示。

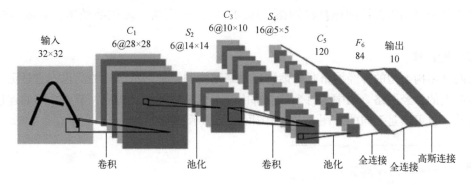

图 3-23　手写字体识别的过程

具体工作流程：

1）把手写字体图片转换成像素矩阵(32,32)，作为输入数据。

2）对像素矩阵进行第一层卷积运算，生成 6 个 Feature Map，为图 3-23 中的 $C_1(28,28)$。

3）对每个 Feature Map 进行池化操作，其在保留 Feature Map 特征的同时缩小数据量。生成 6 个小图 $S_2(14,14)$，这 6 个小图和上一层各自的 Feature Map 很像，但尺寸缩小了。

4）对 6 个小图进行第二层卷积运算，生成更多 Feature Map，为 $C_3(10,10)$。

5）对第二次卷积生成的 Feature Map 进行池化操作，生成 16 张 $S_4(5,5)$。

6）进行第一层全连接层操作。

7）进行第二层全连接层操作。

8）高斯连接层，输出结果。

在对卷积神经网络结构和工作过程有了初步的了解后，我们进一步来详细阐述上述工作流程中所涉及的卷积、池化、全连接的实际计算过程和作用。

（1）卷积层

它的作用是在原图中把符合卷积核特征的特征提取出来，进而得到特征图（Feature Map）。所以，卷积核的本质就是将原图中符合卷积核特征的特征提取出来，展示到特征图当中。

（2）池化

池化又称作下采样（Subsampling），它的目的是在保留特征的同时压缩数据量。用一个像素代替原图上邻近的若干像素，在保留 Feature Map 特征的同时压缩其大小。因此，它的作用为防止数据爆炸，节省运算量和运算时间，同时又能防止过拟合、过学习。

3.5.4 其他类型结构的神经网络

神经元的组成还有其他的模式，如记忆网络和图网络。

（1）记忆网络

记忆网络又被称为反馈网络。相比于前馈神经网络，仅接收上一层神经元传递的信息。记忆网络中的神经元不但可以接收其他神经元的信息，还可以记忆自己在历史状态中的各种状态来获取信息。在记忆神经网络中，信息传播可以是单向的或者是双向的，其结构示意图如图 3-24 所示。

经典的记忆网络包括循环神经网络、HopField 神经网络、玻尔兹曼机、受限玻尔兹曼机等。

（2）图网络

图网络结构类型的神经网络是前馈神经网络结构和记忆网络结构的泛化，它是定义在图结构数据上的神经网络。图中的每个节点都由一个或一组神经元构成，节点之间的连接可以是有向的，也可以是无向的。图 3-25 是图网络结构示意图。

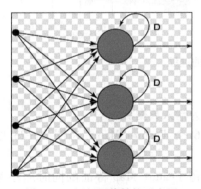

图 3-24　记忆网络结构示意图　　　　图 3-25　图网络结构示意图

比较典型的图网络结构的神经网络包括图卷积网络、图注意力网路、消息传递神经网络等。

（3）案例分析

这里展示了一个前馈神经网络的参数的更新过程。图 3-26 所示为多层前馈神经网络结构，它的学习率为 0.9，激活函数为 Sigmoid 函数。训练数据的输入值为（1,0,1），结果为 1。

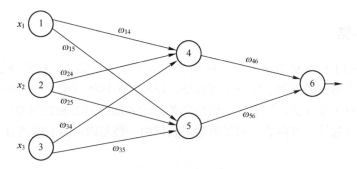

图 3-26　多层前馈神经网络结构

整个网络中的初始化的参数值如表 3-11 所示。

表 3-11　前馈神经网络初始化参数

x_1	x_2	x_3	θ_4	θ_5	θ_6		
1	0	1	-0.4	0.2	0.1		
ω_{14}	ω_{15}	ω_{24}	ω_{25}	ω_{34}	ω_{35}	ω_{46}	ω_{56}
0.2	-0.3	0.4	0.1	-0.5	0.2	-0.3	-0.2

节点 4：$0.2+0-0.5-0.4=-0.7$。

激活函数后：$\dfrac{1}{1+e^{-(-0.7)}}=0.332$。

节点 5：$-0.3+0+0.2+0.2=0.1$。

激活函数后：$\dfrac{1}{1+e^{-(0.1)}}=0.525$。

节点 6：

$-0.3\times(0.332)+(-0.2)\times(0.525)+0.1=-0.105$。

激活函数后：$\dfrac{1}{1+e^{-(-0.105)}}=0.474$。

这样就完成了神经网络第一次的计算，下面对该网络进行更新。更新操作的顺序是从后往前的，首先对输出节点进行更新。接下来先求输出节点的误差值 Err_6：

$$\mathrm{Err}_6=\theta_6(1-\theta_6)(\mathrm{T}_6-\theta_6)=0.474\times(1-0.474)\times(1-0.474)=0.131$$

权重更新操作：

$$\omega_{46}=\omega_{46}+0.9*\mathrm{Err}_6*\theta_4=-0.3+0.9\times0.131\times0.332=-0.261$$

$$\omega_{56}=\omega_{56}+0.9*\mathrm{Err}_6*\theta_5=-0.2+0.9\times0.131\times0.525=-0.138$$

偏置更新：

$$\theta_6=\theta_6+0.9*\mathrm{Err}_6=0.1+0.9\times0.131=0.218$$

同理，对节点 4、5 进行更新操作，它们的误差计算方法与节点 6 不同：

$$\mathrm{Err}_4=\theta_4(1-\theta_4)\sum_1\mathrm{Err}_6\omega_{46}=0.332\times(1-0.332)\times0.131\times(-0.3)=-0.008716$$

$$\mathrm{Err}_5=\theta_5(1-\theta_5)\sum_1\mathrm{Err}_6\omega_{56}=0.525\times(1-0.525)\times0.131\times(-0.2)=-0.0065$$

其权重和偏置的更新操作和节点 6 相同，这里就不详细阐述了。这样就完成了一次对神经网络的更新。

3.6　本章小结

本章主要介绍了传统机器学习的各种算法模型的理论基础，包括监督学习中的分类模型、非监督模型中的聚类模型、强化学习模型，以及神经网络模型中的一些基础模型。本章为每个模型都配备了实际的应用案例，以帮助各位读者加深对各种模型算法的认识和理解。希望读者能够通过通读这些内容，对机器学习领域的一些基础内容和模型有一定的了解。

习题

1. 选择题

1）"机器学习"致力于使用_____手段。

A. 评估　　　　　　B. 计算　　　　　　C. 仿真　　　　　　D. 实验

2）"机器学习"利用过往积累的关于描述事物的数据形成_____模型。

A. 数学　　　　　　B. 物理　　　　　　C. 统计　　　　　　D. 网络

3）属性维度/特征是指能够描述出目标事物_____的一些属性。

A. 模型　　　　　　B. 行为　　　　　　C. 数据　　　　　　D. 样貌

4）_____指现有的样本集没有做好标记，即没有给出目标结果，需要对已有维度的数据直接进行建模。

A. 监督学习　　　　　　　　　　B. 无监督学习

C. 半监督学习和强化学习　　　　D. 神经网络和深度学习

5）朴素贝叶斯模型通常适用于维度_____的数据集。

A. 较低　　　　　　B. 中等　　　　　　C. 较高　　　　　　D. 非常高

6）决策树算法采用_____结构。

A. 树形　　　　　　B. 网状　　　　　　C. 线形　　　　　　D. 环形

7）_____代表决策结果。

A. 根节点　　　　　B. 叶子节点　　　　C. 内部节点　　　　D. 外部节点

8）_____是最早提出的决策树算法。

A. ID3　　　　　　B. C4.5　　　　　　C. CART　　　　　　D. ALARP

9）支持向量机是一种_____分类模型。

A. 二　　　　　　　B. 三　　　　　　　C. 四　　　　　　　D. 五

10）凝聚层次聚类采用_____的策略。

A. 自中心向外围　　B. 自外围向中心　　C. 自底向上　　　　D. 自顶向下

2. 判断题

1）强化学习中有与监督学习中相同的明显的"label"。　　　　　　　　　（　　　）

2）策略是决定个体行为的机制。　　　　　　　　　　　　　　　　　　（　　　）

3）深度学习是机器学习的一个分支。　　　　　　　　　　　　　　　　（　　　）

4）前馈网络在整个神经元模型组成的网络中，信息朝着一个方向传播，同时有反向的回溯。　　　　　　　　　　　　　　　　　　　　　　　　　　　　　　　（　　　）

5）卷积层的作用是在原图中把符合卷积核特征的特征提取出来，进而得到特征图。

（　　　）

6) 图网络的节点之间的连接不能是无向的。 （　　）

7) 聚类分析是机器学习中监督学习的重要部分。 （　　）

8) 线性判别分析的思想是"投影后类内方差最大，类间方差最小"。 （　　）

9) 机器学习的本质是让机器模拟人脑思维学习的过程。 （　　）

10) 在神经网络中，最基本的组成成分是神经元模型。 （　　）

3. 填空题

1) 监督学习在现有数据集中，既指定_____，又指定_____。

2) 逻辑斯谛回归常被用于_____分类问题。

3) 决策树的生成包含特征选择、决策树的生成、_____这 3 个键环节。

4) 支持向量机的基本思想是求解能够正确划分训练数据集且几何间隔_____的分离超平面。

5) Agnes 凝聚层次聚类将每一个_____当成一个初始簇。

6) 卷积神经网络通常由 3 层交叉堆叠组成：卷积层、_____、全连接层。

7) 当通过一定的连接方式将多个不同的神经元模型组合起来的时候，就变成了_____。

8) _____是决定个体行为的机制。

9) 基于密度的聚类算法是根据_____来进行聚类的。

10) 决策树剪枝的主要目的是防止模型的_____。

4. 问答题

1) 请简述强化学习与传统的监督学习和非监督学习的区别。

2) 为什么说强化学习是半监督学习的一种。

3) 请简述最小邻近算法的原理。

4) 划分式聚类方法一般会构造若干个分组，这些分组需要满足什么条件？

5) 请简述决策树模型生成的一般流程。

5. 应用题

1) 对于挂科、喝酒、逛街、学习 4 种行为，用 1 代表是，0 代表否，目前已知数据如表 3-12 所示。

表 3-12　4 种行为的数据

挂科	喝酒	逛街	学习
1	1	1	0
0	0	0	1
0	1	0	1
1	1	0	0
1	0	1	0
0	0	1	1
0	0	1	0
1	0	0	0

新给定一个样本，这个人没喝酒，没逛街，学习了，那么这个人挂科的概率和不挂科的概率哪个更大？（用朴素贝叶斯分类器解决问题）

2）假设有一工程项目，管理人员要根据天气状况决定开工方案。如果开工后天气好，就可以创收 3 万元；如果开工后天气差，就会带来损失 1 万元；如果不开工，将带来损失 1000 元。已知开工后天气好的概率是 0.6，开工后天气差的概率是 0.4，请用决策树方案进行决策。

第 4 章
回归模型

回归是指这样一类问题：通过统计分析一组随机变量 $x_1, \cdots, x_n$ 与另一组随机变量 $y_1, \cdots,$ y_n 之间的关系，得到一个可靠的模型，使得对于给定的 $x = \{x_1, \cdots, x_n\}$，可以利用这个模型对 $y = \{y_1, \cdots, y_n\}$ 进行预测。在这里，随机变量 $x_1, \cdots, x_n$ 被称为自变量，随机变量 $y_1, \cdots, y_n$ 被称为因变量。例如，在预测房价时，研究员会选取可能对房价有影响的因素，如房屋面积、房屋楼层、房屋地点等，作为自变量加入预测模型。研究的任务是建立一个有效的模型，能够准确表示出上述因素与房价之间的关系。

不失一般性，本章在讨论回归问题的时候，总是假设因变量只有一个。这是因为假设各因变量之间是相互独立的，因而多个因变量的问题可以分解成多个回归问题加以解决。在实际求解中，只需要使用比本章推导公式中的参数张量更高一阶的参数张量，即可很容易地推广到多因变量的情况。

形式化地，在回归中有一些数据样本 $\{\langle x^{(n)}, y^{(n)} \rangle\}_{n=1}^{N}$，通过对这些样本进行统计分析，获得一个预测模型 $f(\ )$，使得对于测试数据 $x = \{x_1, \cdots, x_n\}$，可以得到一个较好的预测值：

$$y = f(x)$$

回归问题在形式上与分类问题十分相似，但是在分类问题中，预测值 y 是一个离散变量，它代表着通过特征 x 所预测出来的类别；而在回归问题中，y 是一个连续变量。

本章先介绍线性回归模型，然后推广到广义的线性模型，并以 Logistic 回归为例分析广义的线性回归模型。

4.1 线性回归模型

线性回归模型是指 $f(\cdot)$ 采用线性组合形式的回归模型。在线性回归问题中，因变量和自变量之间是线性关系的。对于第 i 个因变量 x_i，乘以权重系数 w_i，取 y 为因变量的线性组合：

$$y = f(x) = w_1 x_1 + \cdots + w_n x_n + b$$

其中，b 为常数项。若令 $w = (w_1, \cdots, w_n)$，则上式可以写成向量形式：

$$y = f(x) = w^{\mathrm{T}} x + b$$

可以看到，w 和 b 决定了回归模型 $f(\ )$ 的行为。由数据样本得到 w 和 b 有许多方法，如最小二乘法、梯度下降法。这里介绍最小二乘法求解线性回归中参数估计的问题。

直觉上，我们希望找到这样的 w 和 b，使得对于训练数据中的每一个样本点 $\langle x^{(n)},$ $y^{(n)} \rangle$，预测值 $f(x^{(n)})$ 与真实值 $y^{(n)}$ 尽可能接近。于是需要定义一种"接近"程度的度量，即误差函数。这里采用平均平方误差（Mean Square Error）作为误差函数：

$$E = \sum_n \left[y^{(n)} - (\boldsymbol{w}^{\mathrm{T}} x^{(n)} + b) \right]^2$$

为什么要选择这样一个误差函数呢？这是因为我们做出了这样的假设：给定 x，则 y 的分布服从如下高斯分布（见图 4-1）：

$$p(y|x) \sim N(w^{\mathrm{T}}x + b, \sigma^2)$$

直观上，这意味着在自变量 x 取某个确定值的时候，数据样本点以回归模型预测的因变量 y 为中心、以 σ^2 为方差呈高斯分布。

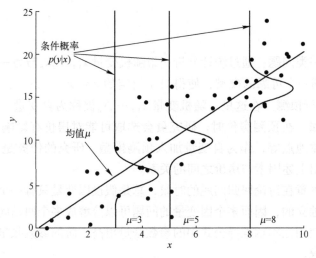

图 4-1　条件概率服从高斯分布

基于高斯分布的假设，得到条件概率 $p(y|x)$ 的对数似然函数：

$$L(\boldsymbol{w}, b) = \log\left(\prod_n \exp\left(-\frac{1}{2\sigma^2} (y^{(n)} - \boldsymbol{w}^{\top} x^{(n)} - b)^2 \right) \right)$$

即：

$$L(\boldsymbol{w}, b) = -\frac{1}{2\sigma^2} \sum_n (y^{(n)} - \boldsymbol{w}^{\top} x^{(n)} - b)^2$$

进行极大似然估计：

$$\boldsymbol{w}, b = \underset{\boldsymbol{w}, b}{\mathrm{argmax}} L(\boldsymbol{w}, b)$$

由于对数似然函数中 σ 为常数，极大似然估计可以转换为：

$$\boldsymbol{w}, b = \underset{\boldsymbol{w}, b}{\mathrm{argmin}} \sum_n (y^{(n)} - \boldsymbol{w}^{\top} x^{(n)} - b)^2$$

这就是选择平方平均误差函数作为误差函数的概率解释。

我们的目标是要最小化这样一个误差函数 E，具体做法是令 E 对于参数 $\boldsymbol{w}$ 和 b 的偏导数为 0。由于问题变成了最小化平均平方误差，习惯上这种通过解析方法直接求解参数的做法被称为最小二乘法。

为了方便矩阵运算，将 E 表示成向量形式。令：

$$\boldsymbol{Y} = \begin{bmatrix} y^{(1)} \\ y^{(2)} \\ \vdots \\ y^{(n)} \end{bmatrix}$$

$$X = \begin{bmatrix} \boldsymbol{x}^{(1)} \\ \boldsymbol{x}^{(2)} \\ \vdots \\ \boldsymbol{x}^{(n)} \end{bmatrix} = \begin{bmatrix} \boldsymbol{x}_1^{(1)} & \cdots & \boldsymbol{x}_m^{(1)} \\ \boldsymbol{x}_1^{(2)} & \cdots & \boldsymbol{x}_m^{(2)} \\ \vdots & & \vdots \\ \boldsymbol{x}_1^{(n)} & \cdots & \boldsymbol{x}_m^{(n)} \end{bmatrix}$$

$$\boldsymbol{b} = \begin{bmatrix} b_1 \\ b_2 \\ \vdots \\ b_n \end{bmatrix}, b_1 = b_2 = \cdots = b_n$$

则 E 可表示为：

$$E = (\boldsymbol{Y} - \boldsymbol{X}\boldsymbol{w}^\top - \boldsymbol{b})^\top (\boldsymbol{Y} - \boldsymbol{X}\boldsymbol{w}^\top - \boldsymbol{b})$$

由于 $\boldsymbol{b}$ 的表示较为烦琐，不妨更改 $\boldsymbol{w}$ 的表示，将 $\boldsymbol{b}$ 视为常数 1 的权重，令：

$$\boldsymbol{w} = (w_1, \cdots, w_n, \boldsymbol{b})$$

相应地，对 $\boldsymbol{X}$ 做如下更改：

$$X = \begin{bmatrix} \boldsymbol{x}^{(1)}; & 1 \\ \boldsymbol{x}^{(2)}; & 1 \\ \vdots & \\ \boldsymbol{x}^{(n)}; & 1 \end{bmatrix} = \begin{bmatrix} \boldsymbol{x}_1^{(1)} & \cdots & \boldsymbol{x}_m^{(1)} & 1 \\ \boldsymbol{x}_1^{(2)} & \cdots & \boldsymbol{x}_m^{(2)} & 1 \\ \vdots & & \vdots & \\ \boldsymbol{x}_1^{(n)} & \cdots & \boldsymbol{x}_m^{(n)} & 1 \end{bmatrix}$$

则 E 可表示为：

$$E = (\boldsymbol{Y} - \boldsymbol{X}\boldsymbol{w}^\top)^\top (\boldsymbol{Y} - \boldsymbol{X}\boldsymbol{w}^\top)$$

对误差函数 E 求参数 $\boldsymbol{w}$ 的偏导数，可以得到：

$$\frac{\partial E}{\partial \boldsymbol{w}} = 2\boldsymbol{X}^\top (\boldsymbol{X}\boldsymbol{w}^\top - \boldsymbol{Y})$$

令偏导为 0，可以得到

$$\boldsymbol{w} = (\boldsymbol{X}^\top \boldsymbol{X})^{-1} \boldsymbol{X}^\top \boldsymbol{Y}$$

因此对于测试向量 $\boldsymbol{x}$，根据线性回归模型预测的结果为：

$$y = \boldsymbol{x}((\boldsymbol{X}^\top \boldsymbol{X})^{-1} \boldsymbol{X}^\top \boldsymbol{Y})^\top$$

4.2　Logistic 回归模型

在 4.1 节中，假设随机变量 $x_1, \cdots, x_n$ 与 y 之间的关系是线性的。但在实际中，通常会遇到非线性关系。这个时候，可以使用非线性变换 $g()$，使得线性回归模型 $f()$ 实际上对 $g(y)$ 而非 y 进行拟合，即：

$$y = g^{-1}(f(x))$$

其中，$f()$ 仍为：

$$f(\boldsymbol{x}) = \boldsymbol{w}^\top x + b$$

因此，这样的回归模型称为广义线性回归模型。

广义线性回归模型的使用非常广泛。例如在二元分类任务中，我们的目标是拟合这样一个分离超平面 $f(x) = \boldsymbol{w}^\top x + b$，使得目标分类 y 可表示为以下阶跃函数：

$$y = \begin{cases} 0, & f(x) < 0 \\ 1, & f(x) > 0 \end{cases}$$

但是在分类问题中，由于 y 取离散值，因此这个阶跃判别函数是不可导的。不可导的性质使得许多数学方法不能使用。考虑使用函数 $\sigma(\ )$ 来近似这个离散的阶跃函数，通常可以使用 Logistic 函数（见图 4-2）或 tanh 函数。

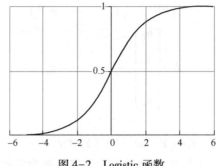

图 4-2　Logistic 函数

这里就 Logistic 函数的情况进行讨论。令：

$$\sigma(x) = \frac{1}{1+\exp(-x)}$$

使用 Logistic 函数替代阶跃函数：

$$\sigma(f(x)) = \frac{1}{1+\exp(-\boldsymbol{w}^{\top}x-b)}$$

定义条件概率：

$$p(y=1\,|\,x) = \sigma(f(x))$$
$$p(y=0\,|\,x) = 1-\sigma(f(x))$$

这样就可以把离散取值的分类问题近似地表示为连续取值的回归问题，这样的回归模型称为 Logistic 回归模型。

在 Logistic 函数中，$g^{-1}(x) = \sigma(x)$，若将 $g(\ )$ 还原为 $g(y) = \log\frac{y}{1-y}$ 的形式并移到等式一侧，得到：

$$\log\frac{p(y=1\,|\,x)}{p(y=0\,|\,x)} = \boldsymbol{w}^{\top}x+b$$

为了求得 Logistic 回归模型中的参数 $\boldsymbol{w}$ 和 b，下面对条件概率 $p(y\,|\,x;\boldsymbol{w},b)$ 进行极大似然估计。

$p(y\,|\,x;\boldsymbol{w},b)$ 的对数似然函数为：

$$L(\boldsymbol{w},b) = \log\Big(\prod_n\big[\sigma(f(x^{(n)}))\big]^{y^{(n)}}\big[1-\sigma(f(x^{(n)}))\big]^{1-y^{(n)}}\Big)$$

即：

$$L(\boldsymbol{w},b) = \sum_n\big[y^{(n)}\log(\sigma(f(x^{(n)}))) + (1-y^{(n)})\log(1-\sigma(f(x^{(n)})))\big]$$

这就是常用的交叉熵误差函数的二元形式。

直接求解似然函数 $L(\boldsymbol{w},b)$ 的最大化问题比较困难，可以采用数值方法。常用的方法有牛顿迭代法、梯度下降法等。

4.3　用 PyTorch 实现 Logistic 回归

这里以 PyTorch 代码来进一步说明 Logistic 回归的实现方式。如果对 PyTorch 不熟悉，那么可以参看本书第 2 部分中的第 8 章"PyTorch 操作实践"。

首先导入相关的库，如代码清单 4-1 所示。

代码清单 4-1

```
1    import torch
2    from torch import nn
3    from matplotlib import pyplot as plt
```

4.3.1　数据准备

Logistic 回归常用于解决二分类问题，为了便于描述，分别从两个多元高斯分布 $\mathcal{N}_1(\mu_1, \Sigma_1)$、$\mathcal{N}_2(\mu_2, \Sigma_2)$ 中生成数据 X_1 和 X_2，这两个多元高斯分布表示两个类别，分别设置其标签为 y_1 和 y_2。

PyTorch 的 torch. distributions 提供了 MultivariateNormal 构建多元高斯分布。在代码清单 4-2 中，第 5～8 行设置两组不同的均值向量和协方差矩阵，mu1 和 mu2 是二维均值向量，sigma1 和 sigma2 是 2×2 维的协方差矩阵；第 11、12 行中，前面定义的均值向量和协方差矩阵作为参数传入 MultivariateNormal，从而实例化了两个二元高斯分布 m1 和 m2；第 13、14 行调用 m1 和 m2 的 sample( )方法分别生成 100 个样本。

第 17、18 行设置样本对应的标签 y，分别用 0 和 1 表示不同高斯分布的数据，也就是正样本和负样本；第 21 行使用 cat( )函数将 x1 和 x2 组合在一起；第 22～24 行打乱样本和标签的顺序，将数据重新随机排列是十分重要的步骤，否则算法的每次迭代只会学习到同一个类别的信息，容易造成模型过拟合。

代码清单 4-2 的第 21、22 行将生成的样本用 plt. scatter 绘制出来，绘制的结果如图 4-3 所示，可以很明显地看出，多元高斯分布生成的样本聚成了颜色一深一浅的两个簇，并且簇的中心分别处于不同的位置（多元高斯分布的均值向量决定了其位置），浅色的样本分布更加稀疏，而深色的样本分布紧凑（多元高斯分布的协方差矩阵决定了分布形状）。读者可自行调整代码第 5、6 行的参数，观察其变化。

代码清单 4-2

```
1    import numpy as np
2    from torch. distributions import MultivariateNormal
3
4    #设置两个高斯分布的均值向量和协方差矩阵
5    mu1 = -3 * torch. ones(2)
6    mu2 = 3 * torch. ones(2)
7    sigma1 = torch. eye(2) * 0.5
8    sigma2 = torch. eye(2) * 2
9
10   #各从两个多元高斯分布中生成 100 个样本
11   m1 = MultivariateNormal(mu1, sigma1)
12   m2 = MultivariateNormal(mu2, sigma2)
13   x1 = m1. sample((100,))
```

```
14    x2 = m2. sample((100,))
15
16    #设置正负样本的标签
17    y = torch. zeros((200, 1))
18    y[100:] = 1
19
20    #组合、打乱样本
21    x = torch. cat([x1, x2], dim=0)
22    idx = np. random. permutation(len(x))
23    x = x[idx]
24    y = y[idx]
25
26    #绘制样本
27    plt. scatter(x1. numpy()[:,0], x1. numpy()[:,1])
28    plt. scatter(x2. numpy()[:,0], x2. numpy()[:,1])
```

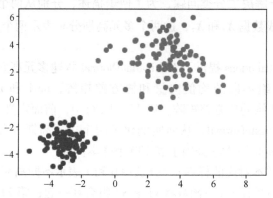

图4-3 多元高斯分布生成的样本的绘制结果

4.3.2 线性方程

Logistic 回归用输入变量 X 的线性函数表示样本为正类的对数概率。torch. nn 中的 Linear 实现了 $y=xA^T+b$，可以直接调用它来实现 Logistic 回归的线性部分，具体如代码清单 4-3 所示。

代码清单 4-3

```
1     D_in, D_out = 2, 1
2     linear = nn. Linear(D_in, D_out, bias=True)
3     output = linear(x)
4
5     print(x. shape, linear. weight. shape, linear. bias. shape, output. shape)
6
7     def my_linear(x, w, b):
8     return torch. mm(x, w. t()) + b
9
10    torch. sum((output - my_linear(x, linear. weight, linear. bias)))
11    >>> torch. Size([200, 2]) torch. Size([1, 2]) torch. Size([1]) torch. Size([200, 1])
```

上面代码的第 1 行定义了线性模型的输入维度 D_in 和输出维度 D_out，因为 4.3.1 节定义的二维高斯分布 m1 和 m2 产生的变量是二维的，所以线性模型的输入维度应该定义为

D_in=2。而 Logistic 回归是二分类模型，预测的是变量为正类的概率，所以输出的维度应该为 D_out=1。第 2、3 行实例化了 nn. Linear，将线性模型应用到数据 x 上，得到计算结果 output。

Linear 的初始参数是随机设置的，可以调用 linear. weight 和 linear. bias 获取线性模型的参数。第 5 行打印了输入变量 x，模型参数 weight 和 bias，计算结果 output 的维度。第 7、8 行定义了我们自己实现的线性模型 my_linear；第 10 行将 my_linear 的计算结果和 PyTorch 的计算结果 output 做比较，可以发现其结果一致。

4.3.3　激活函数

torch. nn. Linear 可用于实现线性模型，除此之外，它还提供了机器学习中常用的激活函数。Logistc 回归用于二分类问题时，使用 Sigmoid 函数将线性模型的计算结果映射到 0 和 1 之间，得到的计算结果作为样本为正类的置信概率。torch. nn. Sigmoid( ) 提供了这一函数的计算，在使用时，将 Sigmoid 类实例化，再将需要计算的变量作为参数传递给实例化的对象。具体如代码清单 4-4 所示。

代码清单 4-4

```
1    sigmoid = nn. Sigmoid( )
2    scores = sigmoid( output)
3
4    def my_sigmoid( x):
5        x = 1 / (1 + torch. exp( -x))
6        return x
7
8    torch. sum( sigmoid( output) - sigmoid_( output))
9    >>> tensor( 1. 1190e-08, grad_fn=<SumBackward0>)
```

作为练习，第 4~6 行手动实现 Sigmoid 函数，即代码中的 my_sigmoid( ) 函数，第 8 行通过 PyTorch 验证实现结果，其结果一致。

4.3.4　损失函数

Logistic 回归使用交叉熵作为损失函数。PyTorch 的 torch. nn 提供了许多标准的损失函数，可以直接使用 torch. nn. BCELoss 计算二值交叉熵损失。具体如代码清单 4-5 所示，第 1、2 行调用了 BCELoss 来计算实现的 Logistic 回归模型的输出结果 sigmoid(output) 和数据的标签 y；同样地，第 4~6 行自定义了二值交叉熵函数；第 8 行将 my_loss( ) 和 PyTorch 的 BCELoss( ) 做比较，发现结果无差。

代码清单 4-5

```
1    loss = nn. BCELoss( )
2    loss( sigmoid( output), y)
3
4    def my_loss( x, y):
5        loss = - torch. mean( torch. log( x) * y + torch. log( 1 - x) * (1 - y))
6        return loss
7
8    loss( sigmoid( output), y) -my_loss( sigmoid_( output), y)
9    >>> tensor( 5. 9605e-08, grad_fn=<SubBackward0>)
```

在代码清单 4-3 中，使用的 torch. nn 包中的线性模型 nn. Linear，以及还未使用的激活函数 nn. Softmax( )、损失函数 nn. BCELoss( )，都继承自 nn. Module 类。在 PyTorch 中，通过继承 nn. Module 来构建我们自己的模型。接下来用 nn. Module 来实现 Logistic 回归，具体如代码清单 4-6 所示。

代码清单 4-6

```
1   import torch. nn as nn
2
3   class LogisticRegression(nn. Module):
4     def __init__(self, D_in):
5         super(LogisticRegression, self). __init__()
6         self. linear = nn. Linear(D_in, 1)
7         self. sigmoid = nn. Sigmoid()
8     def forward(self, x):
9         x = self. linear(x)
10        output = self. sigmoid(x)
11        return output
12
13  lr_model = LogisticRegression(2)
14  loss = nn. BCELoss()
15  loss(lr_model(x), y)
16  >>> tensor(0. 8890, grad_fn=<BinaryCrossEntropyBackward>)
```

通过继承 nn. Module 实现自己的模型时，forward( )方法是必须被子类覆写的。在 forward( )内部，应当定义每次调用模型时执行的计算。从前面的应用可以看出，nn. Module 类的主要作用是接收 Tensor，然后计算并返回结果。

在一个 Module 中，还可以嵌套其他的 Module，被嵌套的 Module 的属性可以被自动获取，比如可以调用 nn. Module. parameters( ) 方法获取 Module 所有保留的参数，调用 nn. Module. to( )方法将模型的参数放置到 GPU 上等。具体实现如代码清单 4-7 所示。

代码清单 4-7

```
1   class MyModel(nn. Module):
2     def __init__(self):
3         super(MyModel, self). __init__()
4         self. linear1 = nn. Linear(1, 1, bias=False)
5         self. linear2 = nn. Linear(1, 1, bias=False)
6     def forward(self):
7         pass
8
9   for param in MyModel(). parameters():
10      print(param)
11  >>> Parameter containing:
12  >>>   tensor([[0. 3908]], requires_grad=True)
13  >>> Parameter containing:
14  >>> tensor([[-0. 8967]], requires_grad=True)
```

4.3.5 优化算法

Logistic 回归通常采用梯度下降法优化目标函数。PyTorch 的 torch. optim 包实现了大多数常用的优化算法，使用起来非常简单。构建优化器时，首先需要将待学习的参数传入，然后传入优化器需要的参数，比如学习率。

构建优化器，如代码清单4-8所示。

代码清单 4-8

```
1    from torch import optim
2
3    optimizer = optim. SGD(lr_model. parameters( ), lr = 0. 03)
```

构建完优化器，就可以迭代地对模型进行训练，有两个步骤：一是调用损失函数的backward( )方法来计算模型的梯度；二是调用优化器的 step( )方法来更新模型的参数。需要注意的是，首先应当调用优化器的 zero_grad( )方法清空参数的梯度。具体实现如代码清单4-9所示。

代码清单 4-9

```
1    batch_size = 10
2    iters = 10
3    #for input, target in dataset：
4    for _ in range(iters)：
5        for i in range(int(len(x)/batch_size))：
6            input = x[i * batch_size:(i+1) * batch_size]
7            target = y[i * batch_size:(i+1) * batch_size]
8            optimizer. zero_grad( )
9            output = lr_model(input)
10           l = loss(output, target)
11           l. backward( )
12           optimizer. step( )
13   >>>模型准确率为：1. 0
```

4.3.6　模型可视化

Logistic 回归模型的判决边界在高维空间中是一个超平面，而我们的数据集是二维的，所以判决边界只是平面内的一条直线，线的一侧被预测为正类，另一侧则被预测为负类。代码清单 4-10 实现了 draw_decision_boundary( )函数，它接收线性模型的参数 w 和 b，以及数据集 x。绘制判决边界的方法十分简单，如第 10 行，只需要计算一些数据在线性模型的映射值，即 $x_1 = (-b-w_0x_0)/w_1$，然后调用 plt. plot( )绘制线条即可。绘制的结果如图4-4所示。

代码清单 4-10

```
1    pred_neg = (output <= 0. 5). view(-1)
2    pred_pos = (output > 0. 5). view(-1)
3    plt. scatter(x[pred_neg, 0], x[pred_neg, 1])
4    plt. scatter(x[pred_pos, 0], x[pred_pos, 1])
5
6    w = lr_model. linear. weight[0]
7    b = lr_model. linear. bias[0]
8
9    def draw_decision_boundary(w, b, x0)：
10       x1 = (-b - w[0] * x0) / w[1]
11       plt. plot(x0. detach( ). numpy( ), x1. detach( ). numpy( ), 'r')
12   draw_decision_boundary(w, b, torch. linspace(x. min( ), x. max( ), 50))
```

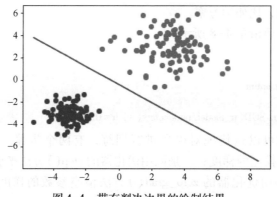

图 4-4 带有判决边界的绘制结果

4.4 本章小结

Logistic 回归是深度学习中最基础的非线性模型之一。作为铺垫，在介绍 Logistic 回归以前，本章首先介绍了线性回归。线性回归的预测目标是连续变量，而 Logistic 回归的预测目标是二元变量。为了应对这一差异，Logistic 回归在线性回归的基础上加入了 Sigmoid 激活函数。本章最后使用 PyTorch 实现了 Logistic 回归模型，读者可以通过这个例子进一步体会深度学习模型构建的整体流程以及框架编程的简便性。

习题

1. 选择题

1）线性回归模型是指 $f(\cdot)$ 采用（   ）组合形式的回归模型，因变量和自变量的关系是（   ）。

A. 线性，线性　　　B. 非线性，线性　　　C. 线性，非线性　　　D. 非线性，非线性

2）在利用 PyTorch 实现 Logistic 回归时，我们采用（   ）构建多元高斯分布。

A. torchvision1　　B. transforms　　　C. ToPILImage　　　D. MultivariateNormal

3）Logistic 回归用于二分类问题时，使用（   ）函数将线性模型的计算结果映射到 $0\sim1$，得到的计算结果作为样本为正类的置信概率。

A. torch.zeros( )　　B. log_softmax( )　　　C. sigmoid( )　　　D. Dlog_softmax(x)

4）Logistic 回归通常采用（   ）方法优化目标函数。

A. 动量算法　　　B. 随机梯度下降法　　　C. RMSProp　　　D. Adam 算法

5）Logistic 回归模型的判决边界在高维空间中是一个超平面，当数据集是二维时，判决边界是平面内的（   ）。

A. 点　　　　B. 直线　　　　C. 有界平面图形　　　D. 有限线段

2. 判断题

1）在回归问题的实际求解中，可以使用比推导公式中参数张量更高一阶的参数张量推广到多因变量情况。　　　　　　　　　　　　　　　　　　　　　　　　　　　（   ）

2）Logistic 回归是二分类模型，预测的是变量为正类的概率。　　　　　　　（   ）

3）torch.nn 提供了机器学习中常用的激活函数。　　　　　　　　　　　　（   ）

4）Logsitic 回归使用交叉熵作为补偿函数。　　　　　　　　　　　　　　（   ）

5）在进行函数优化的过程中，当构建完优化器后，还不能迭代地对模型进行训练。

（　　）

3. 填空题

1）请写出有 i 个自变量 x 的 y 线性回归方程形式：＿＿＿＿＿＿。

2）torch. nn 中的＿＿＿＿＿＿实现了 $y=x\mathbf{A}^{\mathrm{T}}+\mathrm{b}$。

3）在使用 sigmoid( ) 函数时，将 Sigmoid ＿＿＿＿＿＿，再将需要计算的变量作为参数传递给实例化的对象。

4）Torch. nn 提供了许多标准的损失函数，可以直接使用 torch. nn. BCELoss 计算＿＿＿＿＿＿。

5）在构建函数优化器时，首先需要将学习的参数传入，然后传入优化器需要的参数，比如＿＿＿＿＿＿。

4. 问答题

1）请简述 Logistic 回归模型可视化的具体过程。

2）Logistic 回归模型中，偏回归系数 β_i 的意义是什么？

3）请解释什么是复相关系数。

4）请解释什么是确定系数。

5）请解释什么是系数比。

5. 应用题

1）如果 label $=\{-1,+1\}$，给出 LR 的损失函数。

2）Logistic 回归在训练的过程中，如果有很多的特征高度相关或者有一个特征重复了 100 遍，则会造成怎样的影响？

第 5 章
神经网络基础

人工智能的研究者为了模拟人类的认知（Cognition），提出了不同的模型。人工神经网络（Artificial Neural Network，ANN）是人工智能中非常重要的一个学派，其中的连接主义（Connectionism）应用非常广泛。

在传统上，基于规则的符号主义（Symbolism）学派认为，人类的认知基于信息中的模式。这些模式可以被表示为符号，并可以通过操作这些符号显式地使用逻辑规则进行计算与推理。但是要用数理逻辑模拟人类的认知能力却是一件困难的事情，因为人类大脑是一个非常复杂的系统，拥有大规模并行式、分布式的表示与计算能力、学习能力、抽象能力和适应能力。

而基于统计的连接主义的模型则从脑神经科学中获得启发，试图将认知所需的功能属性结合到模型中来，通过模拟生物神经网络的信息处理方式来构建具有认知功能的模型。类似于生物神经元与神经网络，这类模型具有 3 个特点：

- 拥有处理信号的基础单元。
- 处理单元之间以并行方式连接。
- 处理单元之间的连接是有权重的。

这一类模型被称为人工神经网络，多层感知器是最为简单的一种。

5.1 基础概念

（1）神经元

神经元（见图 5-1）是基本的信息操作和处理单位。它接收一组输入，将这组输入加权求和后，由激活函数来计算该神经元的输出。

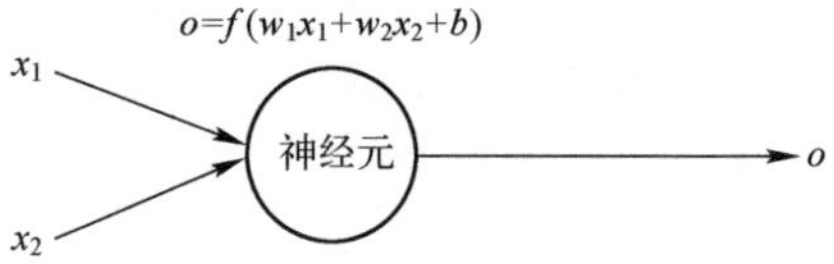

（2）输入

一个神经元可以接收一组张量作为输入 $x = \{x_1, x_2, \cdots, x_n\}^{\mathrm{T}}$。

图 5-1　神经元

（3）连接权值

连接权值向量为一组张量 $W = \{w_1, w_2, \cdots, w_n\}$，其中，$w_i$ 对应输入 x_i 的连接权值；神经元将输入进行加权求和：

$$\mathrm{sum} = \sum_i w_i x_i$$

写成向量形式：

$$\mathrm{sum} = Wx$$

（4）偏置

有时候，加权求和时会加上一项常数项 b 作为偏置。其中，张量 b 的形状要与 Wx 的形状保持一致。

$$sum = Wx + b$$

（5）激活函数

激活函数 $f(\ )$ 被施加到输入加权和 sum 上，产生神经元的输出。这里，若 sum 为大于 1 阶的张量，则 $f(\ )$ 被施加到 sum 的每一个元素上：

$$o = f(sum)$$

常用的激活函数如下。

1）SoftMax（见图 5-2），适用于多元分类问题，作用是将分别代表 n 个类的 n 个标量归一化，得到这 n 个类的概率分布：

$$softmax(x_i) = \frac{\exp(x_i)}{\sum_j \exp(x_j)}$$

2）Sigmoid（见图 5-3），通常为 Logistic 函数，适用于二元分类问题，是 SoftMax 的二元版本：

$$\sigma(x) = \frac{1}{1 + \exp(-x)}$$

3）tanh（见图 5-4），为 Logistic 函数的变体：

$$\tanh(x) = \frac{2\sigma(x) - 1}{2\sigma^2(x) - 2\sigma(x) + 1}$$

4）ReLU（见图 5-5），即修正线性单元（Rectified Linear Unit）。根据以下公式，ReLU 具备引导适度稀疏的能力，因为随机初始化的网络只有一半处于激活状态，并且不会像 Sigmoid 那样出现梯度消失（Vanishing Gradient）的问题；

$$ReLU(x) = \max(0, x)$$

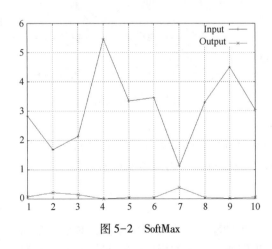

图 5-2　SoftMax

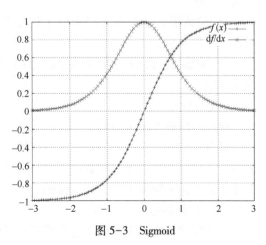

图 5-3　Sigmoid

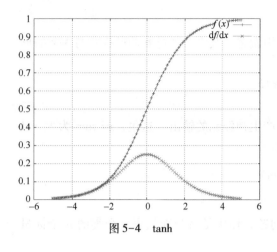

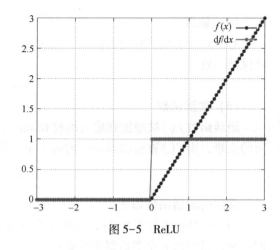

图 5-4　tanh　　　　　　　　　　　　　　　　　图 5-5　ReLU

（6）输出

激活函数的输出 o 即为神经元的输出。一个神经元可以有多个输出 $o_1, o_2, \cdots, o_m$，分别对应于不同的激活函数 $f_1, f_2, \cdots, f_m$。

（7）神经网络

神经网络是一个有向图，以神经元为顶点，神经元的输入为顶点的入边，神经元的输出为顶点的出边。因此，神经网络实际上是一个计算图（Computational Graph），直观地展示了一系列对数据进行计算操作的过程。

神经网络是一个端到端（End-to-End）的系统，这个系统接收一定形式的数据作为输入，经过系统内的一系列计算操作后，给出一定形式的数据作为输出。由于神经网络内部进行的各种操作与中间计算结果的意义通常难以进行直观的解释，因此系统内的运算可以被视为一个黑箱子，这与人类的认知在一定程度上具有相似性：人类总是可以接收外界的信息（视、听），并向外界输出一些信息（言、行），而医学界对信息输入大脑之后是如何进行处理的则知之甚少。

通常地，为了直观起见，人们对神经网络中的各顶点进行了层次划分，如图 5-6 所示。

1）输入层。 接收来自网络外部的数据的顶点，组成输入层。

2）隐藏层。 除了输入层和输出层以外的其他层，均为隐藏层。

3）输出层。 向网络外部输出数据的顶点，组成输出层。

图 5-6　神经网络

（8）训练

神经网络被预定义的部分是计算操作（Computational Operations），而要使得输入数据通过这些操作得到预期的输出，则需要根据一些实际的例子对神经网络内部的参数进行调整与修正。这个调整与修正内部参数的过程称为训练，训练中使用的实际例子称为**训练样例**。

（9）监督训练

在监督训练中，训练样本包含神经网络的输入与预期输出。在监督训练中，对于一个训练样本 $\langle X, Y \rangle$，将 X 输入神经网络，得到输出 Y'。我们通过一定的标准计算 Y' 与 Y 之间的**训**

练误差（Training Error），并将这种误差反馈给神经网络，以便神经网络调整连接权重及偏置。

（10）非监督训练

在非监督训练中，训练样本仅包含神经网络的输入。

5.2　感知器

感知器的概念由 Rosenblatt Frank 在 1957 年提出，是一种监督训练的二元分类器。

5.2.1　单层感知器

单层感知器考虑只包含一个神经元的神经网络。这个神经元有两个输入 x_1, x_2，权值为 w_1, w_2。其激活函数为符号函数：

$$f(x) = \text{sgn}(x) = \begin{cases} -1, & x < 0 \\ 1, & x \geq 0 \end{cases}$$

根据感知器训练算法，在训练过程中，若实际输出的激活状态 o 与预期输出的激活状态 y 不一致，则权值按以下方式更新：

$$w' \leftarrow w + \alpha \cdot (y-o) \cdot x$$

其中，w' 为更新后的权值，w 为原权值，y 为预期输出，x 为输入；α 称为学习率，学习率可以为固定值，也可以在训练中适当地调整。

例如，设定学习率 $\alpha = 0.01$，把权值初始化为 $w_1 = -0.2$，$w_2 = 0.3$，若有训练样例 $x_1 = 5$，$x_2 = 2$，$y = 1$，则实际输出与期望输出不一致：

$$o = \text{sgn}(-0.2 \times 5 + 0.3 \times 2) = -1$$

因此，对权值进行调整：

$$w_1 = -0.2 + 0.01 \times 2 \times 5 = -0.1$$
$$w_2 = 0.3 + 0.01 \times 2 \times 2 = 0.34$$

直观上来说，权值更新向着损失减小的方向进行，即网络的实际输出 o 越来越接近预期的输出 y。在这个例子中可以看到，经过一次权值更新之后，这个样例输入的实际输出 $o = \text{sgn}(-0.1 \times 5 + 0.34 \times 2) = 1$，已经与正确的输出一致。

我们只需要对所有的训练样例重复以上的步骤，直到所有样本都得到正确的输出即可。

5.2.2　多层感知器

5.2.1 节中的单层感知器可以拟合一个超平面 $y = ax_1 + bx_2$，适合于线性可分的问题，而对于线性不可分的问题则无能为力。考虑异或函数作为激活函数的情况：

$$f(x_1, x_2) = \begin{cases} 0, & x_1 = x_2 \\ 1, & x_1 \neq x_2 \end{cases}$$

异或函数需要两个超平面才能进行划分。单层感知器无法克服线性不可分的问题，人们引入了多层感知器（Multi-Layer Perceptron，MLP）（见图 5-7），实现了异或运算。

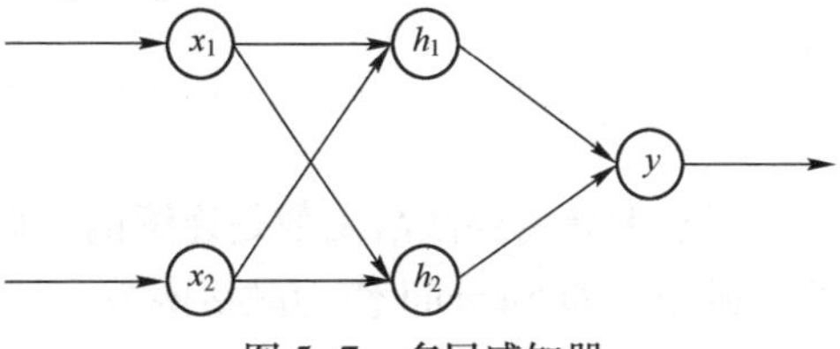

图 5-7 中的隐藏层神经元 h_1、h_2 相当于两

图 5-7　多层感知器

个感知器，分别构造两个超平面中的一个。

5.3 BP 神经网络

在多层感知器被引入的同时，也引入了一个新的问题：由于隐藏层的预期输出并没有在训练样例中给出，因此隐藏层节点的误差无法像单层感知器那样直接计算得到。为了解决这个问题，**反向传播**（Back Propagation，BP）算法被引入，其核心思想是将误差由输出层向前层反向传播，利用后一层的误差来估计前一层的误差。反向传播算法由 Henry J. Kelley 在 1960 年和 Arthur E. Bryson 在 1961 年分别提出。使用反向传播算法训练的网络称为 BP 神经网络。

5.3.1 梯度下降

为了使得误差可以反向传播，梯度下降（Gradient Descent）算法被采用，其思想是在权值空间中朝着误差最快下降的方向搜索，找到局部的最小值（见图 5-8）。

$$w \leftarrow w + \Delta w$$

$$\Delta w = -\alpha \nabla \text{Loss}(w) = -\alpha \frac{\partial \text{Loss}}{\partial w}$$

其中，w 为权值，α 为学习率，Loss( ) 为**损失函数**（Loss Function）。损失函数的作用是计算实际输出与期望输出之间的误差。

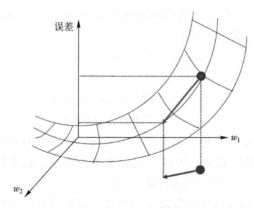

图 5-8 梯度下降

常用的损失函数有：

平均平方误差（Mean Squared Error，MSE）的实际输出为 o_i，预期输出为 y_i：

$$\text{Loss}(o, y) = \frac{1}{n} \sum_{i=1}^{n} |o_i - y_i|^2$$

交叉熵（Cross Entropy，CE）：

$$\text{Loss}(x_i) = -\log \left(\frac{\exp(x_i)}{\sum_j \exp(x_j)} \right)$$

由于求偏导需要激活函数是连续的，而符号函数不满足连续的要求，因此通常使用连续可微的函数，如 Sigmoid 作为激活函数。特别地，Sigmoid 具有良好的求导性质：

$$\sigma' = \sigma(1 - \sigma)$$

这使得计算偏导时较为方便，因此被广泛应用。

5.3.2　反向传播

使得误差反向传播的关键在于利用求偏导的链式法则。我们知道，神经网络是直观展示的一系列计算操作，每个节点都可以用一个函数 $f_i(\ )$ 来表示。

图 5-9 所示为链式法则与反向传播，其中的神经网络可表达为一个以 $w_1,\cdots,w_6$ 为参量，以 $i_1,\cdots,i_4$ 为变量的函数。

$$o=f_3(w_6\cdot f_2(w_5\cdot f_1(w_1\cdot i_1+w_2\cdot i_2)+w_3\cdot i_3)+w_4\cdot i_4)$$

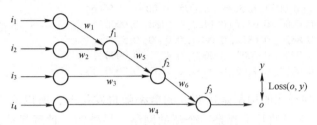

图 5-9　链式法则与反向传播

在梯度下降中，为了求得 Δw_k，需要用链式法则去求 $\dfrac{\partial \mathrm{Loss}}{\partial w_k}$，如求 $\dfrac{\partial \mathrm{Loss}}{\partial w_1}$：

$$\frac{\partial \mathrm{Loss}}{\partial w_1}=\frac{\partial \mathrm{Loss}}{\partial f_3}\cdot\frac{\partial f_3}{\partial f_2}\cdot\frac{\partial f_2}{\partial f_1}\cdot\frac{\partial f_1}{\partial w_1}$$

通过这种方式，误差得以反向传播，并用于更新每一个连接权值，使得神经网络在整体上逼近损失函数的局部最小值，从而达到训练的目的。

5.4　Dropout 正则化

Dropout 是一种正则化技术，通过防止特征的协同适应（Co-adaptations）来减少神经网络中的过拟合。Dropout 的效果非常好，实现简单且不会降低网络速度，所以被广泛使用。

特征的协同适应指的是在训练模型时，共同训练的神经元为了相互弥补错误而相互关联的现象。在神经网络中，这种现象会变得尤其复杂。协同适应会转而导致模型的过度拟合，因为协同适应的现象并不会泛化未曾见过的数据。Dropout 从解决特征间的协同适应入手，有效地控制了神经网络的过拟合。

在每次训练中，Dropout 按照一定的概率 p 随机地抑制一些神经元的更新。相应地，按照概率 $1-p$ 保留一些神经元的更新。当神经元被抑制时，它的前向结果被置为 0，而不管相应的权重和输入数据的数值大小。被抑制的神经元在反向传播中也不会更新相应权重，也就是说，被抑制的神经元在前向和反向中都不起任何作用。随机地抑制一部分神经元，可以有效地防止特征的相互适应。

Dropout 的实现方法非常简单，参考代码清单 5-1，第 3 行生成了一个随机数矩阵 activations，表示神经网络中隐藏层的激活值；第 4、5 行构建了一个参数 $p=0.5$ 的伯努利分布，并从中采样一个由伯努利变量组成的掩码矩阵 mask，伯努利变量是只有 0 和 1 两种取值可能性的离散变量。第 6 行将 mask 和 activations 逐元素相乘，mask 中数值为 0 的变量会将相应的激活值置为 0，这一激活值无论它本来的数值多大，都不会参与当前网络中更深层的计算，而 mask 中数值为 1 的变量则会保留相应的激活值。

代码清单 5-1

```
1    from torch. distributions import Bernoulli
2
3    activations = torch. rand((5, 5))
4    m = Bernoulli(0.5)
5    mask = m. sample(activations. shape)
6    activations *= mask
7    print(activations)
8    >>> tensor([[0.0000, 0.5935, 0.0975, 0.0000, 0.5066],
                 [0.0000, 0.6437, 0.1462, 0.9188, 0.0000],
                 [0.8829, 0.6852, 0.0000, 0.0000, 0.5704],
                 [0.0000, 0.6003, 0.0000, 0.4777, 0.0000],
                 [0.0000, 0.9796, 0.0000, 0.1457, 0.0000]])
```

因为 Dropout 对神经元的抑制是按照 p 的概率随机发生的，所以使用了 Dropout 的神经网络在每次训练中，学习的几乎都是一个新的网络。另外的一种解释是，Dropout 在训练一个共享部分参数的集成模型。为了模拟集成模型的方法，使用了 Dropout 的网络需要使用到所有神经元，所以在测试时，Dropout 将激活值乘以一个尺度缩放系数 $1-p$，以恢复在训练时按概率 p 随机地丢弃神经元所造成的尺度变换，其中的 p 就是在训练时抑制神经元的概率。在实践中（同时也是 PyTorch 的实现方式），通常采用 Inverted Dropout 的方式。在训练时，激活值要乘以尺度缩放系数 $\frac{1}{1-p}$；而在测试时，则什么都不需要做。

Dropout 会在训练和测试时做出不同的行为，PyTorch 的 torch. nn. Module 提供了 train() 方法和 eval() 方法，通过调用这两个方法就可以将网络设置为训练模式或测试模式。这两个方法只对 Dropout 这种训练和测试不一致的网络层起作用，而不会影响其他的网络层，后面介绍的 BatchNormalization 也是训练和测试步骤不同的网络层。

代码清单 5-2 通过两个实验说明 Dropout 在训练模式和测试模式下的区别，第 5~8 行统计 Dropout 影响到的神经元数量。注意，因为 PyTorch 的 Dropout 采用了 Inverted Dropout，所以第 8 行对 activations 乘以 $1/(1-p)$，以对应 Dropout 的尺度变换。结果发现它大约影响了 50% 的神经元，这一数值和设置的 $p=0.5$ 基本一致，换句话说，p 的数值越高，训练中的模型就越精简。第 14~17 行统计了 Dropout 在测试时影响到的神经元数量，结果发现它并没有影响到任何神经元，也就是说，Dropout 在测试时并不改变网络的结构。

代码清单 5-2

```
1    p, count, iters, shape = 0.5, 0., 50, (5,5)
2    dropout = nn. dropout(p)
3    dropout. train()
4
5    for _ in range(iters):
6        activations = torch. rand(shape) + 1e-5
7        output = dropout(activations)
8        count += torch. sum(output == activations * (1/(1-p)))
9
```

```
10    print("train 模式 Dropout 影响了{}的神经元".format(1 - float(count)/(activations. nelement() *
      iters)))
11
12    count = 0
13    dropout. eval()
14    for _ in range(iters):
15        activations = torch. rand(shape) + 1e-5
16        output = dropout(activations)
17        count += torch. sum(output == activations)
18    print("eval 模式 Dropout 影响了{}的神经元".format(1 - float(count)/(activations. nelement() *
      iters)))
19    >>> train 模式 Dropout 影响了 0.49119999999999997 的神经元
20    >>> eval 模式 Dropout 影响了 0.0 的神经元
```

5.5　批标准化

在训练神经网络时，往往需要标准化（Normalization）输入数据，使得网络的训练更加快速和有效，然而 SGD 等学习算法会在训练中不断改变网络的参数，隐藏层的激活值的分布会因此发生变化，这一种变化称为内协变量偏移（Internal Covariate Shift, ICS）。

为了减轻 ICS 问题，批标准化（Batch Normalization）固定激活函数的输入变量的均值和方差，使得网络的训练更快。除了加速训练这一优势，Batch Normalization 还具备其他功能。首先，应用了 Batch Normalization 的神经网络在反向传播中有着非常好的梯度流，这样，神经网络对权重的初值和尺度的依赖性减少，能够使用更高的学习率，降低了不收敛的风险。不仅如此，Batch Normalization 还具有正则化的作用，Dropout 也就不再需要了。最后，Batch Normalization 让深度神经网络使用饱和非线性函数成为可能。

5.5.1　批标准化的实现方式

Batch Normalization 在训练时，用当前训练批次的数据单独地估计每一个激活值 $x^{(k)}$ 的均值和方差。为了方便，接下来只关注某一个激活值 $x^{(k)}$，并将 k 省略掉，现定义当前批次为具有 m 个激活值的 β：$\beta = x_1, \cdots, x_m$。

首先计算当前批次激活值的均值和方差：

$$\mu_\beta = \frac{1}{m} \sum_{i=1}^{m} x_i$$

$$\delta_\beta^2 = \frac{1}{m} \sum_{i=1}^{m} (x_i - \mu_\beta)^2$$

然后用计算好的均值 μ_β 和方差 δ_β^2 标准化这一批次的激活值 x_i，得到 $\hat{x}_i$，为了避免除 0，ϵ 被设置为一个非常小的数字，在 PyTorch 中，默认设为 1e-5。

$$\hat{x}_i = \frac{x_i - \mu_\beta}{\delta_\beta^2 + \epsilon}$$

这样就固定了当前批次 β 的分布，使得其服从均值为 0、方差为 1 的高斯分布。但是标准化有可能会降低模型的表达能力，因为网络中的某些隐藏层很有可能需要输入数据是非标准化分布的。所以，Batch Normalization 对标准化的变量 x_i 加了一步仿射变换 $y_i = \gamma \hat{x}_i + \beta$，添加的两个参数 γ 和 β 用于恢复网络的表示能力，它和网络原本的权重一起训练。在 PyTorch

中，β 初始化为 0，而 γ 则从均匀分布 $\cal{U}(0,1)$ 随机采样。当 $\gamma = \sqrt{\mathrm{Var}[x]}$ 且 $\beta = E[x]$ 时，标准化的激活值则完全恢复成原始值，这完全由训练中的网络自己决定。训练完毕后，γ 和 β 作为中间状态保存下来。在 PyTorch 的实现中，Batch Normalization 在训练时还会计算移动平均化的均值和方差：

$$\text{running\_mean} = (1 - \text{momentum}) * \text{running\_mean} + \text{momentum} * \mu_\beta$$

$$\text{running\_var} = (1 - \text{momentum}) * \text{running\_var} + \text{momentum} * \delta_\beta^2$$

其中，momentum 默认为 0.1，running_mean 和 running_var 在训练完毕后保留，用于模型验证。

Batch Normalization 在训练完毕后，保留了两个参数 β 和 γ，以及两个变量 running_mean 和 running_var。在模型做验证时，做如下变换：$y = \dfrac{\gamma}{\sqrt{\text{running\_var} + \epsilon}} \cdot x + \left(\beta - \dfrac{\gamma}{\sqrt{\text{running\_var} + \epsilon}} \cdot \right.$

$\left. \text{running\_mean} \vphantom{\dfrac{\gamma}{\sqrt{}}} \right)$。

5.5.2　批标准化的使用方法

在 PyTorch 中，torch.nn.BatchNorm1d 提供了 Batch Normalization 的实现，同样地，它也被当作神经网络中的层使用。它有两个十分关键的参数，num_features 确定特征的数量，affine 决定 Batch Normalization 是否使用仿射变换。

代码清单 5-3 的第 4 行实例化了一个 BatchNorm1d 对象，它接收特征数量 num_features = 5 的数据，所以模型的两个中间变量 running_mean 和 running_var 就会被初始化为 5 维的向量，用于统计移动平均化的均值和方差。第 5、6 行打印了这两个变量的数据，可以很直观地看到它们的初始化方式。第 9~11 行从标准高斯分布采样了一些数据，然后提供给 Batch Normalization 层。第 14、15 行打印了变化后的 running_mean 和 running_var，可以发现它们的数值发生了一些变化，但是基本维持了标准高斯分布的均值和方差数值。第 17~24 行验证了如果将模型设置为 eval 模式，则这两个变量不会发生任何变化。

代码清单 5-3

```
1    import torch
2    from torch import nn
3
4    m = nn.BatchNorm1d(num_features=5, affine=False)
5    print("BEFORE:")
6    print("running_mean:", m.running_mean)
7    print("running_var:", m.running_var)
8
9    for _ in range(100):
10       input = torch.randn(20, 5)
11       output = m(input)
12
13   print("AFTER:")
14   print("running_mean:", m.running_mean)
15   print("running_var:", m.running_var)
16
```

```
17    m. eval( )
18    for _ in range(100):
19        input = torch. randn(20, 5)
20        output = m(input)
21
22    print("EVAL:")
23    print("running_mean:", m. running_mean)
24    print("running_var:" ,m. running_var)
25    >>> BEFORE:
26    running_mean: tensor([0. , 0. , 0. , 0. , 0. ])
27    running_var: tensor([1. , 1. , 1. , 1. , 1. ])
28    >>> AFTER:
29    running_mean: tensor([-0. 0226,  0. 0298,  0. 0348,  0. 0381, -0. 0318])
30    running_var: tensor([1. 0367, 1. 0094, 1. 1143, 0. 9406, 1. 0035])
31    >>> EVAL:
32    running_mean: tensor([-0. 0226,  0. 0298,  0. 0348,  0. 0381, -0. 0318])
33    running_var: tensor([1. 0367, 1. 0094, 1. 1143, 0. 9406, 1. 0035])
```

代码清单 5-3 的第 4 行设置了 affine=False，也就是不对标准化后的数据采用仿射变换。仿射变换的两个参数 β 和 γ 在 BatchNorm1d 中称为 weight 和 bias。代码清单 5-4 的第 4、5 行打印了这两个变量，很显然因为关闭了仿射变换，所以这两个变量被设置为 None。现在，再实例化一个 BatchNorm1d 对象 m_affine，但是这次设置 affine=True，然后在第 9、10 行打印 m_affine. weight、m_affine. bias。可以看到，正如前面描述的那样，γ 从均匀分布 $\cal{U}(0,1)$ 随机采样，而 β 被初始化为 0。另外，应当注意，m_affine. weight 和 m_affine. bias 的类型均为 Parameter，也就是说，它们和线性模型的权重是一种类型，并参与模型的训练，而 running_mean 和 running_var 的类型为 Tensor，这样的变量在 PyTorch 中称为 buffer。buffer 不影响模型的训练，仅作为中间变量更新和保存。

代码清单 5-4

```
1     import torch
2     from torch import nn
3
4     print("no affine, gamma:", m. weight)
5     print("no affine, beta :", m. bias)
6
7     m_affine = nn. BatchNorm1d( num_features=5, affine=True)
8     print("")
9     print("with affine, gamma:", m_affine. weight, type( m_affine. weight))
10    print("with affine,beta:", m_affine. bias, type(m_affine. bias))
11    >>> no affine, gamma: None
12    >>> no affine, beta : None
13    >>>
14    >>> with affine, gamma: Parameter containing:
15    tensor([0. 5346, 0. 3419, 0. 2922, 0. 0933, 0. 6641], requires_grad=True) <class 'torch. nn. parameter.
      Parameter'>
16    >>> with affine, beta: Parameter containing:
17    tensor([0. , 0. , 0. , 0. , 0. ], requires_grad=True) <class 'torch. nn. parameter. Parameter'>
```

5.6 本章小结

感知器模型是深度学习的基石。最初的单层感知器模型是为了模拟人脑神经元提出的，但是连异或运算都无法模拟。经过多年的研究，人们终于提出了多层感知器模型，用于拟合任意函数。结合高效的 BP 算法，神经网络终于诞生。尽管目前看来，BP 神经网络已经无法胜任许多工作，但是从发展的角度来看，BP 神经网络仍是学习深度学习不可不知的重要部分。本章的最后两节介绍了常用的训练技巧，这些技巧可以有效地提升模型表现，避免过拟合。

习题

1. 选择题

1）一个神经元可以接收_____组张量作为输入。

A. 一   B. 二   C. 三   D. 四

2）加权求和时会加上一项常数 b 作为偏置。其中，张量 b 的形状要与 W_x 的形状保持_____。

A. 线性关系   B. 映射关系   C. 一致   D. 对称

3）神经网络包括输入层、_____、隐藏层等不同功能的层。

A. 节点层   B. 映射层   C. 第零层   D. 输出层

4）异或函数需要_____个超平面才能进行划分。

A. 一   B. 二   C. 三   D. 四

5）BP 算法的核心思路是将误差由输出层向_____反向传播，利用后一层的误差来估计前一层的误差。

A. 纵向层   B. 输入层   C. 前层   D. 浅层

2. 判断题

1）人类大脑是一个非常复杂的系统，拥有着大规模并行式、分布式的表示与计算能力、学习能力、抽象能力和适应能力。 （ ）

2）ReLU 会出现梯度消失的问题。 （ ）

3）ReLU 具有引导适度稀疏的能力。 （ ）

4）单层感知器可以拟合一个花草平面 $y=ax_1+bx_2$，这适合于线性可分问题。 （ ）

5）Dropout 是一种正则化技术，通过方式特征的协同适应来减少神经网络中的过拟合。Dropout 的效果非常好，实现简单，但会降低网络速度。 （ ）

3. 填空题

1）softmax( )适用于_____，作用是将分别代表 n 个类的 n 个标量归一化，得到 n 个类的概率分布。

2）tanh 为_____的变体。

3）ReLU 即修正线性单元。根据公式具备_____的能力，因为随机初始化的网络只有一半处于激活状态。

4）感知器是一种监督训练的_____。

5）为了解决隐藏层的预期输出并没有在训练样例中给出，隐藏层节点的误差无法像单层感知器那样直接计算得到的问题，我们引入了_____。

4. 问答题

1）请简述神经网络的特点。

2）请简述 Dropout 正则化的原理。

3）请解释什么是内协变量偏移（Internal Covariate Shift，ICS）。

4）请简述生物神经网络与人工神经网络的区别。

5. 应用题

1）如图 5-10 所示，试求偏置为 0.5，3 个输入分别为 3、-4、5，权值分别为 0.2、0.5、0.3，激励函数 $f()$ 为 sgn 函数时的神经元的输出。

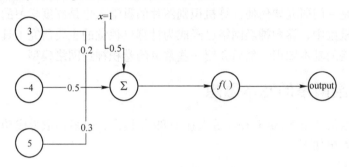

图 5-10　第 5 章应用题 1）图

2）如果限制一个神经网络的总神经元数量（不考虑输入层）为 $N+1$，输入层大小为 M_0，输出层大小为 1，隐藏层的层数为 L，每个隐藏层的神经元数量为 N/L，试分析参数数量和隐藏层层数 L 的关系。

第6章

卷积神经网络（CNN）与计算机视觉

计算机视觉是一门研究如何使计算机识别图片的科学，也是深度学习的主要应用领域之一。在众多深度模型中，卷积神经网络已经成为计算机视觉的主要研究工具之一。本章首先介绍卷积神经网络的基本知识，然后介绍一些常见的卷积神经网络模型。

6.1 卷积神经网络的基本思想

卷积神经网络最初由 Yann LeCun 等人在 1989 年提出，是最初取得成功的深度神经网络之一。它的基本思想如下。

（1）局部连接

传统的 BP 神经网络，如多层感知器，前一层的某个节点与后一层的所有节点都有连接，后一层的某一个节点与前一层的所有节点也有连接，这种连接方式称为全局连接（见图 6-1）。如果前一层有 M 个节点，后一层有 N 个节点，就会有 $M×N$ 个连接权值，每一轮反向传播更新权值时都要对这些权值进行重新计算，造成了 $O(M×N)=O(n^2)$ 的计算与内存开销。

而局部连接的思想就是使得两层之间只有相邻的节点才进行连接，即连接都是"局部"的（见图 6-2）。以图像处理为例，直觉上，图像的某一个局部的像素点组合在一起共同呈现出一些特征，而图像中距离比较远的像素点组合起来则没有什么实际意义，因此这种局部连接的方式可以在图像处理的问题上有较好的表现。如果把连接限制在空间中相邻的 c 个节点上，就把连接权值降低到了 $c×N$，计算与内存开销就降低到了 $O(c×N)=O(n)$。

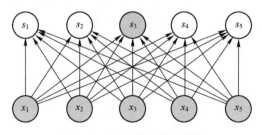

图 6-1　全局连接的神经网络

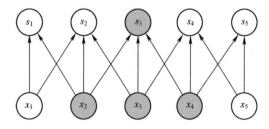

图 6-2　局部连接的神经网络

（2）参数共享

既然在图像处理中，我们认为图像的特征具有局部性，那么对于每一个局部使用不同的特征抽取方式（即不同的连接权值）是否合理呢？由于不同的图像在结构上相差甚远，同一个局部位置的特征并不具有共性，对于某一个局部使用特定的连接权值不能得到更好的结果，因此考虑让空间中不同位置的节点连接权值进行共享。例如在图 6-2 中，属于节点 s_2 的连接权值：

$$w = \{ w_1, w_2, w_3 \, | \, w_1 : x_1 \rightarrow s_2 ; w_2 : x_2 \rightarrow s_2 ; w_3 : x_3 \rightarrow s_2 \}$$

可以被节点 s_3 以：

$$w = \{ w_1, w_2, w_3 \, | \, w_1 : x_2 \rightarrow s_3 ; w_2 : x_3 \rightarrow s_3 ; w_3 : x_4 \rightarrow s_3 \}$$

的方式共享。其他节点的权值共享类似。

这样一来，两层之间的连接权值就减少到 c 个。虽然在前向传播和反向传播的过程中，计算开销仍为 $O(n)$，但内存开销被减少到常数级别 $O(c)$。

6.2　卷积操作

离散的卷积操作满足了局部连接、参数共享的性质。代表卷积操作的节点层称为卷积层。

在泛函分析中，卷积被定义为：

$$(\boldsymbol{f} * \boldsymbol{g})(t) = \int_{-\infty}^{\infty} f(\tau) g(t - \tau) \mathrm{d}\tau$$

则一维离散的卷积操作可以定义为：

$$(\boldsymbol{f} * \boldsymbol{g})(x) = \sum_i f(i) g(x - i)$$

现在，假设 f 与 g 分别代表一个从向量下标到向量元素值的映射，令 f 表示输入向量，g 表示的向量称为卷积核（Kernel），则卷积核施加于输入向量上的操作类似于一个权值向量在输入向量上移动，每移动一步进行一次加权求和操作；每一步移动的距离被称为步长（Stride）。例如，取输入向量大小为 5，卷积核大小为 3，步长为 1，则卷积操作过程如图 6-3 及图 6-4 所示。

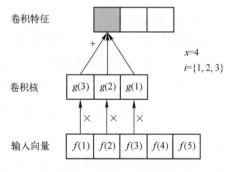

图 6-3　卷积操作过程（1）

卷积核从输入向量左边开始扫描，权值在第一个位置分别与对应输入值相乘求和，得到卷积特征值向量的第一个值。接下来，移动 1 个步长，到达第二个位置，进行相同操作；以此类推。

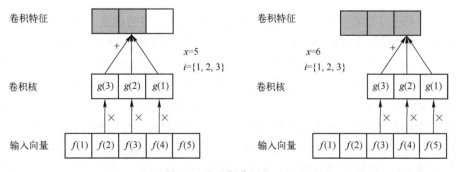

图 6-4　卷积操作过程（2）

这样就实现了从前一层的输入向量提取特征到后一层的操作，这种操作具有局部连接（每个节点只与其相邻的 3 个节点有连接）以及参数共享（所用的卷积核为同一个向量）的特性。类似地，可以拓展到二维（见图 6-5）以及更高维度的卷积操作。

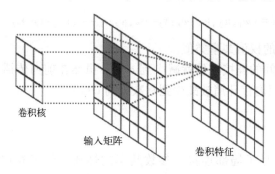

卷积核　　　输入矩阵　　　卷积特征

图 6-5　二维卷积操作

（1）多个卷积核

利用一个卷积核进行卷积抽取特征是不充分的，因此在实践中，通常使用多个卷积核来提升特征提取的效果，之后将不同卷积核卷积所得的特征张量沿第一维拼接，形成更高维度的特征张量。

（2）多通道卷积

在处理彩色图像时，输入的图像有 R、G、B 这 3 个通道的数值，这个时候分别使用不同的卷积核对每一个通道进行卷积，然后使用线性或非线性的激活函数将相同位置的卷积特征合并为一个。

（3）边界填充

注意到在图 6-4 中，卷积核的中心 $g(2)$ 并不是从边界 $f(1)$ 上开始扫描的。以一维卷积为例，大小为 m 的卷积核在大小为 n 的输入向量上进行操作后，所得到的卷积特征向量的大小会缩小为 $n-m+1$。当卷积层数增加的时候，特征向量大小就会以 $m-1$ 的速度缩小，这使得更深的神经网络变得不可能，因为在叠加到第 $\left\lfloor \dfrac{n}{m-1} \right\rfloor$ 个卷积层之后卷积特征将缩小为标量。为了解决这一问题，人们通常采用在输入张量的边界上填充 0 的方式，使得卷积核的中心可以从边界上开始扫描，从而保持卷积操作输入张量和输出张量的大小不变。

6.3　池化层

池化（Pooling，如图 6-6 所示）的目的是降低特征空间的维度，只抽取局部最显著的特征。同时，这些特征出现的具体位置也被忽略。以图像处理为例，我们通常关注的是一个特征是否出现，而不太关心它们出现在哪里，这被称为图像的静态性。通过池化降低空间维度的做法不仅降低了计算开销，还使得卷积神经网络对于噪声具有鲁棒性。

常见的池化类型有最大池化、平均池化等。最大池化是指在池化区域中取卷积特征值最大的作为所得池化特征值；平均池化则是指在池化区域中取所有卷积特征值的平均值作为池化特征值。如图 6-6 所示，在二维的卷积操作之后得到一个 20×20 的卷积特征矩阵，池化区域大小为 10×10，这样得到的就是一个 4×4 的池化特征矩阵。需要注意的是，与卷积核在重叠的区域进行卷积操作不同，池化的区域是互不重叠的。

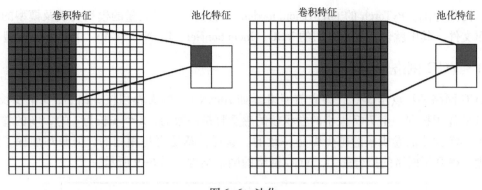

图 6-6　池化

6.4　卷积神经网络

一般来说，卷积神经网络（Convolutional Neural Network，CNN）由一个卷积层、一个池化层、一个非线性激活函数层组成（见图 6-7）。

在图像分类中，表现良好的深度卷积神经网络往往由许多"卷积层+池化层"的组合堆叠而成，通常多达数十乃至上百层（见图 6-8）。

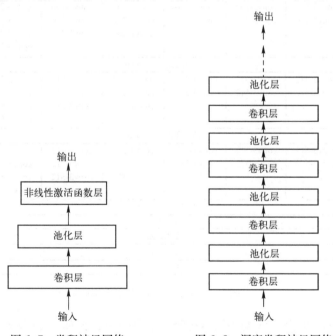

图 6-7　卷积神经网络　　　图 6-8　深度卷积神经网络

6.5　经典网络结构

VGG、InceptionNet、ResNet 等 CNN 都是从大规模图像数据集训练的用于图像分类的网络。ImageNet 从 2010 年起每年都举办图像分类的竞赛，为了公平起见，它为每位参赛者提供来自于 1000 个类别的 120 万张图像。在如此巨大的数据集中训练出的深度学习模型特征具有非常良好的泛化能力，在迁移学习后，可以被用于除图像分类之外的其他任务，如目标检测、图像分割。PyTorch 的 torchvision. models 为我们提供了大量的模型实现及模型的预训练权重文件，其中就包括本节介绍的 VGG、InceptionNet、ResNet、GAN、Diffusion 模型。

6.5.1 VGG 网络

VGG 网络的特点是 3×3 代替先前网络（如 AlexNet）的大卷积核。比如，3 个步长为 1 的 3×3 的卷积核和一个 7×7 大小的卷积核的感受野是一致的，2 个步长为 1 的 3×3 的卷积核和一个 5×5 大小的卷积核的感受野是一致的。这样，感受野是相同的，但是却加深了网络的深度，提升了网络的拟合能力。VGG 网络的网络结构如图 6-9 所示。

ConvNet配置					
A	A-LRN	B	C	D	E
11 weight layers	11 weight layers	13 weight layers	16 weight layers	16 weight layers	19 weight layers
输入(input)(224×224 RGB图像)					
conv3-64	conv3-64	conv3-64	conv3-64	conv3-64	conv3-64
	LRN	**conv3-64**	conv3-64	conv3-64	conv3-64
最大池化(maxpool)					
conv3-128	conv3-128	conv3-128	conv3-128	conv3-128	conv3-128
		conv3-128	conv3-128	conv3-128	conv3-128
最大池化(maxpool)					
conv3-256	conv3-256	conv3-256	conv3-256	conv3-256	conv3-256
conv3-256	conv3-256	conv3-256	conv3-256	conv3-256	conv3-256
			conv1-256	**conv3-256**	conv3-256
					conv3-256
最大池化(maxpool)					
conv3-512	conv3-512	conv3-512	conv3-512	conv3-512	conv3-512
conv3-512	conv3-512	conv3-512	conv3-512	conv3-512	conv3-512
			conv1-512	**conv3-512**	conv3-512
					conv3-512
最大池化(maxpool)					
conv3-512	conv3-512	conv3-512	conv3-512	conv3-512	conv3-512
conv3-512	conv3-512	conv3-512	conv3-512	conv3-512	conv3-512
			conv1-512	**conv3-512**	conv3-512
					conv3-512
最大池化(maxpool)					
FC-4096					
FC-4096					
FC-1000					
soft-max					

图 6-9　VGG 网络的网络结构

除此之外，VGG 的全 3×3 卷积核结构降低了参数量，比如一个 7×7 卷积核，其参数量为 $7×7×C_{in}×C_{out}$，而具有相同感受野的全 3×3 卷积核的参数量为 $3×3×3×C_{in}×C_{out}$。VGG 网络和 AlexNet 的整体结构一致，都是先用 5 层卷积层提取图像特征，再用 3 层全连接层作为分类器。不过，VGG 网络的"层"（在 VGG 中称为 Stage）是由多个 3×3 的卷积层叠加起来的，而 AlexNet 中，一个大卷积层为一层。所以 AlexNet 只有 8 层，而 VGG 网络则可多达 19 层，VGG 网络在 ImageNet 的 Top5 准确率达到了 92.3%。VGG 网络的主要问题是最后的 3 层全连接层的参数量过于庞大。

6.5.2 InceptionNet

InceptionNet（GoogLeNet）主要是由多个称为 Inception 的模块实现的。Inception 模块的基本结构如图 6-10 所示，它是一个分支结构，一共有 4 个分支，第 1 个分支是 1×1 卷积核，第 2 个分支是先进行 1×1 卷积，然后进行 3×3 卷积，第 3 个分支同样是先进行 1×1 卷积，然后接一层 5×5 卷积，第 4 个分支先是 3×3 的最大池化层，然后进行 1×1 卷积。最后，4 个通道计算过的特征映射用沿通道维度拼接的方式组合到一起。

图 6-10 中虚线框中的 1×1、3×3 和 5×5 的卷积核主要用于提取特征，不同大小的卷积核拼接到一起，使得这一结构具有多尺度的表达能力。实线框中的 1×1 卷积核用于特征降维，可以减少计算量。3×3 最大池化层的使用是因为实验表明池化层往往有比较好的效果。这样设计的 Inception 模块具有相当大的宽度，计算量却更低。前面提到了 VGG 网络的主要问题是最后 3 层全连接层的参数量过于庞大，InceptionNet 中则弃用了这一结构，取而代之的是一层全局平均池化层和单层的全连接层。这样就减少了参数量，并且加快了模型的推断速度。

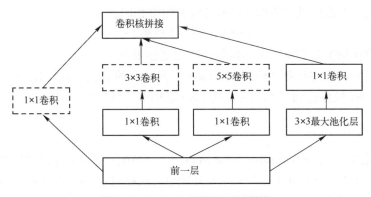

图 6-10 Inception 模块的基本结构

最后，InceptionNet 达到了 22 层，为了让深度如此大的网络能够稳定地训练，Inception 在网络中间添加了额外的两个分类损失函数。在训练中，这些损失函数相加后为一个最终的损失。在验证过程中，这两个额外的损失函数不再使用。InceptionNet 在 ImageNet 的 Top5 准确率为 93.3%，不仅准确率高于 VGG 网络，推断速度还更胜一筹。

6.5.3 ResNet

神经网络越深，对复杂特征的表示能力就越强。但是单纯地提升网络的深度会导致反向传播算法在传递梯度时发生梯度消失现象，导致网络的训练无效。通过一些权重初始化方法和 Batch Normalization 可以解决这一问题，但是即便使用了这些方法，网络在达到一定深度之后，模型训练的准确率不会再提升，甚至会开始下降，这种现象称为训练准确率的退化（Degradation）问题。退化问题表明，深层模型的训练是非常困难的。ResNet 提出了残差学习的方法，用于解决深度学习模型的退化问题。

假设输入数据是 x，常规的神经网络通过几个堆叠的层去学习一个映射 $H(x)$，而 ResNet 学习的是映射和输入的残差 $F(x):=H(x)-x$，相应地，原有的表示就变成 $H(x)=F(x)+x$。虽然两种表示是等价的，但实验表明，残差学习更容易训练。ResNet 是由几个堆叠的残差模块表示的，可以将残差结构形式化为：

$$y = F(x, \{W_i\}) + x$$

其中，$F(x, \{W_i\})$ 表示要学习的残差映射，残差模块的基本结构如图 6-11 所示。在图 6-11 中，残差映射一共有两层，可表示为 $y = W_2\delta(W_1 x + b_1) + b_2$，其中 δ 表示 ReLU 激活函数。在图 6-11 的例子中一共有两层，ResNet 的实现中大量采用了两层或三层的残差结构，而实际这个数量并没有限制，当它仅为一层时，残差结构就相当于一个线性层，所以就没有必要采用单层的残差结构了。

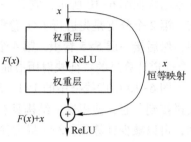

$F(x) + x$ 在 ResNet 中用 shortcut 连接和逐元素相加实现，相加后的结果是下一个 ReLU 激活函数的输入。shortcut 连接相当于对输入 x 做了一个恒等映射（Indentity Map）。在非常极端的情况下，残差 $F(x)$ 会等于 0，使得整个残差模块仅做了一次恒等映射，这完全是由网络自主决定的，只要它自身认为这是更好的选择。如果 $F(x)$ 和 x 的维度并不相同，那么可以采用如下结构使得其维度相同：

图 6-11　残差模块的基本结构

$$y = F(x, \{W_i\}) + \{W_s\} x$$

但是，ResNet 的实验表明，使用恒等映射就能够很好地解决退化问题，并且足够简单，计算量足够小。ResNet 的残差结构解决了深度学习模型的退化问题，在 ImageNet 的数据集上，最深的 ResNet 模型达到了 152 层，其 Top5 准确率达到了 95.51%。

6.5.4　GAN

生成对抗网络（Generative Adversarial Networks，GAN）是一类通过对抗过程来训练的人工智能算法，于 2014 年由 Ian Goodfellow 及其同事首次提出。GAN 在计算机视觉和自然语言处理等领域都有着广泛的应用，特别是在图像生成和文本生成方面。GAN 的主要思想是对抗思想，而对抗思想的理论背景是博弈论。博弈论是一种研究策略和行动的理论，它可以用于理解和分析一些复杂的系统。例如，在对抗网络中，可以将生成器看作是一个策略，它试图生成一个好的样本，而判别器则是一个行动者，它试图识别生成器生成的样本是否真实。这个过程可以看作是两种策略的博弈，在这个博弈中，需要让生成器和判别器在相互对抗中不断改进，直到它们都达到了最优的状态。

GAN，正如它的名字，是一种生成与对抗并存的神经网络。通常，一个 GAN 网络由一个生成器（Generator）和一个判别器（Discriminator）组成。生成器的作用是生成新样本，它通过学习从原始数据集中抽取出的特征来生成新的样本。判别器的作用则是判断输入的样本是否真实，即它能够判断生成器生成的样本是否来自真实数据集。在训练过程中，生成器和判别器之间会进行多次对抗，生成器会不断尝试生成难以被判别器识别的样本，而判别器会不断提高自己的识别能力。这种不断对抗的过程被称为博弈论中的"囚徒困境"，因为生成器和判别器都希望自己能达到最优状态，但这需要双方在不断对抗中做出妥协和调整。

GAN 的网络结构如图 6-12 所示。隐变量 Z 是一般服从高斯分布的随机噪声，通过生成器生成假数据，判别器则来判断输入的数据的真假。如果判断图像是真实图像，判别器会给生成器较高的分数；如果图像不是真实图像，则判别器会给生成器较低的分数。生成器会根据判别器的反馈，不断调整自己的生成策略，从而提高生成图像的质量。

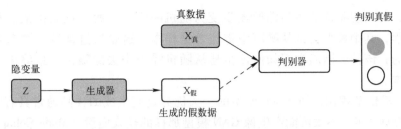

图 6-12　GAN 网络结构图

GAN 的优势在于它可以在无监督的情况下学习生成高质量的样本，而无须依赖预设的标签或指导。GAN 可以处理复杂的数据和任务，并且能够在没有人工干预的情况下自动优化样本质量。此外，GAN 还可以用于生成新的数据，如生成新的图片、视频等。GAN 在图像生成和文本生成方面的应用十分广泛，例如，GAN 可以用于生成人脸图像、自动驾驶车辆的图像识别、文本生成等。然而，GAN 也有一些缺点。首先，GAN 的训练过程可能十分困难，需要大量的数据和计算资源。其次，GAN 的生成结果可能存在一定的随机性，因此在某些情况下，GAN 生成的样本可能不太可信或不太有用。此外，GAN 在训练过程中可能会出现"梯度消失"或"梯度爆炸"等问题，这些问题会影响 GAN 的训练效果和稳定性。

GAN 网络存在很多变体，例如，多层 GAN（Multi-Layer Generative Adversarial Networks，MLGAN）是一种在 GAN 网络中增加了多层的变体。多层 GAN 的目的是更好地捕捉输入数据的复杂结构，从而提高生成样本的质量。多层 GAN 还可以解决 GAN 中常见的梯度消失或爆炸等问题，因为多层 GAN 可以通过多层结构来更好地处理输入数据的复杂结构。

除了 MLGAN，还有一些其他的 GAN 变体，如变分自编码器（Variational Autoencoders，VAE）、条件 GAN（conditional Generative Adversarial Networks，cGAN）等。VAE 是一种深度学习模型，它可以将输入的数据映射到一个低维的隐空间中，从而更好地理解输入数据的特征和结构。cGAN 则是一种基于条件的 GAN 变体，它可以在生成样本时考虑到输入数据的一些条件或约束。例如，在人脸图像生成方面，可以使用 cGAN 来生成满足特定年龄、性别等条件的人脸图像。

总的来说，GAN 是一种非常有前途的人工智能算法，它在图像生成和文本生成等方面具有广泛的应用。GAN 的优势在于它可以在无监督的情况下学习生成高质量的样本，而无须依赖预设的标签或指导。然而，GAN 也有一些缺点，如训练过程可能十分困难，生成结果可能存在一定的随机性等。因此，在实际应用中，需要根据具体的任务和数据集来选择合适的 GAN 变体，并在训练过程中注意解决可能出现的问题。

6.5.5　Diffusion 模型

Diffusion 模型是一类新型的生成模型，是从统计物理中的扩散过程中获取灵感来生成复杂数据分布。生成模型的扩散概念在 2015 年的论文中已经被提出。然而，这种方法直到 2019 年斯坦福大学和 2020 年 Google Brain 的研究中才分别独立地得到了改进。Diffusion 模型与传统的 GAN 或 VAE 不同，其基本原理是通过模拟数据分布的逐渐"扩散"来逆向生成数据。

具体来说，Diffusion 模型通常涉及两个主要阶段：正向扩散过程（Forward Diffusion）和反向扩散过程（Reverse Diffusion）。在正向扩散过程中，模型从真实数据样本开始，并逐渐加入噪声，直至数据样本完全或部分转变为噪声。这个过程产生了一系列从数据到噪声的状态，可以想象成从清晰图像逐步变为随机噪声的过程。反向扩散过程则是正向过程的逆过程，其中模型尝试从噪声中重建数据样本。这是通过训练一个参数化的神经网络来实现的，该神经网络学习如何逐步地从随机噪声中去除噪声，最终生成与真实数据相似的样本。

与其他生成模型相比，Diffusion 模型的一大优势是其生成的样品通常具有非常高的质量，且模型相对稳定，不太可能产生像 GAN 模型那样的模式崩溃（Mode Collapse）。此外，由于其基本机制是一系列可控的概率步骤，Diffusion 模型易于理解和解释，并且可以自然地并行处理。然而，Diffusion 模型同样有缺点，其中最主要的是计算成本较高。由于生成过程需要多步迭代，并且每一步都涉及复杂的神经网络操作，导致生成单个样本所需的时间比 GAN 和 VAE 长得多。不过，随着算法的改进和硬件性能的提升，这个问题正在逐步得到解决。

总体而言，Diffusion 模型为深度学习中的数据生成提供了一种全新的方法，它以其独特的过程和高质量的生成结果，在图像、音频和其他领域广泛应用。随着对这类模型理解的深入和技术的不断发展，我们可以期待它在未来各种应用中扮演更加重要的角色。

6.6　用 PyTorch 进行手写数字识别

torch. utils. data. Datasets 是 PyTorch 用来表示数据集的类，本节使用 torchvision. datasets. MNIST 构建手写数字数据集。代码清单 6-1 的第 5 行实例化了 datasets 对象，datasets. MNIST 能够自动下载数据并保存到本地磁盘，参数 train 默认为 True，用于控制加载的数据集是训练集还是测试集。注意第 7 行使用了 len(mnist)，这里调用了 _len_( )方法；第 8 行使用了 mnist[j]，调用的是 _getitem_( )，在自己建立数据集时，需要继承 datasets，并且覆写 _item_( )和 _len_( )两个方法；第 9、10 行绘制了 MNIST 手写数字数据集，如图 6-13 所示。

代码清单 6-1

```
1    from torchvision. datasets import MNIST
2    from matplotlib import pyplot as plt
3    %matplotlib inline
4
5    mnist = datasets. MNIST( root='~', train=True, download=True)
6
7    for i, j in enumerate( np. random. randint( 0, len( mnist), (10,))):
8        data, label = mnist[ j]
9        plt. subplot( 2,5,i+1)
10       plt. imshow( data)
```

数据预处理是非常重要的步骤，PyTorch 提供了 torchvision. transforms 用于处理数据及数据增强。这里使用了 torchvision. transforms. ToTensor，它将 PIL Image 或者 numpy. ndarray 类型的数据转换为 Tensor，并且它会将数据从 [0, 255] 映射到 [0, 1] 之间。torchvision. transforms. Normalize 将数据标准化，将训练数据标准化会加速模型在训练中的收敛速率。在使用中，可以利用 torchvision. transforms. Compose 将多个 transforms 组合到一起，被包含的 transforms 会顺序执行。具体实现如代码清单 6-2 所示。

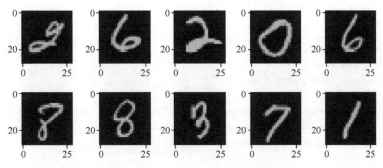

图 6-13 MNIST 手写数字数据集

代码清单 6-2

```
1  trans = transforms. Compose([
2      transforms. ToTensor(),
3      transforms. Normalize((0.1307,),(0.3081,))])
4
5  normalized = trans(mnist[0][0])
6  from torchvision import transforms
7
8  mnist = datasets. MNIST(root='~', train=True, download=True, transform=trans)
```

准备完处理数据的流程后，就可以读取用于训练的数据了，torch. utils. data. DataLoader 提供了迭代数据、随机抽取数据、批量化数据，使用 multiprocessing 并行化读取数据的功能。代码清单 6-3 定义了函数 imshow()，第 2 行将数据从标准化的数据中恢复出来，第 3 行将 Tensor 类型转换为 Ndarray，这样才可以用 Matplotlib 绘制出来，绘制的结果如图 6-14 所示，第 4 行将矩阵的维度从(C,W,H)转换为(W,H,C)。

代码清单 6-3

```
1  def imshow(img):
2      img = img * 0.3081 + 0.1307
3      npimg = img. numpy()
4      plt. imshow(np. transpose(npimg, (1, 2, 0)))
5
6  dataloader = DataLoader(mnist, batch_size=4, shuffle=True, num_workers=4)
7  images, labels = next(iter(dataloader))
8
9  imshow(torchvision. utils. make_grid(images))
```

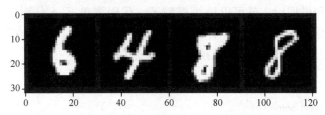

图 6-14 预处理过的手写数字图像

前面展示了使用 PyTorch 加载数据、处理数据的方法。代码清单 6-4 构建用于识别手写数字的神经网络模型。

代码清单 6-4

```
1    class MLP(nn.Module):
2        def __init__(self):
3            super(MLP, self).__init__()
4
5            self.inputlayer = nn.Sequential(nn.Linear(28 * 28, 256), nn.ReLU(), nn.Dropout(0.2))
6            self.hiddenlayer = nn.Sequential(nn.Linear(256, 256), nn.ReLU(), nn.Dropout(0.2))
7            self.outlayer = nn.Sequential(nn.Linear(256, 10))
8
9
10
11       def forward(self, x):
12           # 将输入图像拉伸为一维向量
13           x = x.view(x.size(0), -1)
14
15           x = self.inputlayer(x)
16           x = self.hiddenlayer(x)
17           x = self.outlayer(x)
18           return x
```

可以直接通过打印 nn.Module 的对象看到其网络结构，具体如代码清单 6-5 所示。

代码清单 6-5

```
1    print(MLP())
2    >>> MLP(
3        (inputlayer): Sequential(
4            (0): Linear(in_features=784, out_features=256, bias=True)
5            (1): ReLU()
6            (2): Dropout(p=0.2)
7        )
8        (hiddenlayer): Sequential(
9            (0): Linear(in_features=256, out_features=256, bias=True)
10           (1): ReLU()
11           (2): Dropout(p=0.2)
12       )
13       (outlayer): Sequential(
14           (0): Linear(in_features=256, out_features=10, bias=True)
15       )
16   )
17
```

在准备好数据和模型后，就可以训练模型了。代码清单 6-6 分别定义了数据处理和加载流程、模型、优化器、损失函数，并用准确率评估模型能力。第 33 行将训练数据迭代 10 个 epoch，并将训练和验证的准确率及损失记录下来。

代码清单 6-6

```
1    from torch import optim
2    from tqdm import tqdm
3    # 数据处理和加载
4    trans = transforms.Compose([
5        transforms.ToTensor(),
```

```
6          transforms. Normalize((0.1307,), (0.3081,))])
7    mnist_train = datasets. MNIST(root='~', train=True, download=True, transform=trans)
8    mnist_val = datasets. MNIST(root='~', train=False, download=True, transform=trans)
9
10   trainloader = DataLoader(mnist_train, batch_size=16, shuffle=True, num_workers=4)
11   valloader = DataLoader(mnist_val, batch_size=16, shuffle=True, num_workers=4)
12
13   # 模型
14   model = MLP()
15
16   # 优化器
17   optimizer = optim. SGD(model. parameters(), lr=0.01, momentum=0.9)
18
19   # 损失函数
20   celoss = nn. CrossEntropyLoss()
21   best_acc = 0
22
23   # 计算准确率
24   def accuracy(pred, target):
25       pred_label = torch. argmax(pred, 1)
26       correct = sum(pred_label == target). to(torch. float)
27       # acc = correct / float(len(pred))
28        return correct, len(pred)
29
30   acc = {'train': [], "val": []}
31   loss_all = {'train': [], "val": []}
32
33   for epoch in tqdm(range(10)):
34       # 设置为验证模式
35       model. eval()
36       numer_val, denumer_val, loss_tr = 0., 0., 0.
37       with torch. no_grad():
38           for data, target in valloader:
39               output = model(data)
40               loss = celoss(output, target)
41               loss_tr += loss. data
42
43               num, denum = accuracy(output, target)
44               numer_val += num
45               denumer_val += denum
46       # 设置为训练模式
47       model. train()
48       numer_tr, denumer_tr, loss_val = 0., 0., 0.
49       for data, target in trainloader:
50           optimizer. zero_grad()
51           output = model(data)
52           loss = celoss(output, target)
53           loss_val += loss. data
54           loss. backward()
55           optimizer. step()
56           num, denum = accuracy(output, target)
57           numer_tr += num
58           denumer_tr += denum
```

```
59        loss_all['train'].append(loss_tr/len(trainloader))
60        loss_all['val'].append(loss_val/len(valloader))
61        acc['train'].append(numer_tr/denumer_tr)
62        acc['val'].append(numer_val/denumer_val)
63  >>>    0%|              | 0/10 [00:00<?, ? it/s]
64  >>>   10%|■            | 1/10 [00:16<02:28, 16.47s/it]
65  >>>   20%|■■           | 2/10 [00:31<02:07, 15.92s/it]
66  >>>   30%|■■■          | 3/10 [00:46<01:49, 15.68s/it]
67  >>>   40%|■■■■         | 4/10 [01:01<01:32, 15.45s/it]
68  >>>   50%|■■■■■        | 5/10 [01:15<01:15, 15.17s/it]
69  >>>   60%|■■■■■■       | 6/10 [01:30<01:00, 15.19s/it]
70  >>>   70%|■■■■■■■      | 7/10 [01:45<00:44, 14.99s/it]
71  >>>   80%|■■■■■■■■     | 8/10 [01:59<00:29, 14.86s/it]
72  >>>   90%|■■■■■■■■■    | 9/10 [02:15<00:14, 14.97s/it]
73  >>>  100%|■■■■■■■■■■   | 10/10 [02:30<00:00, 14.99s/it]
```

代码清单6-7绘制的模型训练迭代过程的损失图像如图6-15所示。

代码清单6-7

```
plt.plot(loss_all['train'])
plt.plot(loss_all['val'])
```

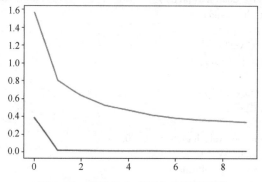

图6-15　训练集和验证集的损失图像

代码清单6-8绘制的模型训练迭代过程的准确率图像如图6-16所示。

代码清单6-8

```
plt.plot(acc['train'])
plt.plot(acc['val'])
```

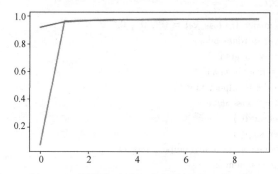

图6-16　训练集和验证集的准确率迭代图像

6.7　本章小结

本章介绍了卷积神经网络与计算机视觉的相关概念。视觉作为人类感受世界的主要途径之一，其重要性在机器智能方面不言而喻。但是在很长一段时间里，计算机只能通过基本的图像处理和几何分析方法来观察世界，这无疑限制了其他领域智能的发展。卷积神经网络的出现扭转了这样的局面。通过卷积和池化等运算，卷积层能够高效地提取图像和视频特征，为后续任务提供坚实的基础。本章实现的手写数字识别只是当下计算机视觉中最简单的应用之一，更为先进的卷积神经网络模型甚至能够在上百万张图片中完成分类任务，而且精度超过人类。

习题

1. 选择题

1）通过池化降低空间维度的做法不仅降低了计算开销，还使得卷积神经网络对于噪声具有（　　）。

A. 健壮性　　　　　B. 静态性　　　　　C. 局部性　　　　　D. 准确性

2）（　　）的主要问题是最后的 3 层全连接层的参数量过于庞大。

A. InceptionNet　　B. VGG 网络　　　C. ResNet　　　　D. AlexNet

3）（　　）的残差结构解决了深度学习模型的退化问题，在 ImageNet 的数据集上，其 Top5 准确率达到了 95.51%。

A. InceptionNet　　B. VGG 网络　　　C. ResNet　　　　D. AlexNet

4）在 InceptionNet 中，使用（　　）和单层的全连接层替换掉了 VGG 的 3 层全连接层。

A. 全局最大池化层　　　　　　　B. 全局最小池化层

C. 卷积层　　　　　　　　　　　D. 全局平均池化层

5）如果前一层有 M 个节点，后一层有 N 个节点，通过参数共享，两层之间的连接权值减少为 c 个，前向传播和反向传播过程中，计算开销与内存开销分别为（　　）。

A. $O(n)$ 和 $O(c)$　　　　　　　B. $O(c)$ 和 $O(n)$

C. $O(n)$ 和 $O(n)$　　　　　　　D. $O(c)$ 和 $O(c)$

2. 判断题

1）人们通常采用在输出张量边界上填充 0 的方式，使得卷积核的中心可以从边界上开始扫描，从而保持卷积操作的输入张量和输出张量大小不变。（　　）

2）VGG 网络在 ImageNet 的 Top5 准确率为 93.3%，不仅准确率高于 InceptionNet，推断速度也更胜一筹。（　　）

3）最大池化是指在池化区域中，取卷积特征值最大的作为所得池化特征值。（　　）

4）神经网络越深，对复杂特征的表示能力就越强。（　　）

5）两个步长为 1 的 3×3 的卷积核和一个 7×7 大小的卷积核的感受野是一致的。（　　）

3. 填空题

1）传统 BP 神经网络，使用全局连接方式，前一层有 M 个节点，后一层有 N 个节点，

就会有 $M \times N$ 个连接权值，每一轮反向传播更新权值的时候都要对这些权值进行重新计算，造成了 $O(M \times N) = \underline{\hspace{2cm}}$ 的计算与内存开销。

2）局部连接方式把连接限制在空间中相邻的 c 个节点，把连接权值降到了 $c \times N$，计算内存与开销就降低到了 $O(c \times N) = \underline{\hspace{2cm}}$。

3）离散的卷积操作满足了局部连接和 \underline{\hspace{2cm}} 的性质。

4）网络在达到一定深度后，模型训练的准确率也不会再提升，甚至会开始下降，这种现象称为训练准确率的 \underline{\hspace{2cm}} 问题。

5）ResNet 提出了 \underline{\hspace{2cm}} 学习的方法，用于解决深度学习模型的退化问题。

4. 问答题

1）画出一个最基本的卷积神经网络。

2）局部连接与全局变量的区别是什么？

3）池化的作用是什么？

4）简述卷积操作。

5）比较 AlexNet 与 VGG 网络。

5. 应用题

1）表 6-1 和表 6-2 为输入层和卷积层，请给出其经过一个大小为 2×2、步幅为 2、无填充的平均汇聚层后的结果。

2）LeNet 是一个十分经典的卷积神经网络，图 6-17 给出了 LeNet 的简化版本，请你在图中的相应层之后写出每一层的输出形状。卷积层的输出格式为 (a,b,c)，其中，a 为输出的通道数，b 和 c 为图片的长和宽；全连接层的输出格式为 (a,b)，其中，a 为输出通道数，b 为输出向量的长度（图中括号内的数字为输出的通道数；卷积层除特殊说明外，步幅为 1、无填充；汇聚层无填充；最后一个汇聚层和全连接层之间有一个展平层，图中没有体现，不需要给出计算结果）。

表 6-1　输入层

1	2	3
4	5	6
7	8	9

表 6-2　卷积层

1	0
0	1

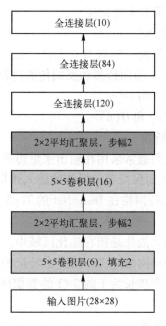

图 6-17　LeNet 的简化版本

第 7 章
神经网络与自然语言处理

随着梯度反向传播算法的提出，神经网络在计算机视觉领域取得了巨大的成功，神经网络第一次真正地超越了传统方法，成为学术界乃至工业界实用的模型。

在自然语言处理领域，统计方法仍然是主流的方法，如 n-gram 语言模型、统计机器翻译的 IBM 模型，已经发展出许多非常成熟而精巧的变种。由于自然语言处理中所要处理的对象都是离散的符号，如词、n-gram 及其他的离散特征，自然语言处理与连续型浮点值计算的神经网络有着天然的隔阂。

然而有一群坚定地信奉连接主义的科学家们，一直坚持不懈地把神经网络引入计算语言学领域进行探索。从最简单的多层感知机网络，到循环神经网络，再到 Transformer 架构，序列建模与自然语言处理成为神经网络应用最为广泛的领域之一。本章将对自然语言处理领域的神经网络架构发展进行全面的梳理，并详细剖析这些网络架构设计背后的语言学意义。

7.1 语言建模

自然语言处理中，最根本的问题就是语言建模。机器翻译可以看作是一种条件语言模型。人们观察到，自然语言处理领域中每一次网络架构的重大创新都出现在语言建模上。因此，这里对语言建模进行必要的介绍。

人类使用的自然语言都是以序列的形式出现的。假设词是基本单元，那么句子就是一个由词组成的序列。一门语言能产生的句子是无穷多的，这其中有些句子出现得多，有些出现得少，有些不符合语法的句子出现的概率就非常低。一个概率学的语言模型，就是要对这些句子进行建模。

形式化地，将含有 n 个词的一个句子表示为：

$$Y = \{y_1, y_2, \cdots, y_n\}$$

其中，$y_i(i=1,\cdots,n)$ 为来自于这门语言词汇表中的词。语言模型就是要对句子 X 输出它在这门语言中出现的概率：

$$p(Y) = p(y_1, y_2, \cdots, y_n)$$

对于一门语言，所有句子的概率是要归一化的：

$$\sum_Y p(Y) = 1$$

由于一门语言中的句子是无穷无尽的，因此这个概率模型的参数是非常难以估计的。于是人们把这个模型进行了分解：

$$p(y_1, y_2, \cdots, y_n) = p(y_1) \cdot p(y_2 | y_1) \cdot p(y_3 | y_1, y_2) \cdot \cdots \cdot p(y_n | y_1, \cdots, y_{n-1})$$

这样就可以转而对 $p(y_t | y_1, \cdots, y_{t-1})$ 进行建模了。这个概率模型具有直观的语言学意义：

给定一句话的前半部分，预测下一个词是什么。这种"下一个词预测"是非常自然和符合人类认知的，因为我们说话的时候都是按顺序从第一个词说到最后一个词，而后面的词是什么在一定程度上取决于前面已经说出的词。

翻译可将一门语言转换成另一门语言。在机器翻译中，被转换的语言称为源语言，转换后语言称为目标语言。机器翻译模型在本质上也是一个概率学的语言模型。下面介绍语言模型：

$$p(Y)=p(y_1,y_2,\cdots,y_n)$$

假设 Y 是目标语言的一个句子，如果加入一个源语言的句子 X 作为条件，就会得到这样一个条件语言模型：

$$p(Y|X)=p(y_1,y_2,\cdots,y_n|X)$$

当然，这个概率模型也是不容易估计参数的。因此，通常使用类似的方法进行分解：

$$p(y_1,y_2,\cdots,y_n|X)=p(y_1|X)\cdot p(y_2|y_1,X)\cdot p(y_3|y_1,y_2,X)\cdot\cdots\cdot p(y_n|y_1,\cdots,y_{n-1},X)$$

于是，所得到的模型 $p(y_n|y_1,\cdots,y_{n-1},X)$ 就又具有了易于理解的"下一个词预测"语言学意义：给定源语言的一句话，以及目标语言已经翻译出来的前半句话，预测下一个翻译出来的词。

以上提到的这些语言模型，对长短不一的句子要统一处理，在早期并不是一件容易的事情。为了简化模型和便于计算，人们提出了一些假设。尽管这些假设并不都十分符合人类的自然认知，但在当时看来确实能够有效地在建模效果和计算难度之间取得微妙的平衡。

这些假设当中，最为常用的就是马尔科夫假设。在这个假设之下，"下一个词预测"只依赖于前面 n 个词，而不再依赖于整个长度不确定的前半句。假设 $n=3$，那么语言模型就将变成：

$$p(y_1,y_2,\cdots,y_t)=p(y_1)\cdot p(y_2|y_1)\cdot p(y_3|y_1,y_2)\cdot\cdots\cdot p(y_t|y_{t-2},y_{t-1})$$

这就是著名的 n-gram 模型。

这种通过一定的假设来简化计算的方法，在神经网络的方法中仍然有所应用。例如，当神经网络的输入只能是固定长度的时候，就只能选取一个固定大小的窗口中的词来作为输入了。

其他一些传统统计学方法中的思想，在神经网络方法中也有所体现，本书不一一赘述。

7.2　基于多层感知机的架构

在梯度反向传播算法提出之后，多层感知机得以被有效训练。这种今天看来相当简单的由全连接层组成的网络，相比于传统的需要特征工程的统计方法而言却非常有效。在计算机视觉领域，图像可以被表示为 RGB 或灰度的数值，输入神经网络的特征都具有良好的数学性质。而在自然语言方面，如何表示一个词就成了难题。人们在早期使用 0-1 向量来表示词，例如词汇表中有 30000 个词，一个词就表示一个维度为 30000 的向量，其中表示第 k 个词的向量的第 k 个维度是 1，其余全部是 0。可想而知，这样的稀疏特征输入到神经网络中是很难训练的。这段时间，神经网络方法在自然语言处理领域停滞不前。

曙光出现在 2000 年 NIPS 的一篇论文中，第一作者是日后深度学习三巨头之一的 Bengio。在这篇论文中，Bengio 提出了分布式的词向量表示，有效地解决了词的稀疏特征问题，为后来的神经网络方法在计算语言学中的应用奠定了第一块基石。这篇论文就是今日每位 NLP 入门学习者必读的 *A Neural Probabilistic Language Model*，尽管今天大多数人读到的只是它的 JMLR 版本。

根据论文的标题，Bengio 所要构建的是一个语言模型。假设还是沿用传统的基于马尔科夫假设的 n-gram 语言模型，我们怎么建立一个合适的神经网络架构来体现 $p(y_t|y_{t-n},\cdots,y_{t-1})$ 这样一个概率模型呢？神经网络究其本质，只不过是一个带参函数，假设以 $g(\ )$ 表示，那么这个概率模型就可以表示成：

$$p(y_t|y_{t-n},\cdots,y_{t-1})=g(y_{t-n},\cdots,y_{t-1};\theta)$$

既然是这样，那么词向量也可以是神经网络参数的一部分，与整个神经网络一起进行训练，这样就可以使用一些低维度的、具有良好数学性质的词向量表示了。

这篇论文中有一个词向量矩阵的概念。词向量矩阵 C 是与其他权值矩阵一样的神经网络中的一个可训练的组成部分。假设有 $|V|$ 个词，每个词的维度是 d，d 远远小于 $|V|$。那么这个词向量矩阵 C 的大小就是 $|V|\times d$。其中，第 k 行的 $C(k)$ 是一个维度是 d 的向量，用于表示第 k 个词。这种特征不像 0-1 向量那么稀疏，对于神经网络比较友好。

在 Bengio 的设计中，$y_{t-n},\cdots,y_{t-1}$ 的信息是以词向量拼接的形式输入神经网络的，即：

$$x=[\,C(y_{t-n})\,;\cdots;C(y_{t-1})\,]$$

而神经网络 $g(\ )$ 则采取了这样的形式：

$$g(x)=\mathrm{softmax}(b_1+Wx+U\tanh(b_2+Hx))$$

神经网络的架构包括线性 b_1+Wx 和非线性 $U\tanh(b_2+Hx)$ 两个部分，使得线性部分可以在有必要的时候提供直接的连接。这种早期的设计具有今天残差连接和门限机制的影子。

图 7-1 所示为一种神经概率模型，这个神经网络架构的语言学意义也非常直观：它实际上模拟了 n-gram 的条件概率，给定一个固定大小窗口的上下文信息，预测下一个词的概率。这种自回归的"下一个词预测"从统计自然语言处理中被带到了神经网络方法中，并且一直是当今神经网络概率模型中最基本的假设。

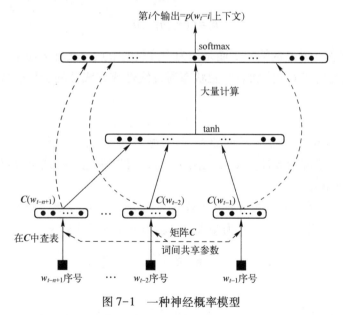

图 7-1　一种神经概率模型

7.3　基于循环神经网络的架构

早期的神经网络都有固定大小的输入及固定大小的输出。这在传统的分类问题上（特征向量维度固定）以及图像处理上（固定大小的图像）可以满足人们的需求。但是在自然语言处理中，句子是一个变长的序列，传统上固定输入的神经网络就无能为力了。7.2 节中的方法，就是牺牲了远距离的上下文信息，而只取固定大小窗口中的词。这无疑给更加准确的模型带来了限制。

为了处理这种变长序列的问题，神经网络就必须采取一种适合的架构，使得输入序列和输出序列的长度可以动态地变化，而又不改变神经网络中参数的个数（否则训练无法进行）。基于参数共享的思想，人们可以在时间线上共享参数。在这里，时间是一个抽象的概念，通常表示为时步（Timestep）。例如，若一个以单词为单位的句子是一个时间序列，那么句子中的第一个单词就是第一个时步，第二个单词就是第二个时步，以此类推。共享参数的作用不仅在于使得输入长度可以动态变化，还在于将一个序列各时步的信息关联起来，沿时间线向前传递。

这种神经网络架构就是循环神经网络。本节先阐述循环神经网络中的基本概念，然后介绍语言建模中循环神经网络的使用。

7.3.1 循环单元

沿时间线共享参数的一个很有效的方式就是使用循环，使得时间线递归地展开。循环单元可以形式化地表示如下：

$$h_t = f(h_{t-1}; \theta)$$

其中，$f()$ 为循环单元（Recurrent Unit），θ 为参数。为了在循环的每一时步都输入待处理序列中的一个元素，对循环单元做如下更改：

$$h_t = f(x_t, h_{t-1}; \theta)$$

h_t 一般不直接作为网络的输出，而是作为隐藏层的节点，又称为隐单元。隐单元在时步 t 的具体取值称为在时步 t 的隐状态。隐状态通过线性或非线性的变换生成长度可变的输出序列：

$$y_t = g(h_t)$$

这样的具有循环单元的神经网络被称为循环神经网络（Recurrent Neural Network，RNN）。将以上计算步骤画成计算图（见图 7-2），可以看到，隐藏层节点有一条指向自己的箭头，代表循环单元。

将图 7-2 所示的循环神经网络展开形式（见图 7-3），可以清楚地看到循环神经网络是如何以一个变长的序列 $x_1, x_2, \cdots, x_n$ 为输入，并输出一个变长序列 $y_1, y_2, \cdots, y_n$ 的。

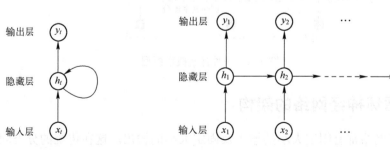

图 7-2 循环神经网络计算图　　　图 7-3 循环神经网络展开形式

7.3.2　通过时间反向传播

在7.3.1节中，循环单元 $f(\ )$ 可以采取许多形式。其中，最简单的形式就是使用线性变换：

$$h_t = \boldsymbol{W}_{xh}x_t + \boldsymbol{W}_{hh}h_{t-1} + b$$

其中，$\boldsymbol{W}_{xh}$ 是从输入 x_t 到隐状态 h_t 的权值矩阵，$\boldsymbol{W}_{hh}$ 是从前一个时步的隐状态 h_{t-1} 到当前时步的隐状态 h_t 的权值矩阵，b 是偏置。采用这种形式循环单元的循环神经网络被称为平凡循环神经网络（Vanilla RNN）。

在实际中很少使用平凡循环神经网络，这是由于它在误差反向传播的时候会出现梯度消失或梯度爆炸的问题。为了理解什么是梯度消失和梯度爆炸，先来看一下平凡循环神经网络的误差反向传播过程。

在图7-4中，E_t 表示时步 t 的输出 y_t 以某种损失函数计算出来的误差，s_t 表示时步 t 的隐状态。若需要计算 E_t 对 $\boldsymbol{W}_{hh}$ 的梯度，则需要对每一次循环展开时产生的隐状态应用链式法则，并把这些偏导数逐步相乘起来，这个过程（见图7-4）被称为通过时间反向传播（Backpropagation Through Time，BPTT）。

形式化地，E_t 对 $\boldsymbol{W}_{hh}$ 的梯度计算如下：

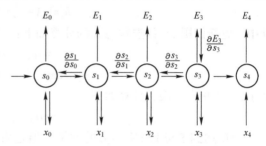

图7-4　通过时间反向传播

$$\frac{\partial E_t}{\partial \boldsymbol{W}_{hh}} = \sum_{k=0}^{t} \frac{\partial E_t}{\partial y_t} \cdot \frac{\partial y_t}{\partial s_t} \cdot \left(\prod_{i=k}^{t-1} \frac{\partial s_{i+1}}{\partial s_i} \right) \cdot \frac{\partial s_k}{\partial \boldsymbol{W}_{hh}}$$

其中，式中有一项连乘，这意味着当序列较长的时候，相乘的偏导数个数将变得非常多。有些时候，一旦所有的偏导数都小于1，那么相乘之后的梯度将会趋向0，这被称为梯度消失（Vanishing Gradient）；一旦所有偏导数都大于1，那么相乘之后的梯度将会趋向无穷，这被称为梯度爆炸（Exploding Gradient）。

解决梯度消失与梯度爆炸的问题一般有两类办法：一是改进优化（Optimization）过程，如引入缩放梯度（Clipping Gradient），属于优化问题，本章不予讨论；二是使用带有门限的循环单元，在7.3.3节中将介绍这种方法。

7.3.3　带有门限的循环单元

在循环单元中引入门限，除了解决梯度消失和梯度爆炸的问题以外，最重要的原因是解决长距离信息传递的问题。设想要把一个句子编码到循环神经网络的最后一个隐状态里，如果没有特别的机制，离句末越远的单词，其信息损失一定是最大的。为了保留必要的信息，可以在循环神经网络中引入门限。门限相当于一种可变的短路机制，使得有用的信息可以"跳过"一些时步，直接传到后面的隐状态。同时，由于这种短路机制的存在，使得误差反向传播的时候得以直接通过短路传回来，避免了在传播过程中爆炸或消失。

最早出现的门限机制是 Hochreiter 等人于1997年提出的长短时记忆（Long Short-Term Memory，LSTM）。LSTM 中显式地在每一时步 t 引入了记忆 c_t，并使用输入门限 i、遗忘门限 f、输出门限 o 来控制信息的传递。LSTM 循环单元 $h_t = \mathrm{LSTM}(h_{t-1}, c_{t-1}, x_t; \theta)$ 的表示如下：

$$h_t = o \odot \tanh(c_t)$$
$$c_t = i \odot g + f \odot c_{t-1}$$

其中，$\odot$ 表示逐元素相乘，输入门限 i、遗忘门限 f、输出门限 o、候选记忆 g 分别为：

$$i = \sigma(W_I h_{t-1} + U_I x_t)$$
$$f = \sigma(W_F h_{t-1} + U_F x_t)$$
$$o = \sigma(W_O h_{t-1} + U_O x_t)$$
$$g = \tanh(W_G h_{t-1} + U_G x_t)$$

直觉上，这些门限可以控制向新的隐状态中添加多少新的信息，以及遗忘多少旧的隐状态的信息，使得重要的信息得以传播到最后一个隐状态。

GRU Cho 等人在 2014 年提出了一种新的循环单元，其思想是不再显式地保留一个记忆，而是使用线性插值的方法自动调整添加多少新信息和遗忘多少旧信息。这种循环单元称为**门限循环单元**（Gated Recurrent Unit，GRU），$h_t = \mathrm{GRU}(h_{t-1}, x_t; \theta)$ 表示如下：

$$h_t = (1 - z_t) \odot h_{t-1} + z_t \odot \widetilde{h}_t$$

其中，更新门限 z_t 和候选状态 $\widetilde{h}_t$ 的计算如下：

$$z_t = \sigma(W_Z x_t + U_Z h_{t-1})$$
$$\widetilde{h}_t = \tanh(W_H x_t + U_H(r \odot h_{t-1}))$$

其中，r 为重置门限，计算如下：

$$r = \sigma(W_R x_t + U_R h_{t-1})$$

GRU 达到了与 LSTM 类似的效果，但是由于不需要保存记忆，因此稍微节省了一些内存空间，但总的来说，GRU 与 LSTM 在实践中并无实质性的差别。

7.3.4 循环神经网络语言模型

由于循环神经网络能够处理变长的序列，所以它非常适合处理语言建模的问题。Mikolov 等人在 2010 年提出了基于循环神经网络的语言模型 RNNLM（Recurrent Neural Network based Language Model）。

在 RNNLM 中，核心的网络架构是一个平凡循环单元。其输入层 $x(t)$ 为当前词的词向量 $w(t)$ 与隐藏层的前一时步隐状态 $s(t-1)$ 的拼接：

$$x(t) = [w(t); s(t-1)]$$

隐状态的更新是通过将输入向量 $x(t)$ 与权值矩阵相乘，然后进行非线性转换完成的：

$$s(t) = f(x(t) \cdot u)$$

实际上，将多个输入向量进行拼接然后乘以权值矩阵，等效于将多个输入向量分别与小的权值矩阵相乘，因此这里的循环单元仍是 7.3.2 节中介绍的平凡循环单元。

更新了隐状态之后，就可以将这个隐状态再次进行非线性变换，输出一个在词汇表上归一化的分布。例如，词汇表的大小为 k，隐状态的维度为 h，那么可以使用一个大小为 $h \times k$ 的矩阵 v 乘以隐状态进行线性变换，使其维度变为 k，然后使用 softmax() 函数使得这个 k 维的向量归一化：

$$y(t) = \mathrm{softmax}(s(t) \cdot v)$$

这样，词汇表中的第 i 个词是下一个词的概率是：

$$p(w_t = i | w_1, w_2, \cdots, w_{t-1}) = y_i(t)$$

在这个概率模型的条件里，包含了整个前半句 $w_1, w_2, \cdots, w_{t-1}$ 的所有上下文信息。这克服了之前由马尔科夫假设所带来的限制，因此该模型带来了较大的提升。而相比于模型效果上的提升，更为重要的是循环神经网络在语言模型上的成功应用让人们看到了神经网络在计算语言学中的曙光，从此之后计算语言学的学术会议以惊人的速度被神经网络方法所占领。

7.3.5 神经机器翻译

循环神经网络在语言建模上的成功应用，启发着人们探索将循环神经网络应用于其他任务的可能性。在众多的自然语言处理任务中，与语言建模最相似的就是机器翻译。而将一个语言模型改造为机器翻译模型，人们需要解决的一个问题就是如何将来自源语言的条件概率体现在神经网络架构中。

当时主流的统计机器翻译中的噪声通道模型也许给了研究者一些启发：如果用一个基于循环神经网络的语言模型给源语言编码，然后用另一个基于循环神经网络的目标端语言模型进行解码，那么是否可以将这种条件概率表现出来呢？然而如何设计才能将源端编码的信息加入目标端语言模型的条件，答案并不显而易见。我们无从得知神经机器翻译的经典编码器—解码器模型是如何设计得如此自然、简洁而又效果拔群的，但这背后一定离不开对各种模型架构的无数次尝试。

2014 年的 EMNLP 上出现了一篇论文 *Learning Phrase Representations using RNN Encoder-Decoder for Statistical Machine Translation*，是经典的 RNNSearch 模型架构的前身。在这篇论文中，源语言端和目标语言端的两个循环神经网络是由一个"上下文向量" c 联系起来的。

还记得 7.3.4 节中提到的循环神经网络语言模型吗？如果将所有权值矩阵和向量简略为 $\boldsymbol{\theta}$，所有线性及非线性变换简略为 $g(\ )$，那么它就具有这样的形式：

$$p(y_t|y_1,y_2,\cdots,y_{t-1})=g(y_{t-1},s_t;\boldsymbol{\theta})$$

在条件概率中加入源语言句子成为翻译模型 $p(y_t|y_1,y_2,\cdots,y_{t-1}|x_1,x_2,\cdots,x_n)$，神经网络中对应地就应该加入代表 $x_1,x_2,\cdots,x_n$ 的信息。这种信息如果用一个定长向量 c 表示的话，模型就变成了 $g(y_{t-1},s_{t-1},c;\boldsymbol{\theta})$，这样就可以把源语言的信息在网络架构中表达出来了。

可是一个定长的向量 c 怎么才能包含源语言一个句子的所有信息呢？循环神经网络天然地提供了这样的机制：这个句子如果像语言模型一样逐词输入到循环神经网络中，就会不断更新隐状态，隐状态实际上包含了所有输入过的词的信息。到整个句子输入完成，得到的最后一个隐状态就可以用于表示整个句子。

基于这种思想，Cho 等人设计出了最基本的编码器—解码器模型（见图 7-5）。

所谓编码器，就是一个将源语言句子编码的循环神经网络：

$$h_t=f(x_t,h_{t-1})$$

其中，$f(\ )$ 是 7.3.3 节中介绍的门限循环单元，x_t 是源语言的当前词，h_{t-1} 是编码器的前一个隐状态。当整个长度为 m 的句子结束时，就将得到的最后一个隐状态作为上下文向量：

$$c=h_m$$

解码器一端也是一个类似的网络：

$$s_t=g(y_{t-1},s_{t-1})$$

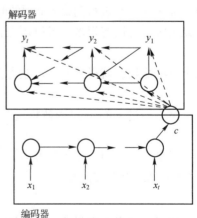

图 7-5 编码器—解码器模型

其中，$g(\ )$是与$f(\ )$具有相同形式的门限循环神经网络，y_{t-1}是前一个目标语言的词，s_{t-1}是前一个解码器的隐状态。更新解码器的隐状态之后，就可以预测目标语言句子的下一个词了：

$$p(y=y_t|y_1,y_2,\cdots,y_{t-1})=\mathrm{softmax}(y_t,s_t,c)$$

这种方法打开了双语/多语任务上神经网络架构的新思路，但是其局限也是非常突出的：一个句子不管多长，都被强行压缩到一个固定不变的向量上。可想而知，源语言句子越长，压缩过程丢失的信息就越多。事实上，当这个模型处理 20 个词以上的句子时，模型效果就迅速退化。此外，越靠近句子末端的词，进入上下文向量的信息就越多，而越前面的词其信息就越被模糊和淡化。这是不合理的，因为在产生目标语言句子的不同部分时，需要来自于源语言句子不同部分的信息，而并不是只盯着源语言句子的最后几个词看。

这时候，人们想起了统计机器翻译中一个非常重要的概念——词对齐模型。能不能在神经机器翻译中也引入类似的词对齐机制呢？如果可以的话，在翻译的时候就可以选择性地加入只包含某一部分词信息的上下文向量，这样就避免了将整句话压缩到一个向量的信息损失，而且可以动态地调整所需要的源语言信息。

统计机器翻译中的词对齐是一个二元的、离散的概念，即源语言词与目标语言词要么对齐，要么不对齐（尽管这种对齐是多对多的关系）。但是正如本章开头提到的那样，神经网络是一个处理连续浮点值的函数，词对齐需要经过一定的变通才能结合到神经网络中。

2014 年刚在 EMNLP 发表编码器—解码器论文的 Cho 和 Bengio，紧接着就与当时 MILA 实验室的博士生 Bahdanau 提出了一个至今看来让人叹为观止的精巧设计——软性词对齐模型，并给了它一个日后人们耳熟能详的名字——注意力机制。

这篇描述加入了注意力机制的编码器—解码器神经网络机器翻译的论文，以 *Neural Machine Translation by Jointly Learning to Align and Translate* 为标题发表在了 2015 年的 ICLR 上，成为一篇划时代的论文——它标志着统计机器翻译的时代宣告结束，此后尽是神经机器翻译的天下。

相对于 EMNLP 的编码器—解码器架构，这篇论文对模型最关键的更改在于上下文向量。它不再是一个解码时每一步都相同的向量 c，而是每一步都根据注意力机制来调整的动态上下文向量 c_t。

注意力机制，顾名思义，就是一个目标语言词对于一个源语言词的注意力。这个注意力是用一个浮点数值来量化的，并且是归一化的，也就是说，对于源语言句子的所有词的注意力加起来等于 1。

那么在解码进行到第 t 个词的时候，怎么来计算目标语言词 y_t 对源语言句子第 k 个词的注意力呢？方法有很多，可以用点积、线性组合等。以线性组合为例子：

$$Ws_{t-1}+Uh_k$$

加上一些变换，就得到一个注意力分数：

$$e_{t,k}=\boldsymbol{v}\cdot\tanh(Ws_{t-1}+Uh_k)$$

然后通过 softmax( ) 函数将这个注意力分数归一化：

$$a_t=\mathrm{softmax}(e_t)$$

于是，这个归一化的注意力分数就可以作为权值，将编码器的隐状态加权求和，得到第 t 时步的动态上下文向量：

$$\boldsymbol{c}_t=\sum_k a_{t,k}\cdot h_k$$

这样，注意力机制就自然地被结合到了解码器中：

$$p(y=y_t|y_1,y_2,\cdots,y_{t-1})=\mathrm{softmax}(y_t,s_t,\boldsymbol{c}_t)$$

之所以说这是一种软性的词对齐模型，是因为目标语言的词不再是 100% 或 0% 对齐到某个源语言词上，而是以一定的比例（如 60% 对齐到这个词上，40% 对齐到那个词上），这个比例就是我们所说的归一化的注意力分数。

这个基于注意力机制的编码器—解码器模型（见图 7-6）不只适用于机器翻译任务，还普遍地适用于从一个序列到另一个序列的转换任务。例如在文本摘要中，我们可以认为是把一段文字"翻译"成较短的摘要。因此作者给它起的本名 RNNSearch 在机器翻译以外的领域并不广为人知，而是被称为 Seq2Seq（Sequence-to-Sequence，序列到序列）。

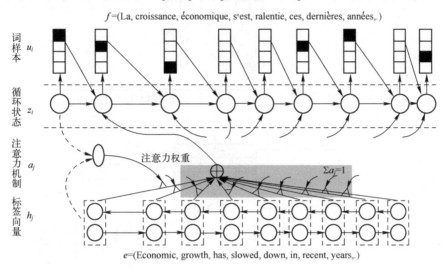

图 7-6　基于注意力机制的编码器—解码器模型

7.4　基于卷积神经网络的架构

虽然卷积神经网络一直没能成为自然语言处理领域的主流网络架构，但一些基于卷积神经网络的架构也曾经被探索和关注过。这里简单地介绍一个例子——卷积序列到序列（ConvSeq2Seq）。

很长一段时间里，循环神经网络都是自然语言处理领域的主流框架：它自然地符合了序列处理的特点，而且积累了多年以来探索的训练技巧，并且总体效果不错。但它的弱点也是显而易见的：循环神经网络中，下一时步的隐状态总是取决于上一时步的隐状态，这就使得计算无法并行化，而只能逐时步地按顺序计算。

在这样的背景之下，人们提出了使用卷积神经网络来替代编码器—解码器架构中的循环单元，使得整个序列可以同时被计算。但是，这样的方案也有它固有的问题：首先，卷积神经网络只能捕捉到固定大小窗口的上下文信息，这与我们想要捕捉序列中长距离依赖关系的初衷背道而驰；其次，循环依赖被取消之后，如何在建模中捕捉词语词之间的顺序关系也是一个不能绕开的问题。

在 *Convolutional Sequence to Sequence Learning* 一文中，作者通过网络架构上巧妙的设计，缓解了上述两个问题。首先，在词向量的基础上加入一个位置向量，以此来让网络知道词与词之间的顺序关系。对于固定窗口的限制，作者指出，如果把多个卷积层叠加在一起，那么有效的上下文窗口就会大大增加。例如，原本的左右两边的上下文窗口都是 5，如果两层卷积叠加到一起，那么第 2 个卷积层第 t 个位置的隐状态就可以通过卷积接收到来自第 1 个卷

积层第 $t+5$ 个位置的隐状态的信息，而第 1 个卷积层第 $t+5$ 个位置的隐状态又可以通过卷积接收到来自输入层第 $t+10$ 个位置的词向量的信息。这样，当多个卷积层叠加起来之后，有效的上下文窗口就不再局限于一定的范围了。卷积序列到序列如图 7-7 所示。

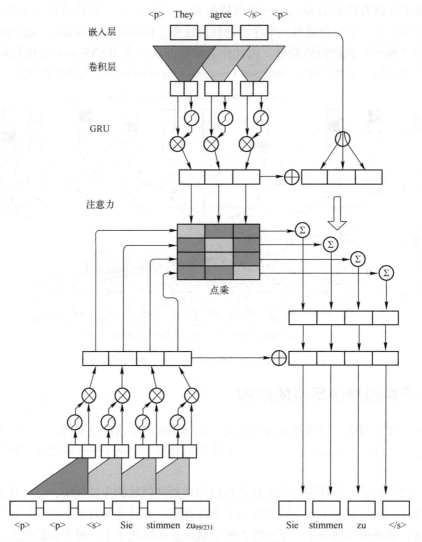

图 7-7　卷积序列到序列

整体网络架构仍旧采用带有注意力机制的编码器—解码器架构。

1. 输入

网络的输入为词向量与位置向量的逐元素相加。在这里，词向量与位置向量都是网络中可训练的参数。

2. 卷积与非线性变换单元

在编码器和解码器中，卷积层与非线性变换组成的单元多层叠加。在一个单元中，卷积首先将上一层的输入投射为维度两倍于输入的特征，然后将这个特征矩阵切分成两份 $Y=[AB]$。B 被用于计算门限，以控制 A 流向下一层的信息：

$$v([AB])=A \odot \sigma(B)$$

其中，$\odot$ 表示逐元素相乘。

3. 多步注意力

与 RNNSearch 的注意力稍有不同，这里的多步注意力计算的是解码器状态对于编码器状态+输入向量的注意力（而不仅仅是对编码器状态的注意力）。这使得来自底层的输入信息可以直接被注意力获得。

7.5　基于 Transformer 的架构

在 2014—2017 年间，基于循环神经网络的 Seq2Seq 在机器翻译以及其他序列任务上占据了绝对的主导地位，编码器—解码器架构以及注意力机制的各种变体被研究者反复探索。尽管循环神经网络不能并行计算是一个固有的限制，但一些对于可以并行计算的网络架构的探索似乎并没有取得在模型效果上特别显著的提升（如 ConvSeq2Seq）。

卷积神经网络在效果上总体比不过循环神经网络是有原因的：不管怎样设计卷积单元，它所吸收的信息永远来自于一个固定大小的窗口。这就使得研究者陷入了两难的尴尬境地：循环神经网络缺乏并行能力，卷积神经网络不能很好地处理变长的序列。

在最初的多层感知机时代，多层感知机对于各神经元是并行计算的。但是那个时候，多层感知机对句子进行编码的效果不理想，原因有几个：

1）如果所有的词向量都共享一个权值矩阵，那么就无从知道词之间的位置关系。

2）如果给每个位置的词向量使用不同的权值矩阵，由于全连接的神经网络只能接收固定长度的输入，这就导致了语言模型只能取固定大小窗口里的词作为输入。

3）全连接层矩阵相乘计算的开销非常大。

4）全连接层有梯度消失/梯度爆炸的问题，使得网络难以训练，在深层网络中抽取特征的效果也不理想。

5）随着深度神经网络迅速发展了几年，各种方法和技巧都被开发和探索，使得上述问题被逐一解决。

ConvSeq2Seq 中的位置向量为表示词的位置关系提供了可并行化的可能性：从前我们只能依赖于循环神经网络按顺序展开的时步来捕捉词的顺序，现在由于有了不依赖于前一时步的位置向量，就可以并行地计算所有时步的表示而不丢失位置信息。

注意力机制的出现，使得变长的序列可以根据注意力权重来对序列中的元素加权平均，得到一个定长的向量。而这样的加权平均又比简单的算术平均能保留更多的信息，最大限度上避免了压缩所带来的信息损失。

由于一个序列通过注意力机制可以被有效地压缩为一个向量，在进行线性变换的时候，矩阵相乘的计算量就大大减少了。

在横向（沿时步展开的方向）上，循环单元中的门限机制有效地缓解了梯度消失以及梯度爆炸的问题；在纵向（隐藏层叠加的方向）上，计算机视觉中的残差连接网络提供了非常好的解决思路，使得深层网络叠加后的训练成为可能。

于是，在 2017 年年中，Google 在 NIPS 上发表的一篇思路大胆、效果拔群的论文翻开了自然语言处理的新一页。这篇论文就是 *Attention Is All You Need*。这篇论文在发表后不到一年时间里，曾经如日中天的各种循环神经网络模型悄然淡出，基于 Transformer 架构的模型横扫各项自然语言处理任务。

在这篇论文中，作者提出了一种全新的神经机器翻译网络架构——Transformer。它仍然沿袭了 RNNSearch 中的编码器—解码器框架。只是这一次，所有的循环单元都被取消了，取而代之的是可以并行的 Transformer 编码器/解码器单元。

这样一来，模型中就没有了循环连接，每一个单元的计算就不需要依赖于前一个时步的单元了，于是代表这个句子中每一个词的编码器/解码器单元在理论上都可以同时计算。可想而知，这个模型在计算效率上能比循环神经网络快一个数量级。

但是需要特别说明的是，由于机器翻译这个概率模型仍是自回归的，即翻译出来的下一个词还是取决于前面翻译出来的词：

$$p(y_t|y_1,y_2,\cdots,y_{t-1})$$

因此，虽然编码器在训练、解码的阶段，以及解码器在训练阶段可以并行计算，解码器在解码阶段的计算仍然要逐词进行解码，但计算的速度已经大大增加。

7.5.1 多头注意力

正如这篇论文的名字所体现的，注意力在整个 Transformer 架构中处于核心地位。

在 7.3.5 节中，注意力一开始被引入神经机器翻译是以软性词对齐机制的形式实现的。对于注意力机制的一个比较直观的解释是：某个目标语言词对于每一个源语言词具有多少注意力。如果把这种注意力的思想抽象一下，就会发现其实可以把这个注意力的计算过程当成一个查询的过程：假设有一个由一些键—值对组成的映射，给出一个查询，根据这个查询与每个键的关系得到每个值应得到的权重，然后把这些值加权平均。在 RNNSearch 的注意力机制中，查询就是这个目标词，键和值是相同的，是源语言句子中的词。

如果查询、键、值都相同呢？直观地说，就是一个句子中的词对于句子中其他词的注意力。在 Transformer 中，这就是自注意力机制。这种自注意力可以用来对源语言句子进行编码，由于每个位置的词作为查询时，查到的结果是这个句子中所有词的加权平均结果，因此这个结果向量中不仅包含它本身的信息，还包含它与其他词的关系的信息。这样就具有了和循环神经网络类似的效果——捕捉句子中词的依赖关系。它甚至比循环神经网络在捕捉长距离依赖关系中做得更好，因为句中的每一个词都有和其他所有词直接连接的机会，而循环神经网络中距离远的两个词之间只能隔着许多时步去传递信号，每一时步都会减弱这个信号。

形式化地，如果用 Q 表示查询，用 K 表示键，用 V 表示值，那么注意力机制无非就是关于它们的一个函数：

$$\text{Attention}(Q,K,V)$$

在 RNNSearch 中，这个函数具有的形式是：

$$\text{Attention}(Q,K,V) = \text{softmax}(\left[\boldsymbol{v}\cdot\tanh(WQ+UK)\right]^T\cdot V$$

也就是说，查询与键中的信息以线性组合的形式进行了互动。

那么其他的形式是否会有更好的效果呢？在实验中，研究人员发现简单的点积比线性组合更为有效，即：

$$Q\boldsymbol{K}^T$$

不仅如此，矩阵乘法可以在实现上更容易优化，使得计算可以加速，也更加节省空间。但是点积带来了新的问题：由于隐藏层的向量维度 d_k 很高，点积会得到比较大的数字，这使得 softmax( ) 的梯度变得非常小。在实验中，研究人员把点积进行放缩，乘以一个因子 $\frac{1}{\sqrt{d_k}}$，有效地缓解了这个问题：

$$\text{Attention}(Q,K,V) = \text{softmax}()$$

到目前为止，注意力机制计算出来的只有一组权重。但是，语言是一种高度抽象的表达系统，包含着各种不同层次和不同方面的信息，同一个词也许在不同层次上应该具有不同的权重。怎么来抽取这种不同层次的信息呢？Transformer 有一个非常精巧的设计——多头注意力，其结构如图 7-8 所示。

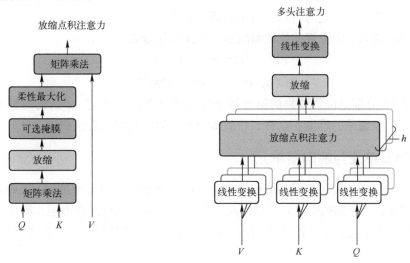

图 7-8　多头注意力结构

多头注意力首先使用 n 个权值矩阵把查询、键、值分别进行线性变换，得到 n 套这样的键值查询系统，然后分别进行查询。由于权值矩阵是不同的，因此每一套键值查询系统计算出来的注意力权重也不同，这就是所谓的多个"注意力头"。最后，在每一套系统中分别进行我们所熟悉的加权平均，在每一个词的位置上把所有注意力头得到的加权平均向量拼接起来，得到总的查询结果。

在 Transformer 的架构中，编码器单元和解码器单元各有一个基于多头注意力的自注意力层，用于捕捉一种语言的句子内部词与词之间的关系。如前文所述，这种自注意力中的查询、键、值是相同的。在目标语言一端，由于解码是逐词进行的，自注意力不可能注意到当前词之后的词，因此解码器端的注意力只注意当前词之前的词，这在训练阶段是通过掩码机制实现的。

而在解码器单元中，由于是目标语言端，它需要来自于源语言端的信息，因此还有一个解码器对编码器的注意力层，其作用类似于 RNNSearch 中的注意力机制。

7.5.2　非参位置编码

在 ConvSeq2Seq 中引入了位置向量来捕捉词与词之间的位置关系。这种位置向量与词向量类似，都是网络中的参数，是在训练中得到的。

但是这种将位置向量参数化的做法的缺点也非常明显。句子都是长短不一的，假设大部分句子至少有 5 个词以上，只有少部分句子超过 50 个词，那么第 1~5 个位置的位置向量训练样例就非常多，第 51 个词之后的位置向量训练样例可能在整个语料库中都见不到几个。也就是说，越往后的位置有词的概率越低，训练就越不充分。由于位置向量本身是参数，数量是有限的，因此超出最后一个位置的词无法获得位置向量。例如训练的时候，最长句子长度设置为 100，那么就只有 100 个位置向量，如果在翻译中遇到长度是 100 以上的句子，就只能截断了。

Transformer 中使用了一种非参的位置编码。没有参数，位置信息是怎么编码到向量中的呢？这种位置编码借助于正弦函数和余弦函数天然包含的时间信息。这样一来，位置编码本身不需要有可调整的参数，而是上层的网络参数在训练中调整以适应于位置编码，所以就避免了越往后的位置向量训练样本越少的困境。同时，任何长度的句子都可以被很好地处理。另外，由于正弦和余弦函数都是周期循环的，位置编码实际上捕捉到的是一种相对位置信息，而非绝对位置信息，这与自然语言的特点非常契合。

Transformer 的第 p 个位置的位置编码是一个这样的函数：

$$\mathrm{PE}(p, 2i) = \sin(p / 10000^{2i/d})$$

$$\mathrm{PE}(p, 2i+1) = \cos(p / 10000^{2i/d})$$

其中，$2i$ 和 $2i+1$ 分别是位置编码的第奇数个维度和第偶数个维度，d 是词向量的维度，这个维度等同于位置编码的维度，这样，位置编码就可以和词向量直接相加。

7.5.3　编码器单元与解码器单元

在 Transformer 中，每一个词都会被堆叠起来的一些编码器单元所编码。Transformer 的结构如图 7-9 所示，一个编码器单元中有两层，第一层是多头的自注意力层，第二层是全连接层，每一层都加上了残差连接和层归一化。这是一个非常精巧的设计，注意力+全连接的组合

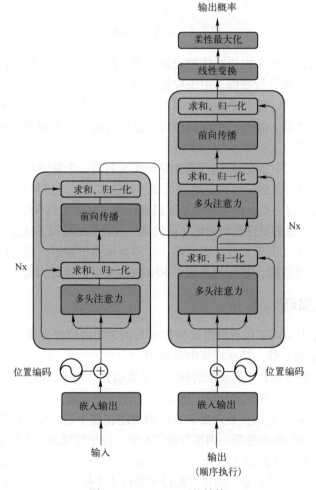

图 7-9　Transformer 的结构

给特征抽取提供了足够的自由度，而残差连接和层归一化又让网络参数训练更加容易。

编码器就是由许多这样相同的编码器单元所组成的：每一个位置都有一个编码器单元栈，编码器单元栈由多个编码器单元堆叠而成。在训练和解码的时候，所有位置上的编码器单元栈并行计算，相比于循环神经网络而言大大提高了编码的速度。

解码器单元也具有与编码器单元类似的结构。所不同的是，解码器单元比编码器单元多了一个解码器对编码器的注意力层。另一个不同之处是，解码器单元中的自注意力层加入了掩码机制，使得前面的位置不能注意后面的位置。

与编码器相同，解码器也是由包含了堆叠的解码器单元的解码器单元栈所组成的。训练的时候，所有的解码器单元栈都可以并行计算，而解码的时候则按照位置顺序执行。

7.6　表示学习与预训练技术

在计算机视觉领域，一个常用的提升训练数据效率的方法就是通过把一些在 ImageNet 或其他任务上预训练好的神经网络层共享应用到目标任务上，这些被共享的网络层被称为 Backbone。使用预训练的好处在于，如果某项任务的数据非常少，但它和其他任务有相似之处，就可以利用在其他任务中学习到的知识，从而减少对某一任务专用标注数据的需求。这种共享的知识往往是某种通用的常识，例如在计算机视觉的网络模型中，研究者可以从可视化的各层共享网络中分别发现不同的特征表示，这是因为不管是什么任务，要处理的对象总是图像，总是有非常多的可以共享的特征表示。

研究者也想把这种预训练的思想应用在自然语言处理中。自然语言中也有许多可以共享的特征表示。例如，无论用哪个领域训练的语料，一些基础词汇的含义总是相似的，语法结构总是大多相同的，目标领域的模型只需要在预训练好的特征表示的基础上，针对目标任务或目标领域进行少量数据训练，即可达到良好的效果。这种抽取可共享特征表示的机器学习算法被称为表示学习。由于神经网络本身就是一个强大的特征抽取工具，因此不管在自然语言还是在视觉领域，神经网络都是进行表示学习的有效工具。本节将简要介绍自然语言处理中基于前面小节提到的各种网络架构所进行的表示学习与预训练技术。

7.6.1　词向量

自然语言中，一个比较直观的、规模适合于计算机处理的语言单位就是词。因此非常自然地，如果词的语言特征能在各任务上共享，那么这将是一个通用的特征表示。词嵌入（Word Embedding）至今都是自然处理领域重要的概念。

在早期的研究中，词向量往往是通过在大规模单语语料上预训练一些语言模型得到的。而这些预训练好的词向量通常被用来初始化一些数据稀少的任务的模型中的词向量，这种利用预训练词向量初始化的做法在词性标注、语法分析乃至句子分类中都有着明显的效果提升作用。

早期的一个典型的预训练词向量代表就是 Word2Vec。Word2Vec 的网络架构是基于多层感知机的架构，本质上都是通过一个上下文窗口的词来预测某一个位置的词。它的特点是局限于全连接网络的固定维度限制，只能得到固定大小的上下文。

Word2Vec 的预训练方法主要依赖于语言模型。它的预训练主要基于两种思想：第一种是通过上下文（如句子中某个位置的前几个词和后几个词）来预测当前位置的词，这种方法被称为 Contiuous Bag-of-Words（CBOW），其结构如图 7-10 所示；第二种方法是通过当前词来预测上下文，被称为 Skip-gram，其结构如图 7-11 所示。

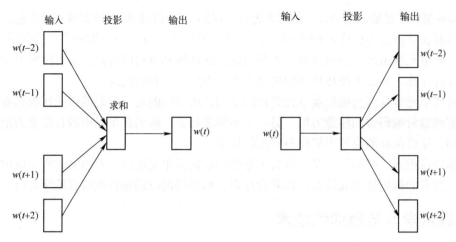

图 7-10　CBOW 结构示意图　　　　图 7-11　Skip-gram 结构示意图

　　这种预训练技术被证明是有效的：一方面，将 Word2Vec 作为其他语言任务的词嵌入初始化技术已经成为一项通用的技巧；另一方面，Word2Vec 词向量的可视化结果表明，它确实学习到了某种层次的语义（如图 7-12 中的国家与首都的关系）。

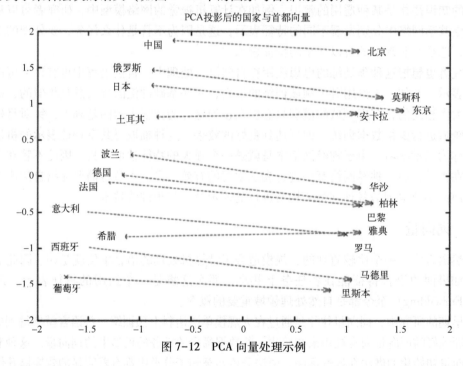

图 7-12　PCA 向量处理示例

　　下面介绍使用 Word2Vec 来计算不同词之间相似度的简单例子。首先需要使用 pip 命令来安装 gensim 库：

```
pip install genism = = 4. 3. 0
```

这里需要注意的是，不同的 genism 版本的 API 可能不同。

然后定义语料库，用 jieba 库对语料库进行分词，使用 Word2Vec 进行训练并保存模型。

最后导入训练好的模型，并计算两个词语的相似度。

具体的实现和相应的注释如代码清单 7-1 所示。

代码清单 7-1

```
1    from gensim. models import Word2Vec
2    import jieba
3
4    # 定义停用词、标点符号
5    punctuation = ["", "、", ",", "。", ":", ";", ".", "'", "'", "'", "?", "/", "-", "+",
     "&", "(", ")"]
6    sentences = [
7        '包子和馒头的区别有很多, 比如外形和口感不一样。',
8        '包子吃起来有馅, 外形上看有褶, 而馒头没有馅, 更没有褶, 只是圆圆的一块面。',
9        '包子和馒头的制作, 都是需要经过发酵的, 只有发酵的面团才能制作成包子或馒头。',
10       '包子和馒头都是主食, 早上的时候, 可以吃些包子, 喝一些豆浆, 当作早餐食用即可。',
11       '馒头可以在中午或者晚上的时候吃, 搭配一些素菜吃最好, 当然, 也能搭配一些肉类的食物。',
12       '馒头和包子都是发酵出来的食物, 对身体没有什么坏处, 可以经常食用。',
13       '如果早上只吃包子的话, 会使营养过于单调, 因为包子的主要成分是淀粉, 蛋白质含量比较低。',
14       '建议增加牛奶或豆浆、蔬菜、水果、鸡蛋等食物获取蛋白质和维生素, 保证早餐的营养均衡。',
15       '包子和馒头里面都可以添加一些酵母粉, 这种物质对身体没有害处, 反而很健康。',
16       '发面的过程中, 如果使用了酵母粉, 可以增加面的营养价值, 供人吸收和食用, 对人体有许多好处。'
17   ]
18   sentences = [jieba. lcut(sen) for sen in sentences]
19   # 进行分词
20   tokenized = []
21   for sentence in sentences:
22       words = []
23       for word in sentence:
24           if word not in punctuation:
25               words. append(word)
26       tokenized. append(words)
27   # 模型训练
28   model = Word2Vec(tokenized, sg=1, window=5, min_count=2, negative=1, sample=0. 001, hs=
     1, workers=4)
29   # 保存模型
30   model. save('./word2vec. model')
31   # 导入模型
32   model = Word2Vec. load('./word2vec. model')
33   # 相似度比较
34   print(model. wv. similarity('馒头', '包子'))
```

Word2Vec 类进行初始化时的参数如下:

- sg=1, 代表 Skip-gram 算法, 对低频词敏感; 默认 sg=0, 为 CBOW 算法。
- window 是句子中的当前词与目标词之间的最大距离, 3 表示在目标词前看 $3\sim b$ 个词, 后看 b 个词 (b 在 0-3 之间, 随机)。
- min_count 用于对词进行过滤, 频率小于 min-count 的单词会被忽视, 默认值为 5。
- negative 和 sample 可根据训练结果进行微调, sample 表示更高频率的词被随机下采样到所设置的阈值, 默认值为 1e-3。
- hs=1 表示层级 softmax 将会被使用; 默认 hs=0 且 negative 不为 0, 则负采样将会被选择使用。

代码的最后输出了相似度, 为 0. 06998911 (代码中没有显示)。这个结果跟我们主观的认知还是有些差距的, 主要是由于语料库的内容过少。这个例子展示了 Word2Vec 使用的整个流程，更为深入的应用有待各位读者进行探索。

7.6.2 加入上下文信息的特征表示

上一小节中的特征表示有两个明显的不足：第一，它局限于某个词的有限大小窗口中的上下文，这限制了它捕捉长距离依赖关系的能力；第二，也是更重要的，它的每一个词向量都是在预训练之后被冻结了的，不会根据使用时的上下文改变，而自然语言一个非常常见的特征就是多义词。

加入长距离上下文信息的一个有效方法是基于循环神经网络的架构。如果我们利用这个架构在下游任务中根据上下文实时生成特征表示，那么就可以在相当程度上缓解多义词的局限。在这种思想下，利用循环神经网络来获得动态上下文的工作不少，如 CoVe、Context2Vec、ULMFiT 等。其中，较为简洁、有效而又具有代表性的是 ELMo。

循环神经网络使用的一个常见技巧就是双向循环单元：包括 ELMo 在内的这些模型都采取了双向的循环神经网络（BiLSTM 或 BiGRU），通过将一个位置的正向和反向的循环单元状态拼接起来，可以得到这个位置的词的带有上下文的词向量（Context-aware）。ELMo 的结构如图 7-13 所示，循环神经网络使用的另一个常见技巧就是网络层叠加，下一层的网络输出作为上一层网络的输入，或者所有下层网络的输出作为上一层网络的输入，这样做可以使重要的下层特征易于传到上层。

除了把双向多层循环神经网络利用到极致以外，ELMo 相比于早期的词向量方法还有其他关键的改进：

第一，它除了在大规模单语语料上训练语言模型的任务以外，还加入了其他的训练任务以用于调优（Fine-tuning）。这使得预训练中捕捉到的语言特征更为全面，层次更为丰富。

第二，相比于 Word2Vec 的静态词向量，它采取了动态生成的办法：下游任务的序列先在预训练好的 ELMo 中运行一遍，然后取到 ELMo 里，各层循环神经网络的状态拼接在一起，最后才输出给下游任务的网络架构。这样虽然开销大，但下游任务得到的输入就是带有丰富的动态上下文的词特征表示，而不再是静态的词向量。

ELMo 结构示意图如图 7-13 所示。

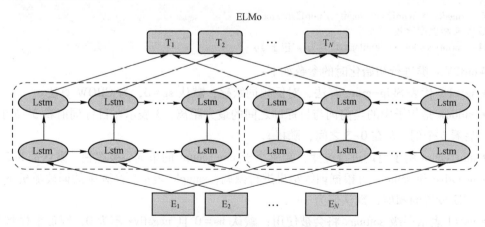

图 7-13 ELMo 结构示意图

7.6.3　网络预训练

前面所介绍的预训练技术的主要思想是特征抽取（Feature Extraction），通过使用更为合理和强大的特征抽取器，尽可能使抽取到的每一个词的特征变深（多层次的信息）和变宽（长距离依赖信息），然后将这些特征作为下游任务的输入。

（1）Transformer

那么是否可以像计算机视觉中的"Backbone"那样，不仅局限于抽取特征，还将抽取特征的"Backbone"网络层整体应用于下游任务呢？答案是肯定的。Transformer 网络架构的诞生，使得各种不同的任务都可以非常灵活地被一个通用的架构建模：我们可以把所有自然语言处理任务的输入看成序列。如图 7-14 所示，只要在序列的特定位置加入特殊符号，由于 Transformer 具有等长序列到序列的特点，并且经过多层叠加之后序列中的各位置信息可以充分交换和推理，特殊符号处的顶层输出可以被看作包含整个序列（或多个序列）的特征，用于各项任务。例如句子分类，就只需要在句首加入一个特殊符号"cls"，经过多层 Transformer 叠加之后，句子的分类信息收集到句首"cls"对应的特征向量中，这个特征向量就可以通过仿射变换及正则化，得到分类概率。多句分类、序列标注也使用类似的方法。

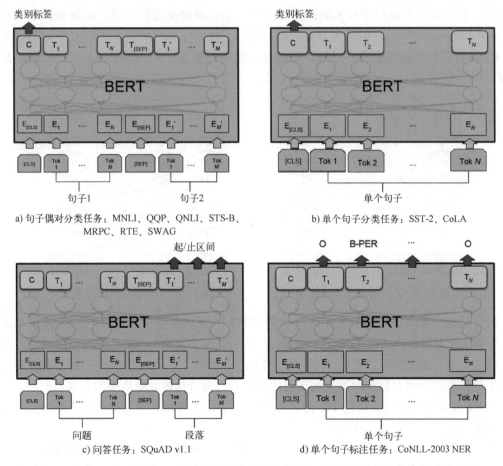

a) 句子偶对分类任务：MNLI、QQP、QNLI、STS-B、MRPC、RTE、SWAG

b) 单个句子分类任务：SST-2、CoLA

c) 问答任务：SQuAD v1.1

d) 单个句子标注任务：CoNLL-2003 NER

图 7-14　Transformer 通过在序列中加入特殊符号将所有自然语言任务的输入用序列表示

Transformer 这种灵活的结构使得它除了顶层的激活层网络以外，下层的所有网络都可以被多种不同的下游任务共用。Transformer 作为语言任务的"主干网"在大规模高质量的语料上训练好之后，通过 Fine-tune，或通过 Adapter 方法，直接被下游任务所使用。这种网络预训练的方法，被最近非常受欢迎的 GPT 和 BERT 所采用。

（2）GPT

GPT（Generative Pretrained Transformer）如图 7-15 所示，其本质是生成式语言模型（Generative Language Model）。根据生成式语言模型的自回归特点（Auto-regressive），GPT 是我们非常熟悉的传统的单向语言模型，用来"预测下一个词"。GPT 在语言模型任务上训练好之后，就可以针对下游任务进行调优（Fine-tune）了。对于句子分类来说，输入序列是在原句上加上首尾特殊符号；对于阅读理解来说，输入序列是"特殊符号+原文+分隔符+问题+特殊符号"。因而 GPT 不需要太大的架构改变，就可以方便地针对各项主流语言任务进行调优。

（3）BERT

BERT（Bi-directional Encoder Representations from Transformer）如图 7-16 所示，是一个双向的语言模型。这里的双向语言模型，并不是像 ELMo 那样把正向和反向两个自回归生成式结构叠加，而是利用了 Transformer 的等长序列到序列的特点，把某些位置的词掩盖（Mask），然后让模型通过序列未被掩盖的上下文来预测被掩盖的部分。这种掩码语言模型（Masked Language Model）的思想非常巧妙，突破了从 n-gram 语言模型到 RNN 语言模型再到 GPT 的自回归生成式模型的思维，同时又在某种程度上，和 Word2Vec 中 CBOW 的思想不谋而合。

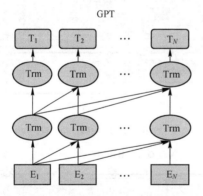
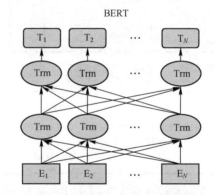

图 7-15　GPT 生成式语言模型　　　　图 7-16　BERT 双向语言模型

很自然地，掩码语言模型非常适合作为 BERT 的预训练任务。这种利用大规模单语语料，节省人工标注成本的预训练任务还有："下一个句子预测"。读者应当非常熟悉，之前所有的经典语言模型都可以看作"下一个词预测"，而"下一个句子预测"就是在模型的长距离依赖关系捕捉能力和算力都大大增强的情况下，很自然地发展出来的方法。

BERT 预训练好之后，应用于下游任务的方式与 GPT 类似，也是通过加入特殊符号来针对不同类别的任务构造输入序列。

以 Transformer 为基础架构，尤其是采取 BERT 类似预训练方法的各种模型变种，在学术界和工业界成为最前沿的模型。不少相关的研究都围绕着基于 BERT 及其变种的表示学习与预训练展开。例如，共享的网络层参数应该是预训练好就予以固定（Freeze），然后用 Adapter 方法在固定参数的网络层基础上增加针对各项任务的结构，还是应该让共享网络层参数也可以根据各项任务调节（Fine-tune）。如果是后一种方法，那么"哪些网络层应该解冻（Defreeze）调优""解冻的顺序应该是怎样的"等预训练技术变种，都是当前大热的研究课题。下面看一个生成诗歌的简单例子。

首先用 pip 安装 Transformers 库：

```
pip install transformers = = 4. 26. 0
```

然后加载从互联网上找到的预训练好的模型，并生成诗歌。具体如代码清单 7-2 所示。

代码清单 7-2

```
1    from transformers import GPT2LMHeadModel, BertTokenizerFast, pipeline
2
3    # 自动下载 vocab. txt
4    tokenizer = BertTokenizerFast. from_pretrained(" gaochangkuan/model_dir")
5    # 自动下载模型
6    model = GPT2LMHeadModel. from_pretrained('gaochangkuan/model_dir',
     pad_token_id=tokenizer. eos_token_id)
7
8    nlp_gen = pipeline('text-generation', model=model, tokenizer=tokenizer)
9    print(nlp_gen('思念故乡'))
```

结果如代码输出 7-1 所示。

代码输出 7-1

```
[{'generated_text':'思念故乡 耕秋风瑟瑟动征鞍,万里关河感慨难。千里关山劳梦寐,
十年戎马忆长安。关河落日边烽火,塞雁西风塞草寒。回首故园归未得,不堪回首
泪沾冠。'}]
```

7.7　本章小结

本章介绍了深度学习在自然语言处理中的应用。在神经网络问世以前，自然语言处理已经被许多研究者关注，并提出了一系列传统模型。但是由于语言本身的多样性和复杂性，这些模型的效果并不尽如人意。为了使用深度神经网络对语言建模，研究者提出了循环神经网络并进行了一系列的改进，包括 LSTM、GRU 等。这些模型虽然达到了较高的精度，但是也遇到了训练上的许多问题。Transformer 的提出为自然语言研究者提供了一种新的思路。本章最后介绍了表示学习和预训练技术，这些知识并不局限于自然语言处理，而是深度学习的通用技巧，读者可以尝试在计算机视觉应用中使用预训练模型加速训练。

习题

1. 选择题

1) 平凡循环神经网络采用（　　）这种形式的循环单元。

A. $h_t = W_{xh}x_t + W_{hh}h_{t-1} + b$ 　　　　　　 B. $h_t = W_{xh}x_{t-1} + W_{hh}h_t + b$

C. $h_t = W_{xh}x_{t-1} + W_{hh}h_t$ 　　　　　　　　 D. $h_t = W_{xh}x_t + W_{hh}h_{t-1}$

2)（　　）是自然语言处理领域的主流网络架构。

A. 卷积神经网络 　　　　　　　　　　 B. 循环神经网络

C. 深度神经网络 　　　　　　　　　　 D. BERT

3）ConvSeq2Seq 中的位置向量为表示词的位置关系提供了（　　）的可能性。

A. 可并行性　　　　　　　　　　　　B. 可串行性

C. 可继承性　　　　　　　　　　　　D. 可跟随性

4）（　　）在整个 Transformer 架构中处于核心地位。

A. 注意力　　　　　　　　　　　　　B. 可靠性

C. 执行速度　　　　　　　　　　　　D. 准确性

5）谷歌在 NIPS 上发表的（　　）翻开了自然语言处理的新一页。

A. *Parsing Universal Dependencies without Training*

B. *A maximum entropy approach to natural language processing*

C. *Minimum Error Rate Training for Statistical Machine Translation*

D. *Attention Is All You Need*

2. 判断题

1）统计方法在自然语言处理领域中仍然是主流的方法。　　　　　　　　　（　　）

2）RNNLM 中，核心的网络架构是一个 n-game 语言模型。　　　　　　　（　　）

3）机器翻译可以被看作一种条件语言模型。　　　　　　　　　　　　　（　　）

4）人类使用的自然语言不全是以序列的形式出现的。　　　　　　　　　（　　）

5）神经网络究其本质，是一个带参函数。　　　　　　　　　　　　　　（　　）

3. 填空题

1）自然语言处理中，最根本的问题就是＿＿＿＿＿＿＿。

2）多层感知机对于各神经元是＿＿＿＿＿＿＿计算的。

3）循环神经网络展开可以分为输出层、隐藏层和＿＿＿＿＿＿＿。

4）解决梯度消失和梯度爆炸的问题一般有＿＿＿＿＿＿＿和使用带有门限的循环单元两类办法。

5）Transformer 中，一个编码器单元有多头的自注意层和＿＿＿＿＿＿＿两层。

4. 问答题

1）ELMo 相比于早期的词向量方法有哪些改进？

2）画出循环神经网络的展开形式。

3）简述基于多层感知器的神经网络架构的语言学意义。

4）画出简单的编码器—解码器架构。

5）循环神经网络的弱点是什么？

5. 应用题

1）利用 jieba 库对给定文本词条化后的词条（Token）进行打印。文本内容为"自然语言处理（NLP）是一种机器学习技术，使计算机能够解读、处理和理解人类语言"。

2）使用 Huggingface 的 Transformers 库直接对文本进行词条化处理，不需要分词。文本内容为"对公司品牌进行负面舆情实时监测，事件演变趋势预测，预警实时触达，帮助公司市场及品牌部门第一时间发现负面舆情，及时应对危机公关，控制舆论走向，防止品牌形象受损"。

第 2 部分

深度学习实验

　　本书的第 2 部分介绍了人工智能技术的实现方式，分别针对目前人工智能的基础框架 PyTorch、TensorFlow、PaddlePaddle 以及热门研究领域，包括计算机视觉、自然语言处理、强化学习以及可视化技术。其中，基础框架部分介绍 PyTorch、TensorFlow、PaddlePaddle 的安装和基本使用方法；热门研究领域的代码多使用百度 PaddlePaddle 2.0 实现；可视化技术中会涉及 TensorFlow 和 PyTorch 框架的代码。本章实验中的大部分代码可在百度 AI Studio 运行，读者可以使用 AI Studio 提供的免费 GPU 算力加速代码运行。其余代码对算力的要求不高，读者可以在本地运行。

第8章
操作实践

本章讲述 PyTorch、TensorFlow 和 PaddlePaddle 这 3 个框架的安装、基本使用方法和工作原理。

8.1　PyTorch 操作实践

本节主要介绍 PyTorch 框架的安装、基本使用方法和工作原理。Tensor 的中文名为张量，本质上是一个多维矩阵。通过后面的介绍，读者将会很自然地理解 Tensor 在深度学习计算中的重要地位，因此本章讲述的 Tensor 基本操作需要重点掌握。另一方面，PyTorch 的动态图计算依赖于强大的自动微分功能。理解自动微分不会帮助读者提升编程技能，但是可以使读者更容易理解 PyTorch 的底层计算过程，从而理解梯度的反向传播等操作。

8.1.1　PyTorch 安装

PyTorch 支持在 GPU 和 CPU 上运行，而深度学习由于数据量大和模型复杂，基本上都需要使用类似 GPU 这样的高并发的设备来进行运算加速，所以先介绍 PyTorch 的 GPU 版本安装。

首先需要安装 GPU 的驱动，如果使用百度 AI Studio，则可以免去 GPU 驱动的安装。这里介绍的是更为常用的 Nvidia 的显卡驱动安装。首先，访问 Nvidia 官方网站（https://www.nvidia.com/Download/index.aspx）来选择需要下载的驱动版本。

需要选择的参数包括显卡型号、操作系统、驱动类型。这里选择的是 GeForce RTX 3070 的笔记本版本，操作系统是 64 位的 Windows 10。"DownloadType"包含两个版本，其中"Game Ready"版本是为优先支持最新游戏、补丁的游戏玩家提供的；"Studio"版本是为优先考虑视频编辑、动画、摄影、平面设计、直播等创意工作流程的稳定性和质量的内容创作者所提供的。这里选择的是"Game Ready"版本。单击"SEARCH"按钮后，跳到图 8-1 所示的下载页面，单击"DOWNLOAD"按钮后即可进行下载。

GEFORCE GAME READY DRIVER

Version:	516.59 WHQL
Release Date:	2022.6.28
Operating System:	Windows 10 64-bit, Windows 11
Language:	English (US)
File Size:	784.7 MB

DOWNLOAD

图 8-1　Nvidia 显卡驱动下载页面

完成下载后就可以进行安装。Windows 版本的驱动安装较为简单，只需要按照安装指引进行即可。这里介绍 Linux 版本的 Nvidia 驱动的安装，以 64 位 Ubuntu 18.04 系统为例。首先按〈Ctrl+Alt+F1〉组合键，打开控制台，关闭图形界面。命令如下：

```
sudo service lightdm stop
```

然后卸载可能存在的旧版本 Nvidia 的显卡驱动，对应命令如下：

```
sudo apt-get remove --purge nvidia
```

之后安装驱动可能需要的依赖，对应命令如下：

```
sudo apt-get update
sudo apt-get install dkms build-essential linux-headers-generic
```

接下来把 nouveau 驱动加入黑名单，并禁用 nouveau 内核模块，对应命令如下：

```
sudo nano /etc/modprobe.d/blacklist-nouveau.conf
```

在文件 blacklist-nouveau.conf 中加入如下内容，对应命令如下：

```
blacklist nouveau
options nouveau modeset=0
```

保存并退出，执行命令如下：

```
sudo update-initramfs -u
```

重启系统，对应命令如下：

```
reboot
```

重启后再次进入字符终端界面（快捷键为〈Ctrl+Alt+F1〉），并关闭图形界面，对应命令如下：

```
sudo service lightdm stop
```

进入之前的 Nvidia 驱动文件下载目录，安装驱动，对应命令如下：

```
sudo chmod u+x NVIDIA-Linux-x86_64-xxx.xx.run
sudo ./NVIDIA-Linux-x86_64-xxx.xx.run -no-opengl-files
```

-no-opengl-files 表示只安装驱动文件，不安装 OpenGL 文件。这个参数不可忽略，否则会导致登录界面死循环。其中的×××.××是指显卡驱动的版本号。

重新启动图形环境，对应命令如下：

```
sudo service lightdm start
```

通过以下命令确认驱动是否正确安装，对应命令如下：

```
cat /proc/driver/nvidia/version
```

至此，Nvidia 显卡驱动安装成功。接下来安装 PyTorch。PyTorch 官方网站（https://Py-Torch.org/get-started/locally/）提供了图 8-2 所示的安装方式，只需要选择一些参数就可以获取安装命令。

如果已经安装了 CUDA，则使用 pip 安装相对比较方便。使用 pip 安装稳定版的 PyTorch 的命令如下：

```
pip3 install torch torchvision torchaudio --extra-index-url
https://download.PyTorch.org/whl/cu113
```

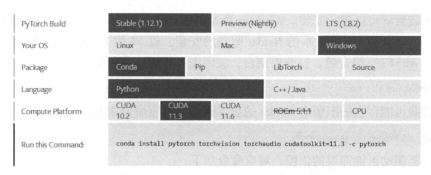

图 8-2　PyTorch 官方网站提供的安装方式

如果没有安装 CUDA，则可以选择使用 Anaconda 来安装。Anaconda 是当前最流行的 Python 包管理工具，因其具有便捷性和高效性，同时支持多种开源的深度学习框架安装，所以受到许多从事深度学习的科研工作者以及老师和学生的青睐。Anaconda 拥有图形化界面，直接单击按钮就可以自动安装自己环境所需要的各种工具包，比如深度学习的各种框架 TensorFlow、PyTorch 等。Anaconda 通过管理工具包、开发环境、Python 版本，大大简化了用户的工作流程，不仅可以方便地安装、更新、卸载工具包，而且安装时能自动安装相应的依赖包，同时还能使用不同的虚拟环境来隔离不同要求的项目。Anaconda 附带了一大批常用的数据科学包，它附带了 Conda、Python 等，以及 150 多个科学包及其依赖项。因此，用户可以立即开始处理数据。

访问 Anaconda 官方网站（https://www.anaconda.com），按照步骤下载即可。图 8-3 所示的是不同操作系统的 Anaconda 安装包下载链接，而且界面下方还给出了旧版本以及精简版 Miniconda 的安装链接。

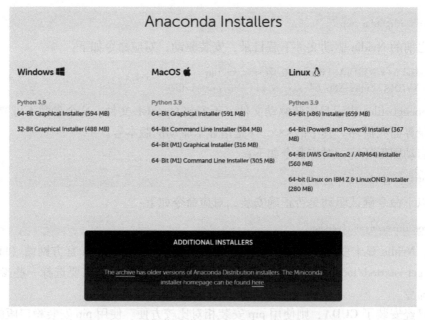

图 8-3　不同操作系统的 Anaconda 安装包下载链接

下载完成后，安装相对简单，但是由于网速原因，在使用 Anaconda 前需要配置 conda 源。清华大学开源软件镜像站（https://mirror.tuna.tsinghua.edu.cn/help/anaconda/）提供了 Anaconda 仓库与第三方源（conda-forge、msys2、PyTorch 等，查看完整列表）的镜像，各系统都可以修改用户目录下的 .condarc 文件。Windows 用户无法直接创建名为 .condarc 的文件，可先执行 conda config —set show_channel_urls yes，生成该文件之后再修改。修改 .condarc 文件的内容如代码清单 8-1 所示。

代码清单 8-1

```
1    channels：
2      – defaults
3    show_channel_urls：true
4    default_channels：
5      – https://mirrors.tuna.tsinghua.edu.cn/anaconda/pkgs/main
6      – https://mirrors.tuna.tsinghua.edu.cn/anaconda/pkgs/r
7      – https://mirrors.tuna.tsinghua.edu.cn/anaconda/pkgs/msys2
8    custom_channels：
9      conda-forge：https://mirrors.tuna.tsinghua.edu.cn/anaconda/cloud
10     msys2：https://mirrors.tuna.tsinghua.edu.cn/anaconda/cloud
11     bioconda：https://mirrors.tuna.tsinghua.edu.cn/anaconda/cloud
12     menpo：https://mirrors.tuna.tsinghua.edu.cn/anaconda/cloud
13     PyTorch：https://mirrors.tuna.tsinghua.edu.cn/anaconda/cloud
14     PyTorch-lts：https://mirrors.tuna.tsinghua.edu.cn/anaconda/cloud
15     simpleitk：https://mirrors.tuna.tsinghua.edu.cn/anaconda/cloud
```

然后可运行 conda clean –i 命令来清除索引缓存，保证用的是镜像站提供的索引。接下来就可以使用 conda 命令直接安装 PyTorch：

```
conda install PyTorch torchvision torchaudio cudatoolkit=11.3 –c PyTorch
```

安装 PyTorch 完成之后，可以使用以下命令来测试是否已经安装成功：

```
import torch
print(torch.cuda.is_available())
```

如果安装成功，则 torch.cuda.is_available() 的输出结果为 "True"。

8.1.2　Tensor 对象及其运算

Tensor 对象是一个维度任意的矩阵，但是一个 Tensor 中所有元素的数据类型必须一致。Torch 包含的数据类型和多数编程语言的数据类型类似，包含浮点型、有符号整型和无符号整型，这些类型既可以定义在 CPU 上，也可以定义在 GPU 上。在使用 Tensor 数据类型时，可以通过 dtype 属性指定它的数据类型，通过 device 指定它的设备（CPU 或者 GPU）。具体如代码清单 8-2 所示。

代码清单 8-2

```
1    # torch.tensor
2    print('torch.Tensor 默认为：{}'.format(torch.Tensor(1).dtype))
3    print('torch.tensor 默认为：{}'.format(torch.tensor(1).dtype))
4    # 可以用 list 构建
5    a = torch.tensor([[1,2],[3,4]], dtype=torch.float64)
6    # 也可以用 Ndarray 构建
7    b = torch.tensor(np.array([[1,2],[3,4]]), dtype=torch.uint8)
8    print(a)
9    print(b)
```

```
10
11    # 通过 device 指定设备
12    cuda0 = torch.device('cuda:0')
13    c = torch.ones((2,2), device=cuda0)
14    print(c)
15    >>> torch.Tensor 默认为:torch.float32
16    >>> torch.tensor 默认为:torch.int64
17    >>> tensor([[1., 2.],
18                [3., 4.]], dtype=torch.float64)
19    >>>tensor([[1, 2],
20                [3, 4]], dtype=torch.uint8)
21    >>> tensor([[1., 1.],
22                [1., 1.]], device='cuda:0')
```

通过 device 指定在 GPU 上定义变量后，可以在终端上通过 nvidia-smi 命令查看显存占用。Torch 还支持在 CPU 和 GPU 之间复制变量。具体如代码清单 8-3 所示。

代码清单 8-3

```
1    c = c.to('cpu', torch.double)
2    print(c.device)
3    b = b.to(cuda0, torch.float)
4    print(b.device)
5    >>> cpu
6    >>> cuda:0
```

对 Tensor 执行算术运算符的运算时，是两个矩阵对应元素的运算。torch.mm 执行矩阵乘法的计算。具体如代码清单 8-4 所示。

代码清单 8-4

```
1    a = torch.tensor([[1,2],[3,4]])
2    b = torch.tensor([[1,2],[3,4]])
3    c = a * b
4    print("逐元素相乘:", c)
5    c = torch.mm(a, b)
6    print("矩阵乘法:", c)
7    >>>逐元素相乘: tensor([[ 1,  4],
8                [ 9, 16]])
9    >>>矩阵乘法: tensor([[ 7, 10],
10               [15, 22]])
```

此外，还有一些具有特定功能的函数，这里列举一部分。torch.clamp() 起分段函数的作用，可用于去掉矩阵中过小或者过大的元素；torch.round() 可以将小数部分化整；torch.tanh() 用于计算双曲正切函数，该函数将数值映射到[0,1]之间。具体如代码清单 8-5 所示。

代码清单 8-5

```
1    a = torch.tensor([[1,2],[3,4]])
2    torch.clamp(a, min=2, max=3)
3    >>> tensor([[2, 2],
4                [3, 3]])
5    a = torch.tensor([-1.1, 0.5, 0.501, 0.99])
6    torch.round(a)
7    >>> tensor([-1.0, 0., 1., 1.])
```

```
8      a = torch. Tensor([-3,-2,-1,-0.5,0,0.5,1,2,3])
9      torch. tanh(a)
10     >>> tensor([-0.9951, -0.9640, -0.7616, -0.4621,0.0000,0.4621,0.7616,0.9640,
11             0.9951])
```

除了直接从 Ndarray 或 list 类型的数据中创建 Tensor 外，PyTorch 还提供了一些函数来直接创建数据，这类函数往往需要提供矩阵的维度。torch. arange() 和 Python 内置的 range 的使用方法基本相同，其第 3 个参数是步长。torch. linspace() 的第 3 个参数指定返回的个数。torch. ones() 返回全 0，torch. zeros() 返回全 0 矩阵。具体如代码清单 8-6 所示。

代码清单 8-6

```
1      print(torch. arange(5))
2      print(torch. arange(1,5,2))
3      print(torch. linspace(0,5,10))
4      >>> tensor([0, 1, 2, 3, 4])
5      >>> tensor([1, 3])
6      >>> tensor([0.0000, 0.5556, 1.1111, 1.6667, 2.2222, 2.7778, 3.3333, 3.8889, 4.4444,
7             5.0000])
8      print(torch. ones(3,3))
9      print(torch. zeros(3,3))
10     >>> tensor([[1., 1., 1.],
11             [1., 1., 1.],
12             [1., 1., 1.]])
13     >>> tensor([[0., 0., 0.],
14             [0., 0., 0.],
15             [0., 0., 0.]])
```

torch. rand() 返回从 [0,1] 之间均匀分布采样的元素所组成的矩阵，torch. randn() 返回从正态分布采样的元素所组成的矩阵，torch. randint() 返回指定区间的均匀分布采样的随机整数所生成的矩阵。具体如代码清单 8-7 所示。

代码清单 8-7

```
1      torch. rand(3,3)
2      >>> tensor([[0.0388, 0.6819, 0.3144],
3             [0.7826, 0.0966, 0.4319],
4             [0.6758, 0.2630, 0.9727]])
5      torch. randn(3,3)
6      >>> tensor([[-0.6956,  0.6792,  0.8957],
7             [ 0.2271,  0.9885, -0.7817],
8             [-0.2658,  1.5465, -0.2519]])
9      >>>
10     torch. randint(0, 9, (3,3))
11     >>> tensor([[5, 2, 7],
12             [8, 4, 8],
13             [2, 1, 4]])
```

8.1.3　Tensor 的索引和切片

Tensor 支持基本的索引和切片操作，不仅如此，它还支持 Ndarray 中的高级索引（整数索引和布尔索引）操作。具体如代码清单 8-8 所示。

代码清单 8-8

```
1    a = torch.arange(9).view(3,3)
2    # 基本索引
3    a[2,2]
4    >>> tensor(8)
5    # 切片
6    a[1:, :-1]
7    >>> tensor([[3,4],
8              [6,7]])
9    1 # 带步长的切片(PyTorch 现在不支持负步长)
10   2 a[::2]
11   >>> tensor([[0, 1, 2],
12             [6, 7, 8]])
13   # 整数索引
14   rows = [0, 1]
15   cols = [2, 2]
16   a[rows, cols]
17   >>> tensor([2, 5])
18   #   布尔索引
19   index = a>4
20   print(index)
21   print(a[index])
22   >>> tensor([[0, 0, 0],
23             [0, 0, 1],
24             [1, 1, 1]], dtype=torch.uint8)
25   >>> tensor([5, 6, 7, 8])
26   torch.nonzero 用于返回非 0 值的索引矩阵
27   a = torch.arange(9).view(3, 3)
28   index = torch.nonzero(a >= 8)
29   print(index)
30   >>> tensor([[2, 2]])
31   a = torch.randint(0, 2, (3,3))
32   print(a)
33   index =torch.nonzero(a)
34   print(index)
35   >>> tensor([[0, 0, 1],
36             [0, 0, 1],
37             [1, 1, 0]])
38   >>> tensor([[0, 2],
39             [1, 2],
40             [2, 0],
41             [2, 1]])
```

torch.where(condition,x,y)判断 condition 的条件是否满足，当某个元素满足时，则返回对应矩阵 *x* 相同位置的元素，否则返回矩阵 *y* 的元素，具体如代码清单 8-9 所示。

代码清单 8-9

```
1    x = torch.randn(3, 2)
2    y = torch.ones(3, 2)
3    print(x)
4    print(torch.where(x > 0, x, y))
5    >>> tensor([[ 0.0914, -0.8913],
```

```
6              [-0.0046,  0.0617],
7              [ 1.0744, -1.2068]])
8   >>> tensor([[0.0914, 1.0000],
9              [1.0000, 0.0617],
10             [1.0744, 1.0000]])
```

8.1.4　Tensor 的变换、拼接和拆分

PyTorch 提供了大量的对 Tensor 进行操作的函数或方法，这些函数内部使用指针实现对矩阵的形状变换、拼接、拆分等操作，使得人们无须关心 Tensor 在内存的物理结构或者管理指针就可以方便且快速地执行这些操作。Tensor. nelement( )、Tensor. ndimension( )、Tensor. size( )可分别用来查看矩阵元素的个数、轴的个数以及维度，属性 Tensor. shape 也可以用来查看 Tensor 的维度。具体如代码清单 8-10 所示，代码中的 a 是一个 Tensor 对象。

代码清单 8-10

```
1   a = torch. rand(1,2,3,4,5)
2   print("元素个数", a. nelement( ))
3   print("轴的个数", a. ndimension( ))
4   print("矩阵维度", a. size( ), a. shape)
5   >>>元素个数 120
6   >>>轴的个数 5
7   >>>矩阵维度 torch. Size([1, 2, 3, 4, 5]) torch. Size([1, 2, 3, 4, 5])
```

在 PyTorch 中，Tensor. reshape 和 Tensor. view 都能被用来更改 Tensor 的维度。它们的区别在于，Tensor. view 要求 Tensor 的物理存储必须是连续的，否则将报错，而 Tensor. reshape 则没有这种要求。Tensor. view 返回的一定是一个索引，更改返回值，则原始值同样被更改；但 Tensor. reshape 返回的是引用还是副本是不确定的。它们的相同之处是都接收要输出的维度作为参数，输出的矩阵元素个数没有改变，可以在维度中输入-1，PyTorch 会自动推断它的数值。具体如代码清单 8-11 所示，代码中的 a、b、c、d 均为 Tensor 对象。

代码清单 8-11

```
1   b = a. view(2 * 3,4 * 5)
2   print(b. shape)
3   c = a. reshape(-1)
4   print(c. shape)
5   d = a. reshape(2 * 3, -1)
6   print(d. shape)
7   >>> torch. Size([6, 20])
8   >>> torch. Size([120])
9   >>> torch. Size([6, 20])
```

torch. squeeze( )和 torch. unsqueeze( )用来为 Tensor 删除和添加轴。torch. squeeze( )删除维度为 1 的轴，而 torch. unsqueeze( )用于给 Tensor 的指定位置添加一个维度为 1 的轴。具体如代码清单 8-12 所示。

代码清单 8-12

```
1   b = torch. squeeze(a)
2   b. shape
3   >>> torch. Size([2, 3, 4, 5])
4   torch. unsqueeze(b, 0). shape
```

torch. t( ) 和 torch. transpose ( ) 用于转置二维矩阵。这两个函数只接收二维 Tensor，torch. t( ) 是 torch. transpose( ) 的简化版。具体如代码清单 8–13 所示。

代码清单 8–13

```
1    a  = torch. tensor( [ [ 2 ] ] )
2    b = torch. tensor( [ [ 2, 3 ] ] )
3    print( torch. transpose( a, 1, 0, ) )
4    print( torch. t( a ) )
5    print( torch. transpose( b, 1, 0, ) )
6    print( torch. t( b ) )
7    >>> tensor( [ [ 2 ] ] )
8    >>> tensor( [ [ 2 ] ] )
9    >>> tensor( [ [ 2 ],
10                 [ 3 ] ] )
11   >>> tensor( [ [ 2 ],
12                 [ 3 ] ] )
```

对于高维度 Tensor，可以使用 permute( ) 方法来变换维度。具体如代码清单 8–14 所示。

代码清单 8–14

```
1    a = torch. rand( ( 1, 224, 224, 3 ) )
2    print( a. shape )
3    b = a. permute( 0, 3, 1, 2 )
4    print( b. shape )
5    >>> torch. Size( [ 1, 224, 224, 3 ] )
6    >>> torch. Size( [ 1, 3, 224, 224 ] )
```

PyTorch 提供了 torch. cat( ) 和 torch. stack( ) 来拼接矩阵。不同的是，torch. cat( ) 在已有的轴 dim 上拼接矩阵，给定轴的维度可以不同，而其他轴的维度必须相同。torch. stack( ) 在新的轴上拼接，它要求被拼接矩阵的所有维度都相同。代码清单 8–15 可以很清楚地表明它们的使用方式和区别。

代码清单 8–15

```
1    a = torch. randn( 2, 3 )
2    b = torch. randn( 3, 3 )
3
4    # 默认维度为 dim = 0
5    c = torch. cat( ( a, b ) )
6    d = torch. cat( ( b, b, b ), dim = 1 )
7
8    print( c. shape )
9    print( d. shape )
10   >>> torch. Size( [ 5, 3 ] )
11   >>> torch. Size( [ 3, 9 ] )
12   c = torch. stack( ( b, b ), dim = 1 )
13   d = torch. stack( ( b, b ), dim = 0 )
14   print( c. shape )
15   print( d. shape )
16   >>> torch. Size( [ 3, 2, 3 ] )
17   >>> torch. Size( [ 2, 3, 3 ] )
```

除了拼接矩阵外，PyTorch 还提供了 torch. split( ) 和 torch. chunk( ) 来拆分矩阵。它们的

不同之处在于，torch. split( )传入的是拆分后每个矩阵的大小，可以传入 list，也可以传入整数，而 torch. chunk( )传入的是拆分的矩阵个数。具体如代码清单 8-16 所示。

代码清单 8-16

```
1   a = torch. randn(10, 3)
2   for x in torch. split(a, [1,2,3,4], dim=0):
3       print(x. shape)
4   >>> torch. Size([1, 3])
5   >>> torch. Size([2, 3])
6   >>> torch. Size([3, 3])
7   >>> torch. Size([4, 3])
8   for x in torch. split(a, 4, dim=0):
9       print(x. shape)
10  >>> torch. Size([4, 3])
11  >>> torch. Size([4, 3])
12  >>> torch. Size([2, 3])
13  for x in torch. chunk(a, 4, dim=0):
14      print(x. shape)
15  >>> torch. Size([3, 3])
16  >>> torch. Size([3, 3])
17  >>> torch. Size([3, 3])
18  >>> torch. Size([1, 3])
```

8. 1. 5　PyTorch 的 Reduction 操作

Reduction 运算的特点是它往往对一个 Tensor 内的元素做归约操作，比如 torch. max( )用于找极大值，torch. cumsum( )用于计算累加。它还提供了 dim 参数来指定沿矩阵的哪个维度执行操作。具体如代码清单 8-17 所示。

代码清单 8-17

```
1   # 默认求取全局最大值
2   a = torch. tensor([[1,2],[3,4]])
3   print("全局最大值:", torch. max(a))
4   # 指定维度 dim 后返回最大值及其索引
5   torch. max(a, dim=0)
6   >>>全局最大值: tensor(4)
7   >>> (tensor([3, 4]), tensor([1, 1]))
8   a = torch. tensor([[1,2],[3,4]])
9   print("沿着横轴计算每一列的累加:")
10  print(torch. cumsum(a, dim=0))
11  print("沿着纵轴计算每一行的累乘:")
12  print(torch. cumprod(a, dim=1))
13  >>>沿着横轴计算每一列的累加:
14  >>> tensor([[1, 2],
15              [4, 6]])
16  >>>沿着纵轴计算每一行的累乘:
17  >>> tensor([[ 1,  2],
18              [ 3, 12]])
19  # 计算矩阵的均值、中值、协方差
20  a = torch. Tensor([[1,2],[3,4]])
21  a. mean(), a. median(), a. std()
```

```
22   >>> (tensor(2.5000), tensor(2.), tensor(1.2910))
23   # torch. unique 用来找出矩阵中出现了哪些元素
24   a = torch. randint(0, 3, (3, 3))
25   print(a)
26   print(torch. unique(a))
27   >>> tensor([[0, 0, 0],
28            [2, 0, 2],
29            [0, 0, 1]])
30   >>> tensor([1, 2, 0])
```

8.1.6 PyTorch 的自动微分

自动微分是模型训练的关键技术之一。将 Tensor 的 requires_grad 属性设置为 True 时，PyTorch 的 torch. autograd 会自动地追踪它的计算轨迹。当需要计算微分的时候，只需要对最终计算结果的 Tensor 调用 backward() 方法，中间所有计算节点的微分就会被保存在 grad 属性中了。具体如代码清单 8-18 所示。

代码清单 8-18

```
1    x = torch. arange(9). view(3,3)
2    x. requires_grad
3    >>> False
4    x = torch. rand(3, 3, requires_grad=True)
5    print(x)
6    >>> tensor([[0.0018, 0.3481, 0.6948],
7              [0.4811, 0.8106, 0.5855],
8              [0.4229, 0.7706, 0.4321]], requires_grad=True)
9    w = torch. ones(3, 3, requires_grad=True)
10   y = torch. sum(torch. mm(w, x))
11   y
12   >>> tensor(13.6424, grad_fn=<SumBackward0>)
13   y. backward()
14   print(y. grad)
15   print(x. grad)
16   print(w. grad)
17   >> None
18   >>> tensor([[3., 3., 3.],
19            [3., 3., 3.],
20            [3., 3., 3.]])
21   >>> tensor([[1.1877, 0.9406, 1.6424],
22            [1.1877, 0.9406, 1.6424],
23            [1.1877, 0.9406, 1.6424]])
```

tensor. detach 会将 Tensor 从计算图中剥离出去，不再计算它的微分。具体如代码清单 8-19 所示。

代码清单 8-19

```
1    x = torch. rand(3, 3, requires_grad=True)
2    w = torch. ones(3, 3, requires_grad=True)
3    print(x)
4    print(w)
5    yy = torch. mm(w, x)
```

```
6
7    detached_yy = yy.detach()
8    y = torch.mean(yy)
9    y.backward()
10
11   print(yy.grad)
12
13   print(detached_yy)
14   print(w.grad)
15   print(x.grad)
16   >>> tensor([[0.3030, 0.6487, 0.6878],
17              [0.4371, 0.9960, 0.6529],
18              [0.4750, 0.4995, 0.7988]], requires_grad=True)
19   >>> tensor([[1., 1., 1.],
20              [1., 1., 1.],
21              [1., 1., 1.]], requires_grad=True)
22   >>> None
23   >>> tensor([[1.2151, 2.1442, 2.1395],
24              [1.2151, 2.1442, 2.1395],
25              [1.2151, 2.1442, 2.1395]])
26   >>> tensor([[0.1822, 0.2318, 0.1970],
27              [0.1822, 0.2318, 0.1970],
28              [0.1822, 0.2318, 0.1970]])
29   >>> tensor([[0.3333, 0.3333, 0.3333],
30              [0.3333, 0.3333, 0.3333],
31              [0.3333, 0.3333, 0.3333]])
```

"with torch.no_grad():" 包括的代码段不会计算微分。具体如代码清单 8-20 所示。

代码清单 8-20

```
1    y = torch.sum(torch.mm(w, x))
2    print(y.requires_grad)
3
4    with torch.no_grad():
5       y = torch.sum(torch.mm(w, x))
6          print(y.requires_grad)
7    >>> True
8    >>> False
```

8.2　TensorFlow 操作实践

本节主要介绍 TensorFlow 框架的安装、基本使用方法和工作原理。TensorFlow 的计算依赖于强大的自动微分功能。理解自动微分虽然不会帮助读者提升编程技能，但是可以使读者更容易理解 TensorFlow 的底层计算过程，从而理解梯度的反向传播等操作。

8.2.1　TensorFlow 安装

TensorFlow 的安装和 PyTorch 的安装类似，也是需要先安装显卡驱动，然后安装 CUDA 和 TensorFlow。TensorFlow 官网给出的安装方式是使用 pip 工具。如果用户已经安装了 CUDA，那么使用 pip 安装相对比较方便。使用 pip 安装稳定版的 TensorFlow 的命令如下：

```
pip install tensorflow
```

如果没有安装 CUDA，则可以尝试使用 Anaconda 工具来进行安装。安装命令如下：

```
conda install tensorflow
```

8.2.2 Tensor 对象及其运算

Tensor 对象是一个维度任意的矩阵，但 Tensor 中所有元素的数据类型必须一致。Tensor-Flow 包含的数据类型与多数编程语言的数据类型类似，包含浮点型、有符号整型和无符号整型，这些类型既可以定义在 CPU 上，也可以定义在 GPU 上。在使用 Tensor 数据类型时，可通过 dtype 属性指定数据类型，通过 device 指定设备（CPU 或者 GPU）。Tensor 可以分为常量和变量，区别在于变量可以在计算图中重新被赋值。具体如代码清单 8-21 所示。

代码清单 8-21

```
1    # tf. Tensor
2    print('tf. Tensor 默认为:{}'. format(tf. constant(1). dtype))
3
4    # 可以用 list 构建
5    a = tf. constant([[1, 2], [3, 4]], dtype=tf. float64)
6    # 可以用 Ndarray 构建
7    b = tf. constant(np. array([[1, 2], [3, 4]]), dtype=tf. uint8)
8    print(a)
9    print(b)
10
11   # 通过 device 指定设备
12   with tf. device('/gpu:0'):
13       c = tf. ones((2, 2))
14       print(c, c. device)
15   >>> tf. Tensor 默认为:<dtype: 'int32'>
16   >>> tf. Tensor(
17       [[1. 2. ]
18       [3. 4. ]], shape=(2, 2), dtype=float64)
19   >>> tf. Tensor(
20       [[1 2]
21       [3 4]], shape=(2, 2), dtype=uint8)
22   >>> tf. Tensor(
23       [[1. 1. ]
24       [1. 1. ]], shape=(2, 2), dtype=float32) /job:localhost/replica:0/task:0/device:GPU:0
```

通过 device 指定在 GPU 上定义变量后，可在终端通过 nvidia-smi 命令查看显存占用。

对 Tensor 执行算术运算符的运算时，是两个矩阵对应元素的运算。tf. matmul()执行矩阵乘法计算。具体如代码清单 8-22 所示。

代码清单 8-22

```
1    a = tf. constant([[1, 2], [3, 4]])
2    b =tf. constant([[1, 2], [3, 4]])
3    c = a * b
4    print("逐元素相乘:", c)
5    c = tf. matmul(a, b)
6    print("矩阵乘法:", c)
7    >>>逐元素相乘: tf. Tensor(
8        [[ 1  4]
```

```
9            [ 9 16]],shape=(2, 2),dtype=int32)
10   >>>矩阵乘法:tf. Tensor(
11           [[ 7 10]
12           [15 22]],shape=(2, 2),dtype=int32)
```

此外,还有一些具有特定功能的函数,如 tf. clip_by_value( )起分段函数的作用,可用于去掉矩阵中过小或者过大的元素;tf. round( )可以将小数部分化整;tf. tanh( )用于计算双曲正切函数,该函数可以将数值映射到(0,1)之间。具体如代码清单 8-23 所示。

代码清单 8-23

```
1    a = tf. constant([[1, 2], [3, 4]])
2    tf. clip_by_value(a, clip_value_min=2, clip_value_max=3)
3    a = tf. constant([-2.1, 0.5,0.501, 0.99])
4    tf. round(a)
5    a = tf. constant([-3, -2, -1, -0.5, 0, 0.5, 1, 2, 3])
6    tf. tanh(a)
7    >>> tf. Tensor([[2 2]
8           [3 3]],shape=(2, 2),dtype=int32)
9    >>> tf. Tensor([-2.   0.   1.   1.],shape=(4,),dtype=float32)
10   >>> tf. Tensor(
11        [-0. 9950547  -0. 9640276  -0. 7615942  -0. 46211717 0.        0. 46211717
12          0. 7615942   0. 9640276   0. 9950547 ],shape=(9,),dtype=float32)
```

除了直接从 Ndarray 或 list 类型的数据中创建 Tensor 外,TensorFlow 还提供了一些函数来直接创建数据(这类函数往往需要提供矩阵的维度)。tf. range( )与 Python 内置的 range 的使用方法基本相同,其第 3 个参数是步长。tf. linspace( )的第 3 个参数指定返回的个数,tf. ones( )返回全 1 矩阵,tf. zeros( )返回全 0 矩阵。具体如代码清单 8-24 所示。

代码清单 8-24

```
1    print(tf. range(5))
2    print(tf. range(1, 5, 2))
3    print(tf. linspace(0, 5, 10))
4    print(tf. ones((3, 3)))
5    print(tf. zeros((3, 3)))
6    >>> tf. Tensor([0 1 2 3 4],shape=(5,),dtype=int32)
7    >>> tf. Tensor([1 3],shape=(2,),dtype=int32)
8    >>> tf. Tensor(
9        [0.          0. 55555556 1. 11111111 1. 66666667 2. 22222222 2. 77777778
10        3. 33333333 3. 88888889 4. 44444444 5.          ],shape=(10,),dtype=float64)
11   >>> tf. Tensor(
12        [[1. 1. 1. ]
13         [1.1. 1. ]
14         [1. 1. 1. ]],shape=(3, 3),dtype=float32)
15   >>> tf. Tensor(
16        [[0. 0. 0. ]
17         [0. 0. 0. ]
18         [0. 0. 0. ]],shape=(3, 3),dtype=float32)
```

tf. random. uniform( )返回[0,1]之间均匀分布采样的元素所组成的矩阵,tf. random. normal( )返回从正态分布采样的元素所组成的矩阵。tf. random. uniform( )还可以添加参数,返回指定区间均匀分布采样的随机整数所生成的矩阵。具体如代码清单 8-25 所示。

代码清单 8-25

```
1    tf. random. uniform((3, 3))
2    >>><tf. Tensor：shape=(3, 3), dtype=float32, numpy=
3        array([[0. 41092885, 0. 76087844, 0. 75520504],
4               [0. 57500243, 0. 7695035 , 0. 11660695],
5               [0. 9336704 , 0. 44821036, 0. 8459077 ]], dtype=float32)>
6    tf. random. normal((3, 3))
7    >>><tf. Tensor：shape=(3, 3), dtype=float32, numpy=
8        array([[ 0. 40765482,  0. 63089305, -0. 04709337],
9               [-0. 46935162, -0. 18415603,  0. 18200386],
10              [ 0. 17893875, -1. 2706778 ,  0. 69634026]], dtype=float32)>
11   tf. random. uniform((3, 3), 0, 9, dtype=tf. int32)
12   >>><tf. Tensor：shape=(3, 3), dtype=int32, numpy=
13       array([[5, 1, 7],
14              [2, 2, 2],
15              [1, 6, 3]])>
```

8.2.3 Tensor 的索引和切片

Tensor 不仅支持基本的索引和切片操作，还支持 Ndarray 中的高级索引（整数索引，即基本索引，以及布尔索引）操作。具体如代码清单 8-26 所示。

代码清单 8-26

```
1    a = tf. reshape(tf. range(9), (3, 3))
2    # 基本索引
3    print(a[2, 2])
4
5    # 切片
6    print(a[1:, :-1])
7
8    # 带步长的切片
9    print(a[::2])
10
11   # 布尔索引
12   index = a > 4
13   print(index)
14   print(a[index])
15   >>><tf. Tensor：shape=(), dtype=int32, numpy=8>
16   >>><tf. Tensor：shape=(2, 2), dtype=int32, numpy=
17       array([[3, 4],
18              [6, 7]])>
19   >>><tf. Tensor：shape=(2, 3), dtype=int32, numpy=
20       array([[0, 1, 2],
21              [6, 7, 8]])>
22   >>> tf. Tensor(
23       [[False False False]
24        [False False True]
25        [True  True  True]], shape=(3, 3), dtype=bool)
26   >>> tf. Tensor([5 6 7 8], shape=(4,), dtype=int32)
```

tf. where(condition, x, y)判断 condition 的条件是否满足，当某个元素满足时，则返回对应矩阵 x 相同位置的元素，否则返回矩阵 y 的元素。具体如代码清单 8-27 所示。

代码清单 8-27

```
1    x = tf. random. normal((3, 2))
2    y = tf. ones((3, 2))
3    print(x)
4    print(tf. where(x > 0, x, y))
5    >>> tf. Tensor(
6        [[-0. 28848228 -0. 80543387]
7         [ 0. 31449378  1. 434097   ]
8         [-1. 1104414   0. 69934136]], shape=(3, 2), dtype=float32)
9    >>> tf. Tensor(
10       [[1.           1.          ]
11        [0. 31449378  1. 434097   ]
12        [1.           0. 69934136]], shape=(3, 2), dtype=float32)
```

8.2.4　Tensor 的变换、拼接和拆分

TensorFlow 提供了大量对 Tensor 进行操作的函数或方法，这些函数内部使用指针实现对矩阵的形状变换、拼接和拆分等操作，使得人们无须关心 Tensor 在内存的物理结构或者管理指针，就可以方便快速地执行这些操作。

属性 Tensor. shape 和方法 Tensor. get_shape() 可以查看 Tensor 的维度，tf. size() 可以查看矩阵的元素个数。tf. reshape() 可以用于修改 Tensor 的维度。具体如代码清单 8-28 所示，代码中的 a、b 均为 Tensor 对象。

代码清单 8-28

```
1    a = tf. random. normal((1, 2, 3, 4, 5))
2    print("元素个数:", tf. size(a))
3    print("矩阵维度:", a. shape, a. get_shape())
4    b = tf. reshape(a,(2 * 3, 4 * 5))
5    print(b. shape)
6    >>>元素个数: tf. Tensor(120, shape=(), dtype=int32)
7    >>>矩阵维度: (1, 2, 3, 4, 5) (1, 2, 3, 4, 5)
8    >>> (6, 20)
```

tf. squeeze() 和 tf. unsqueeze() 用于为 Tensor 删除和添加轴。tf. squeeze() 可以删除维度为 1 的轴，而 tf. unsqueeze() 用于给 Tensor 的指定位置添加一个维度为 1 的轴。具体如代码清单 8-29 所示。

代码清单 8-29

```
1    b = tf. squeeze(a)
2    b. shape
3    >>> TensorShape([2, 3, 4, 5])
4    b = tf. unsqueeze(a)
5    b. shape
6    >>> TensorShape([1, 2, 3, 4, 5,])
7    tf. expand_dims(a, 0). shape
8    >>> TensorShape([1, 1, 2, 3, 4, 5])
```

tf. transpose() 用于 Tensor 的转置，perm 参数用于指定转置的维度。具体如代码清单 8-30 所示。

代码清单 8-30

```
1   a = tf. constant([[2]])
2   b = tf. constant([[2, 3]])
3   print(tf. transpose(a, perm=[1, 0]))
4   print(tf. transpose(b, perm=[1, 0]))
5   >>> tf. Tensor([[2]], shape=(1, 1), dtype=int32)
6   >>> tf. Tensor(
7       [[2]
8        [3]], shape=(2, 1), dtype=int32)
```

TesnsorFlow 提供了 tf. concat( ) 和 tf. stack( ) 用于拼接矩阵。区别在于：tf. concat( ) 在已有的轴 axis 上拼接矩阵，给定轴的维度可以不同，而其他轴的维度必须相同。tf. stack( ) 在新的轴上拼接，同时它要求被拼接矩阵的所有维度都相同。代码清单 8-31 可以很清楚地表明它们的使用方式和区别。

代码清单 8-31

```
1   a = tf. random. normal((2, 3))
2   b = tf. random. normal((3, 3))
3
4   c = tf. concat((a, b), axis=0)
5   d = tf. concat((b, b, b), axis=1)
6
7   print(c. shape)
8   print(d. shape)
9   >>> (5, 3)
10  >>> (3, 9)
11  c =tf. stack((b, b), axis=1)
12  d = tf. stack((b, b), axis=0)
13  print(c. shape)
14  print(d. shape)
15  >>> (3, 2, 3)
16  >>> (2, 3, 3)
```

除了拼接矩阵外，TensorFlow 还提供了 tf. split( ) 来拆分矩阵。具体如代码清单 8-32 所示。

代码清单 8-32

```
1   a = tf. random. normal((10,3))
2   for x in tf. split(a, [1,2,3,4],axis=0):
3       print(x. shape)
4
5   for x in tf. split(a, 2, axis=0):
6       print(x. shape)
7   >>> (1, 3)
8       (2, 3)
9       (3, 3)
10      (4, 3)
11  >>> (5, 3)
12      (5, 3)
```

8. 2. 5　TensorFlow 的 Reduction 操作

Reduction 运算的特点是它往往对一个 Tensor 内的元素做归约操作，如 tf. reduce_max( )

用于查找极大值，tf. reduce_sum( )用于计算累加。另外，tf. reduce_sum 还提供了 axis 参数来指定沿矩阵的哪个维度执行操作。具体如代码清单 8-33 所示。

代码清单 8-33

```
1    a = tf. constant([[1, 2], [3, 4]])
2    print("全局最大值:", tf. reduce_max(a))
3    print("沿着横轴计算每一列的累加:")
4    print(tf. reduce_sum(a, axis=0))
5    print("沿着横轴计算每一列的累乘:")
6    print(tf. reduce_prod(a, axis=1))
7
8    a = tf. random. uniform((6,), 0, 3, dtype=tf. int32)
9    print("向量中出现的元素:")
10   print(tf. unique(a). y)
11   >>>全局最大值: tf. Tensor(4, shape=(), dtype=int32)
12   >>>沿着横轴计算每一列的累加:
13   >>> tf. Tensor([4 6], shape=(2,), dtype=int32)
14   >>>沿着横轴计算每一列的累乘:
15   >>> tf. Tensor([ 2 12], shape=(2,), dtype=int32)
16   >>>向量中出现的元素:
17   >>>tf. Tensor([1 2 0], shape=(3,), dtype=int32)
```

8. 2. 6 TensorFlow 的自动微分

为了实现自动微分，TensorFlow 需要记住在向前传递过程中以什么顺序发生什么操作。然后，在向后传递过程中，TensorFlow 以相反的顺序遍历这个操作列表以计算梯度。TensorFlow 使用 tf. GradientTape API 来支持自动微分：tf. GradientTape 上下文中执行的所有操作都记录在一个磁带（"tape"）上，然后 TensorFlow 基于这个磁带用反向微分法来计算导数。具体如代码清单 8-34 所示。

代码清单 8-34

```
1    import tensorflow as tf
2
3    # f(x) = x * x + ax 的导数
4    x = tf. Variable(3. 0, name='x')
5    a = tf. constant(1. 0)
6    with tf. GradientTape( ) as tape:
7        y = tf. pow(x, 2) + a * x
8    # 2x + 1 = 7
9    print(tape. gradient(y,x))
10   >>> tf. Tensor(7. 0, shape=(), dtype=float32)
```

相对于使用标量，实际使用中更多地会用到 Tensor。具体如代码清单 8-35 所示。

代码清单 8-35

```
1    w = tf. Variable(tf. random. normal((2, 3)), name='w')
2    b = tf. Variable(tf. zeros(3, dtype=tf. float32), name='b')
3    x = [[1., 2.]]
4
5    with tf. GradientTape(persistent=True) as tape:
6        y = x @ w + b
7        loss = tf. reduce_mean(y ** 2)
```

```
8
9       print( w )
10      print( tape. gradient( loss, [ w, b ] ) )
11      >>><tf. Variable 'w:0' shape=(2, 3) dtype=float32, numpy=
12      array([[-1. 4370528, -1. 0212281, 0. 30532417],
13            [-0. 32372856, 1. 1928264, 2. 1814234 ]], dtype=float32)>
14      >>> [ <tf. Tensor: shape=(2, 3), dtype=float32, numpy=
15      array([[-1. 3896732, 0. 9096165, 3. 112114 ],
16            [-2. 7793465, 1. 819233, 6. 224228 ]], dtype=float32)>, <tf. Tensor: shape=(3,),
        dtype=float32, numpy=array([-1. 3896732, 0. 9096165, 3. 112114 ], dtype=float32)>]
```

8.3 PaddlePaddle 操作实践

本节主要介绍 PaddlePaddle（飞桨）框架的安装、基本使用方法和工作原理。Paddle-Paddle 是百度自研的开源深度学习平台，是国内深度学习框架的佼佼者。它有全面的官方支持的工业级应用模型，涵盖计算机视觉、自然语言处理和推荐引擎等多个领域，并开放多个领先的预训练中文模型，如 OCR 领域的 PaddleOCR 相关模型。PaddlePaddle 也为开发者开放了 PaddleHub、PARL、AutoDL、VisualDL 等一系列深度学习工具组件，同时有完善的中文文档，从而可以很好地帮助开发者使用。PaddlePaddle 平台所开源的工具基本上覆盖了整个深度学习开发到部署的全流程，具体如图 8-4 所示。

由于篇幅原因，本章只抛砖引玉地介绍一些 PaddlePaddle 常用的基础使用内容。更为具体和广泛的内容，读者可参考 PaddlePaddle 官方文档。

8.3.1 PaddlePaddle 安装

PaddlePaddle 同样支持在 GPU 和 CPU 上运行。而安装过程跟 PyTorch 类似，也是需要先安装显卡驱动，然后安装 CUDA 和 PaddlePaddle。PaddlePaddle 的安装方式也比较简单，首先用浏览器打开飞桨的官网 https://www. paddlepaddle. org. cn/，可以看到快速安装界面，如图 8-5 所示。

PaddlePaddle 框架版本的更新速度较快。作为普通的开发者，建议用户使用稳定版，但是如果想尝鲜新版本功能，则可以用 conda、pip 等工具，创建一个预览开发环境。Paddle-Paddle 支持在 Windows、Mac OS 以及 Linux 系统上的运行。单击操作系统的"其他"选项，可以看到，PaddlePaddle 还可以支持很多国产芯片的编译运行，这也是在支持国产大环境下的一个极大的优势。在安装方式上，PaddlePaddle 支持现在主流的 pip、conda、docker 以及源码方式。而在计算平台方面，PaddlePaddle 2. 3 版本支持 CPU、CUDA 和 ROCm 4. 0。可以看到这里有不同的 CUDA 版本，如果读者所使用 Nvidia 显卡的架构在安培（Ampere）之前，则一般选择 CUDA10. 2 版本。

选择好所有信息后，就可以在界面下方的"安装信息"中看到安装命令。对于 GPU 版本，如果已经安装了 CUDA，则可以使用 pip 命令来安装。

```
pip install paddlepaddle-gpu= =2. 3. 2 -i https://pypi. tuna. tsinghua. edu. cn/simple
```

如果没有安装 CUDA，则可以尝试使用 conda 命令来进行安装。当然，conda 命令需要在安装 Anaconda 之后才可以执行。Anaconda 的安装方式可以参考 PyTorch 安装的内容。使用 conda 进行安装的命令如下：

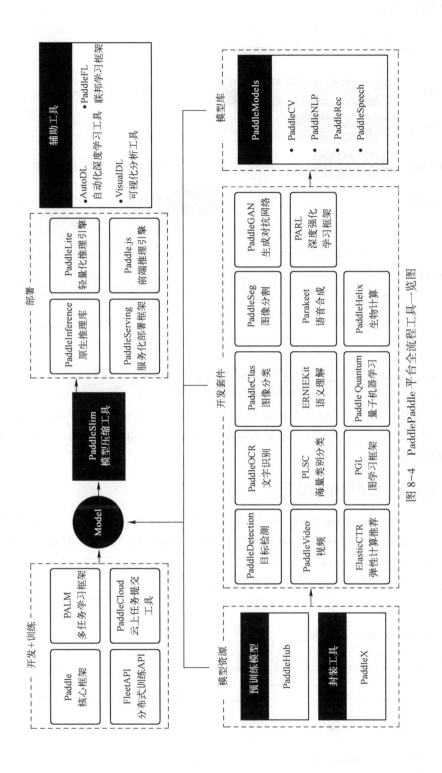

图 8-4 PaddlePaddle 平台全流程工具一览图

快速安装

本地快速安装，开发灵活
推荐有深度学习开发经验、有源代码和安全性需求的开发者使用

图 8-5　PaddlePaddle 快速安装界面

conda install paddlepaddle-gpu==2.3.2 cudatoolkit=10.2 —channel
https://mirrors.tuna.tsinghua.edu.cn/anaconda/cloud/Paddle/

安装完成后，用户可以使用 Python 或 Python 3 进入 Python 解释器，输入 import paddle，再输入 paddle.utils.run_check()。如果出现提示"PaddlePaddle is installed successfully!"，则说明已成功安装。

8.3.2　Tensor 的创建和初始化

和 PyTorch 和 TensorFlow 类似，PaddlePaddle 用 Tensor 来表示数据，在神经网络中传递的数据均为 Tensor。PaddlePaddle 可基于给定数据手动创建 Tensor，并提供了多种方式。Tensor 可以直接从 PythonList 创建，也可以从 NumPy 的 Array 创建，还可以基于另一个Tensor 创建。具体创建方式如代码清单 8-36 所示。

代码清单 8-36

```
1    # 直接从 Python List 数据创建
2    data = [[1, 2], [3, 4]]
3    tensor = paddle.to_tensor(data, dtype='float64')
4    print(tensor)
5    >>> Tensor(shape=[2, 2], dtype=float64, place=Place(cpu), stop_gradient=True,
6    >>>           [[1., 2.],
7    >>>            [3., 4.]])
8
9    # 从 NumPy 的 Array 创建
10   import numpy as np
11   np_array = np.array([[1, 2], [3, 4]])
12   tensor_temp = paddle.to_tensor(np_array)
13   print(tensor_temp)
```

```
14    >>> Tensor(shape=[2, 2], dtype=int64, place=Place(cpu), stop_gradient=True,
15    >>>       [[1, 2],
16    >>>        [3, 4]])
17
18    # 基于另一个 Tensor 创建
19    x_data = paddle.to_tensor([[1, 2], [3, 4]])
20    y_data = paddle.ones_like(x_data)
21    print(y_data)
22    >>> Tensor(shape=[2, 2], dtype=int64, place=Place(cpu), stop_gradient=True,
23    >>>       [[1, 1],
24    >>>        [1, 1]])
25
```

在基于另一个 Tensor 创建时, 除非显式重写, 否则新的 Tensor 将包含参数张量的属性 (形状、数据类型)。另外, 还可以生成某些随机值或特定值的某种形状的 Tensor, 如代码清单 8-37 所示。

代码清单 8-37

```
1     # 定义 shape
2     shape = (2, 3)
3     # 生成随机值 Tensor
4     paddle.rand(shape)
5     >>> Tensor(shape=[2, 3], dtype=float32, place=Place(cpu), stop_gradient=True,
6     >>> [[0.11803867, 0.72016722, 0.48975605], [0.33651099, 0.66355765, 0.94813496]])
7
8     paddle.ones(shape)
9     >>> Tensor(shape=[2, 3], dtype=float32, place=Place(cpu), stop_gradient=True,
10    >>> [[1., 1., 1.], [1., 1., 1.]])
11
12    paddle.zeros(shape)
13    >>> Tensor(shape=[2, 3], dtype=float32, place=Place(cpu), stop_gradient=True,
14    >>> [[0., 0., 0.], [0., 0., 0.]])
```

Tensor 的属性描述了它们的形状、数据类型及存储它们的设备。

8.3.3 Tensor 的常见基础操作

PaddlePaddle 中 Tensor 的常见基础操作有切片、乘法、加法、形状变化等。

1. 索引或切片

通过索引或切片方式可访问或修改 Tensor。具体如代码清单 8-38 所示。

代码清单 8-38

```
1     tensor = paddle.ones((4, 4))
2     tensor
3     >>> Tensor(shape=[4, 4], dtype=float32, place=Place(cpu), stop_gradient=True,
4     >>>       [[1., 1., 1., 1.],
5     >>>        [1., 1., 1., 1.],
6     >>>        [1., 1., 1., 1.],
7     >>>        [1., 1., 1., 1.]])
8
9     # 将第 1 列设置为 0
```

```
10    tensor[ :, 1] = 0
11    tensor
12    >>> Tensor(shape=[4, 4], dtype=float32, place=Place(cpu), stop_gradient=True,
13    >>>        [[1., 0., 1., 1.],
14    >>>         [1., 0., 1., 1.],
15    >>>         [1., 0., 1., 1.],
16    >>>         [1., 0., 1., 1.]])
```

2. Tensor 乘法

a 与 b 做 * 乘法，原则是如果 a 与 b 的尺寸不同，则以某种方式将 a 或 b 进行复制，使得复制后的 a 和 b 的尺寸相同，再将 a 和 b 做 elementwise（逐元素）的乘法。

Tensor 与标量 k 做 * 乘法的结果是 Tensor 的每个元素乘以 k（相当于把 k 复制成与 Tensor 大小相同、元素全为 k 的矩阵）。具体如代码清单 8-39 所示。

代码清单 8-39

```
1    a=paddle. ones( (3,4))
2    print( a)
3    >>> Tensor(shape=[3, 4], dtype=float32, place=Place(cpu), stop_gradient=True,
4    >>>        [[1., 1., 1., 1.],
5    >>>         [1., 1., 1., 1.],
6    >>>         [1., 1., 1., 1.]])
7
8    a=a*2
9    print( a)
10   >>> Tensor(shape=[3, 4], dtype=float32, place=Place(cpu), stop_gradient=True,
11   >>>        [[2., 2., 2., 2.],
12   >>>         [2., 2., 2., 2.],
13   >>>         [2., 2., 2., 2.]])
```

Tensor 与行向量做 * 乘法的结果是每列乘以行向量对应列的值（相当于把行向量的行复制，成为与 Tensor 维度相同的矩阵）。注意，此时要求 Tensor 的列数与行向量的列数相等。具体如代码清单 8-40 所示。

代码清单 8-40

```
1    a=paddle. ones( (3,4))
2    print( a)
3    >>> Tensor(shape=[3, 4], dtype=float32, place=Place(cpu), stop_gradient=True,
4    >>>        [[1., 1., 1., 1.],
5    >>>         [1., 1., 1., 1.],
6    >>>         [1., 1., 1., 1.]])
7
8    b=paddle. to_tensor([1,2,3,4])
9    print( b)
10   >>> Tensor(shape=[4], dtype=int64, place=Place(cpu), stop_gradient=True,
11   >>>        [1, 2, 3, 4])
12
13   print( a*b)
14   >>> Tensor(shape=[3, 4], dtype=float32, place=Place(cpu), stop_gradient=True,
15   >>>        [[1., 2., 3., 4.],
16   >>>         [1., 2., 3., 4.],
17   >>>         [1., 2., 3., 4.]])
```

Tensor 与列向量做 ∗ 乘法的结果是每行乘以列向量对应行的值（相当于把列向量的列复制，成为与 Tensor 维度相同的矩阵）。注意，此时要求 Tensor 的行数与列向量的行数相等。具体如代码清单 8-41 所示。

代码清单 8-41

```
1    a=paddle. ones((3,4))
2    print(a)
3    >>> Tensor(shape=[3, 4], dtype=float32, place=Place(cpu), stop_gradient=True,
4    >>>        [[1., 1., 1., 1.],
5    >>>         [1., 1., 1., 1.],
6    >>>         [1., 1., 1., 1.]])
7
8    b=paddle. to_tensor([1,2,3])
9    b=b. reshape((3,1))
10   print(b)
11   >>> Tensor(shape=[3, 1], dtype=int64, place=Place(cpu), stop_gradient=True,
12   >>>        [[1],
13   >>>         [2],
14   >>>         [3]])
15
16   print(a * b)
17    >>> Tensor(shape=[3, 4], dtype=float32, place=Place(cpu), stop_gradient=True,
18   >>>        [[1., 1., 1., 1.],
19   >>>         [2., 2., 2., 2.],
20   >>>         [3., 3., 3., 3.]])
```

如果两个二维矩阵 A 与 B 做点积 $A ∗ B$，则要求 A 与 B 的维度完全相同，即 A 的行数 = B 的行数，A 的列数 = B 的列数。具体如代码清单 8-42 所示。

代码清单 8-42

```
1    a=paddle. to_tensor([[1,2],[3,4]])
2    a * a
3
4    >>> Tensor(shape=[2, 2], dtype=int64, place=Place(cpu), stop_gradient=True,
5    >>> [[1, 4], [9, 16]])
```

点积是遵循广播（Broadcast）规则的，简单理解就是在一定的规则下，允许高维 Tensor 和低维 Tensor 之间的运算。具体如代码清单 8-43 所示。

代码清单 8-43

```
1    a=paddle. to_tensor([[1,2],[3,4]])
2    b=paddle. to_tensor([[[1,2],[3,4]],[[-1,-2],[-3,-4]]])
3    a * b
4
5    >>> Tensor(shape=[2, 2, 2], dtype=int64, place=Place(cpu), stop_gradient=True,
6    >>> [[[1, 4], [9, 16]], [[-1, -4], [-9, -16]]])
```

二维矩阵间的 multiply（乘）操作如代码清单 8-44 所示。

代码清单 8-44

```
1    a=paddle. to_tensor([[1,2],[3,4]])
2    b=paddle. multiply(a,a)
```

```
3       print(b)
4       >>> Tensor(shape=[2, 2], dtype=int64, place=Place(cpu), stop_gradient=True,
5       >>>         [[1 , 4],
6       >>>          [9 , 16]])
```

3. Tensor 加法

矩阵相加时，可直接通过"+"运算符进行加法运算。具体如代码清单 8-45 所示。

代码清单 8-45

```
1       a=paddle. to_tensor([[1,2],[3,4]])
2       b=paddle. to_tensor([[3,4],[5,6]])
3       print(a)
4       >>> Tensor(shape=[2, 2], dtype=int64, place=Place(cpu), stop_gradient=True,
5       >>>         [[1, 2],
6       >>>          [3, 4]])
7
8
9       print(b)
10      >>> Tensor(shape=[2, 2], dtype=int64, place=Place(cpu), stop_gradient=True,
11      >>>         [[3, 4],
12      >>>          [5, 6]])
13
14      print(a+b)
15      >>> Tensor(shape=[2, 2], dtype=int64, place=Place(cpu), stop_gradient=True,
16      >>>         [[4 , 6],
17      >>>          [8 , 10]])
```

add()操作返回相加的结果，不作用于 tensor 自身，而 add_()操作作用于自身，如代码清单 8-46 所示。

代码清单 8-46

```
1       a=paddle. to_tensor([[1,2],[3,4]])
2       b=paddle. to_tensor([[3,4],[5,6]])
3       print(a)
4       >>> Tensor(shape=[2, 2], dtype=int64, place=Place(cpu), stop_gradient=True,
5       >>>         [[1, 2],
6       >>>          [3, 4]])
7
8       print(b)
9       >>> Tensor(shape=[2, 2], dtype=int64, place=Place(cpu), stop_gradient=True,
10      >>>         [[3, 4],
11      >>>          [5, 6]])
12
13      a. add_(b)
14      print(a)
15      >>> Tensor(shape=[2, 2], dtype=int64, place=Place(cpu), stop_gradient=True,
16      >>>         [[4 , 6],
17      >>>          [8 , 10]])
```

4. Tensor 的形状变换

重新设置 Tensor 的形状在深度学习任务中比较常见，如一些计算类 API 会对输入数据有特定的形状要求，这时可通过 paddle. reshape 接口来改变 Tensor 的形状，但并不改变

Tensor 的尺寸和其中的元素数据。具体如代码清单 8-47 所示。

代码清单 8-47

```
1    a=paddle. rand((2,3))
2    print(a)
3    >>> Tensor(shape=[2, 3], dtype=float32, place=Place(cpu), stop_gradient=True,
4    >>>        [[0.46860212, 0.58030438, 0.70252734],
5    >>>         [0.56005365, 0.64562017, 0.33679947]])
6
7    print(a. reshape((3,2)))
8    >>> Tensor(shape=[3, 2], dtype=float32, place=Place(cpu), stop_gradient=True,
9    >>>        [[0.46860212, 0.58030438],
10   >>>         [0.70252734, 0.56005365],
11   >>>         [0.64562017, 0.33679947]])
```

除了 paddle. reshape 可重置 Tensor 的形状外，还可通过如下方法改变形状。

paddle. squeeze( )可实现 Tensor 的降维操作，即把 Tensor 中尺寸为 1 的维度删除。具体如代码清单 8-48 所示。

代码清单 8-48

```
1    x = paddle. rand([5, 1, 10])
2    output = paddle. squeeze(x, axis=1)
3
4    print(x. shape)
5    >>> [5, 1, 10]
6
7    print(output. shape)
8    >>> [5, 10]
```

paddle. unsqueeze( )可实现 Tensor 的升维操作，即向 Tensor 中的某个位置插入 1 维。具体如代码清单 8-49 所示。

代码清单 8-49

```
1    x = paddle. rand([5, 10])
2    print(x. shape)
3    >>> [5, 10]
4
5    out1 = paddle. unsqueeze(x, axis=0)
6    print(out1. shape)
7    >>> [1, 5, 10]
```

paddle. flatten( )可将 Tensor 的数据在指定的连续维度上展平。具体如代码清单 8-50 所示。

代码清单 8-50

```
1    a=paddle. to_tensor([[1,2],[3,4]])
2    out = paddle. flatten(a)
3    print(out)
4    >>> Tensor(shape=[4], dtype=int64, place=Place(cpu), stop_gradient=True,
5    >>>        [1, 2, 3, 4])
```

transpose( )可对 Tensor 的数据进行重排。具体如代码清单 8-51 所示。

代码清单 8-51

```
1    x = paddle. randn([2, 3, 4])
2    x_transposed = paddle. transpose(x, perm=[1, 0, 2])
3    print(x_transposed. shape)
4    >>> [3, 2, 4]
```

8.3.4 自动微分

PaddlePaddle 的神经网络核心是自动微分。具体如代码清单 8-52 所示。

代码清单 8-52

```
1    x = paddle. to_tensor([1.0, 2.0, 3.0], stop_gradient=False)
2    y = paddle. to_tensor([4.0, 5.0, 6.0], stop_gradient=False)
3    z = x ** 2 + 4 * y
4    z. backward()
5    print("Tensor x's grad is: {}". format(x. grad))
6    >>> Tensor x's grad is: Tensor(shape=[3], dtype=float32, place=Place(cpu),
7    >>> stop_gradient=False,
8    >>>          [2., 4., 6.])
9
10   print("Tensor y's grad is: {}". format(y. grad))
11   >>> Tensor y's grad is: Tensor(shape=[3], dtype=float32, place=Place(cpu),
12   >>> stop_gradient=False,
13   >>>          [4., 4., 4.])
```

假设代码清单 8-52 中创建的 x 和 y 分别是神经网络中的参数，z 为神经网络的损失值 loss。对 z 调用 backward( )，PaddlePaddle 即可以自动计算 x 和 y 的梯度，并且将它们存进 grad 属性中。

因为 backward( )会累积梯度，所以 PaddlePaddle 还提供了 clear_grad( )函数来清除当前 Tensor 的梯度。具体如代码清单 8-53 所示。

代码清单 8-53

```
1    import numpy as np
2
3    x = np. ones([2, 2], np. float32)
4    inputs2 = []
5
6    for _ in range(10):
7        tmp = paddle. to_tensor(x)
8        tmp. stop_gradient = False
9        inputs2. append(tmp)
10
11   ret2 = paddle. add_n(inputs2)
12   loss2 = paddle. sum(ret2)
13
14   loss2. backward()
15   print("Before clear {}". format(loss2. gradient()))
16   >>> Before clear [1.]
17
```

```
18    loss2. clear_grad( )
19    print( " After clear { } " . format( loss2. gradient( ) ) )
20    >>> After clear [ 0. ]
```

8.4　本章小结

本章针对 PyTorch、TensorFlow 和 PaddlePaddle 这 3 种框架详细讲述了其操作过程，包括安装，Tensor 对象及其运算，Tensor 的索引和切片，Tensor 的变换、拼接和拆分等。通过实践操作，读者能够更好地理解框架存在的意义就是屏蔽底层的细节，使实施者可以专注于模型结构。

第 9 章
人工智能热门研究领域实验

本章通过实验介绍人工智能技术的实现方式，分别针对目前人工智能的热门研究领域，包括计算机视觉、自然语言处理、强化学习以及可视化技术等。文中代码多使用百度 PaddlePaddle 2.0 实现，可视化技术中会涉及 TensorFlow 和 PyTorch 框架的代码。大部分代码可在百度 AI Studio 运行，读者可以使用 AI Studio 提供的免费 GPU 算力加速代码运行。其余代码对算力的要求不高，读者可以在本地运行。

9.1 计算机视觉

计算机视觉研究如何让机器看到世界。本节通过图像分类、目标检测、人像处理、图像生成 4 个任务介绍计算机视觉的基本实现方式。此外，9.1.4 节以旷视 Face++ 为例介绍了如何调用远程服务。

9.1.1 一个通用的图像分类模型

本节基于 VGG16 和 ResNet18 进行图像分类。首先导入依赖，如代码清单 9-1 所示。

扫码看实验视频

代码清单 9-1

```
import paddle
from paddle import vision
from paddle.vision import transforms
```

下载 CIFAR10 数据集（https://aistudio.baidu.com/aistudio/datasetdetail/68），并将其放在 work 目录下。CIFAR10 是由辛顿团队构建的一个通用图片分类数据集，其中包含 60000 张 32×32 的 RGB 图片。这些图片来自 10 个类别，每个类别包含 6000 张图片。图 9-1 所示为这些类别及其对应的图片。数据集被分为 50000 张训练图片和 10000 张测试图片，测试图片中包含了来自每个类别的 1000 张随机图片，剩余图片作为训练图片。数据集包含 pickle 格式文件 data_batch_1、data_batch_2、data_batch_3、data_batch_4、data_batch_5 以及 test_batch，其中，每个 data_batch 文件都

飞机
汽车
鸟
猫
鹿
狗
青蛙
马
船
卡车

图 9-1　CIFAR10 数据集示例

存储了 10000 张训练图片，test_batch 则存储了 10000 张测试图片。每个 data_batch 文件所包含的图片都是随机的，因此不能保证每个类别恰好出现 1000 次。需要注意的是，这里的批次划分只是数据集的存储方式，并不意味着训练时需要将批次大小设置为 10000。

代码清单 9-2 展示了加载 CIFAR10 数据集的方法。train_dataset 和 val_dataset 是两个 Cifar10 对象，后面将使用这两个对象来读取 CIFAR10 数据集中的图片和标签。Cifar10 的构造函数可以接收 data_file、mode 以及 transform 等参数。data_file 指定了数据集文件的地址，这里使用相对路径 work/cifar-10-python. tar. gz。mode 制定了数据集的划分，可选 train 或 test，分别表示训练集和测试集。transform 表示数据预处理流程，包括 transforms. ColorJitter、transforms. RandomHorizontalFlip 以及 transforms. ToTensor。transforms. ColorJitter 可以随机调整图像的亮度、对比度、饱和度以及色调，transforms. RandomHorizontalFlip 可以按一定概率对图片进行水平翻转，transforms. ToTensor 可以将 PIL 或 NumPy 类型的图片转换为 PaddlePaddle 类型的张量。这些预处理类通过 transforms. Compose 包装在一起，每次从 train_dataset 或 val_dataset 读取的数据都会经过它们的处理。

代码清单 9-2

```
transform = transforms. Compose([
    transforms. ColorJitter(),
    transforms. RandomHorizontalFlip(),
    transforms. ToTensor()
])
train_dataset = vision. datasets. Cifar10(
    data_file = 'work/cifar-10-python. tar. gz',
    mode = 'train', transform = transform,
)
val_dataset = vision. datasets. Cifar10(
    data_file = 'work/cifar-10-python. tar. gz',
    mode = 'test', transform = transform,
)
```

代码清单 9-3 定义了用于训练的主函数 main()。main() 函数接收 4 个参数，trial_name 表示训练名称，model 表示待训练模型，epochs 表示训练的轮次，batch_size 表示批次大小。训练名称可以任取，仅用于区分不同的训练人物。轮次和批次大小决定了遍历数据集的方式，例如，当轮次为 10、批次大小为 128 时，数据集每次返回 128 张图片，每个轮次返回 470 次，一共遍历 10 次。

代码清单 9-3

```
def main(trial_name, model, epochs, batch_size):
    model = paddle. Model(model)
    model. summary((batch_size,3,32,32))
    model. prepare(
        paddle. optimizer. Adam(parameters = model. parameters()),
        paddle. nn. CrossEntropyLoss(),
        paddle. metric. Accuracy(),
    )
    model. fit(
        train_data = train_dataset,
        eval_data = val_dataset,
```

```
            epochs=epochs,
            batch_size=batch_size,
            callbacks=[
                paddle.callbacks.VisualDL(log_dir='visualdl_log_dir'),
                paddle.callbacks.ModelCheckpoint(save_dir='ckpts'),
            ],
            verbose=1,
    )
    model.save('inference/' + trial_name,False)
```

其中，prepare 用于配置模型所需的部件，如优化器、损失函数和评价指标，这里使用 Adam 优化器、交叉熵损失以及准确率评价指标。fit 用于训练模型，可以使用其中的 callbacks 参数挂载一系列 Callback 对象。这里挂载了 VisualDL 和 ModelCheckpoint 两个 Callback 对象，分别用于将可视化信息写入 visualdl_log_dir 目录以及将检查点模型保存到 ckpts 目录。save 用于保存模型。

paddle.Model 是一个具备训练、测试、推理功能的神经网络，该对象同时支持静态图和动态图模式，默认为动态图模式。main() 函数中用到了 Model 对象的 summary()、prepare()、fit() 以及 save() 方法。summary() 用于打印网络的基础结构和参数信息，参数(batch_size,3, 32,32)表示模型输入维度。由于模型每次输入一个批次的数据，所以输入数据是 batch_size 张 32×32 的 RGB 图像。summary() 方法的输出如图 9-2 所示。

```
-------------------------------------------------------------------------
   Layer (type)         Input Shape          Output Shape        Param #
=========================================================================
    Conv2D-1          [[128, 3, 32, 32]]    [128, 64, 32, 32]     1,792
  BatchNorm2D-1       [[128, 64, 32, 32]]   [128, 64, 32, 32]      256
     ReLU-1           [[128, 64, 32, 32]]   [128, 64, 32, 32]       0
    Conv2D-2          [[128, 64, 32, 32]]   [128, 64, 32, 32]    36,928
  BatchNorm2D-2       [[128, 64, 32, 32]]   [128, 64, 32, 32]      256
     ReLU-2           [[128, 64, 32, 32]]   [128, 64, 32, 32]       0
                                  ...
    Conv2D-13         [[128, 512, 2, 2]]    [128, 512, 2, 2]    2,359,808
  BatchNorm2D-13      [[128, 512, 2, 2]]    [128, 512, 2, 2]      2,048
     ReLU-13          [[128, 512, 2, 2]]    [128, 512, 2, 2]        0
   MaxPool2D-5        [[128, 512, 2, 2]]    [128, 512, 1, 1]        0
AdaptiveAvgPool2D-1   [[128, 512, 1, 1]]    [128, 512, 7, 7]        0
    Linear-1          [[128, 25088]]        [128, 4096]        102,764,544
    ReLU-14           [[128, 4096]]         [128, 4096]            0
   Dropout-1          [[128, 4096]]         [128, 4096]            0
    Linear-2          [[128, 4096]]         [128, 4096]        16,781,312
    ReLU-15           [[128, 4096]]         [128, 4096]            0
   Dropout-2          [[128, 4096]]         [128, 4096]            0
    Linear-3          [[128, 4096]]         [128, 10]           40,970
=========================================================================
Total params: 134,318,410
Trainable params: 134,301,514
Non-trainable params: 16,896
-------------------------------------------------------------------------
Input size (MB): 1.50
Forward/backward pass size (MB): 889.01
Params size (MB): 512.38
Estimated Total Size (MB): 1402.89
-------------------------------------------------------------------------
```

图 9-2　输出的模型摘要信息

代码清单 9-4 展示了使用 main( ) 函数训练 VGG16 模型的方法。

代码清单 9-4

```
model = vision. models. vgg16( batch_norm = True, num_classes = 10)
main('vgg16', model, 100, 128)
```

VGG16 由牛津大学视觉几何组（Visual Geometry Group）提出，在 ILSVRC2014 的图像分类赛道获得了第二名，其网络结构如图 9-3 所示。

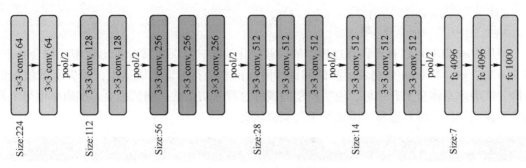

图 9-3　VGG16 网络结构

PaddlePaddle 已经实现了 VGG16 模型，可以直接通过 vision. models. vgg16 构造。代码清单 9-4 中的 batch_norm 参数表示在每个卷积层后添加批归一化层，num_classes 表示数据集中的类别数量。由于 VGG16 模型最初是在 ImageNet 上训练的，所以 num_classes 默认为 1000。但是 CIFAR10 只有 10 个类别，所以必须将 num_classes 设置为 10。训练日志显示，模型在训练集上的准确率可以达到 97.56%，在测试集上的准确率可以达到 86.83%。

ResNet18 是另一个用于图像分类的神经网络，其结构如图 9-4 所示。粗略来看，ResNet18 与 VGG16 具有相同的结构，只是在不同的网络层之间增加了跳跃连接。

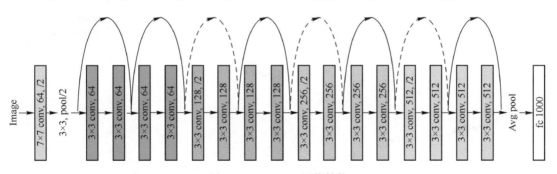

图 9-4　ResNet18 网络结构

放大来看，跳跃连接的结构如图 9-5 所示。输入张量一方面经过卷积层处理，另一方面与处理后的张量相加。为了理解跳跃连接的功能，需要思考这样一个问题：神经网络是不是越深越好？理论上，向神经网络中加入更多层至少不会变得更差，因为新加入的层至少可以把输入张量原封不动地输出出来。但是实际上，深层神经网络会受到梯度消失的影响，精度往往低于浅层神经网络。跳跃连接的目的是提供一条信息通路，使得张量可以被

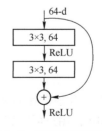

图 9-5　跳跃连接的结构

原封不动地从浅层传递到深层，梯度也可以沿着跳跃连接从深层回传到浅层，从而解决了梯度消失问题。

和 VGG16 类似，代码清单 9-5 展示了使用 main() 函数训练 ResNet18 模型的方法。为了节省时间，训练只进行了 15 个轮次。训练日志显示，模型在训练集上的准确率可以达到 90.61%，在测试集上的准确率可以达到 77.27%。

代码清单 9-5

```
model = vision. models. resnet18( num_classes = 10)
main('resnet18', model,15,128)
```

使用 VisualDL 可以查看训练过程中的误差变化情况，从而大致分析出模型的拟合状态。图 9-6 中，eval 和 train 分别表示测试和训练阶段的相关指标。训练集上，损失函数值稳定下降，准确率总体呈上升趋势，说明模型的训练过程一切正常。测试集上，准确率也呈上升趋势，说明训练并没有饱和，模型处于欠拟合状态。

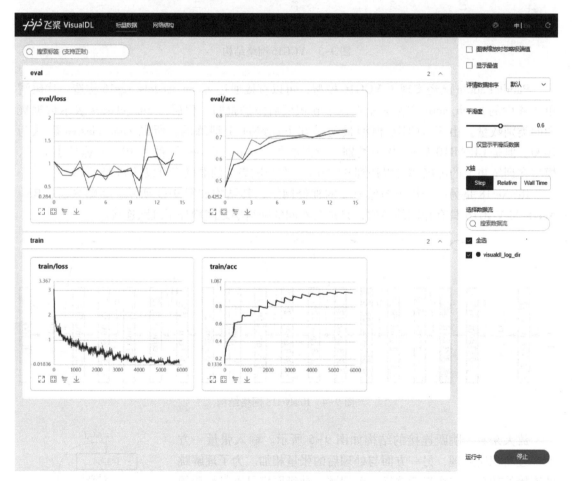

图 9-6　VisualDL 示例

除了观察指标的变化情况，VisualDL 还支持模型结构可视化，如图 9-7 所示。通过 VisualDL，用户可以交互式地查看网络结构以及各层参数。

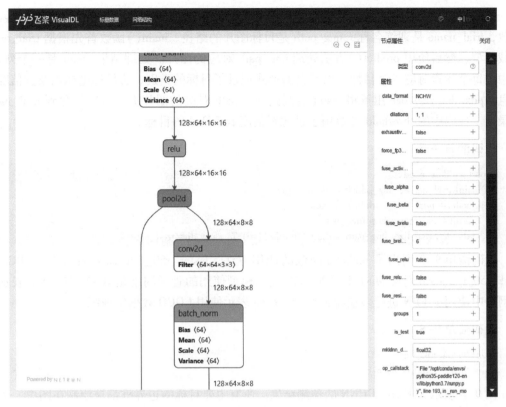

图 9-7　VisualDL 模型结构可视化

9.1.2　两阶段目标检测和语义分割

扫码看实验视频

本小节基于 Faster RCNN 和 Mask RCNN 进行目标检测。在 Linux 环境下，执行代码清单 9-6 所示的命令以搭建环境。具体来说，代码清单 9-6 首先下载了 Faster RCNN 和 Mask RCNN 的预训练模型，然后安装了 PaddleX。

代码清单 9-6

```
mkdir work
wget https://bj. bcebos. com/paddlex/models/faster_r50_fpn_coco. tar. gz -P work/
tar -zxf work/faster_ * . tar. gz
wget https://bj. bcebos. com/paddlex/models/mask_r50_fpn_coco. tar. gz -P work/
tar -zxf work/mask_ * . tar. gz
pip install paddlex -i https://mirror. baidu. com/pypi/simple
```

PaddleX 是 PaddlePaddle 全流程开发工具，包含核心框架、模型库及工具等组件，打通了深度学习开发的全流程。PaddleX 内核主要由 PaddleCV、PaddleHub、VisualDL 以及 PaddleSlim 组成。PaddleCV 包括 PaddleDetection、PaddleSeg 等端到端开发套件，覆盖图像分类、目标检测、语义分割、实例分割等应用场景。PaddleHub 集成了大量预训练模型，允许开发者通过少量样本训练模型。VisualDL 是一个深度学习开发可视化工具，可以实时查看模型参数和指标的变化趋势，大幅优化开发体验。PaddleSlim 用于模型压缩，包含模型裁剪、定点量化、知识蒸馏（Knowledge Distillation）等策略，可以适配工业生产环境和移动端场景的高性能推理需求。

代码清单9-7使用PaddleX定义了用于可视化的主函数main()。main()函数接收两个参数，trial_name是训练名称，img_path是目标图片的路径。main()函数首先根据trial_name加载模型，然后使用predict()方法处理img_path对应的图片。处理结果result是一个列表，其中的每个元素对应一个目标，以字典的形式记录了目标的类别、边界框坐标以及置信度等信息。pdx. det. visualize用于将result绘制到img_path对应的图片上，然后保存到trial_name目录下。代码中的threshold参数用于过滤置信度低于0.7的目标。

代码清单9-7

```
import paddlex as pdx
def main(trial_name, img_path='work/test. jpg'):
    model= pdx. load_model(trial_name)
    result= model. predict(img_path)
    pdx. det. visualize(img_path, result, threshold=0. 7, save_dir=trial_name)
```

代码清单9-8列出了main()函数的调用方法。faster_r50_fpn_coco对应FasterRCNN，mask_r50_fpn_coco对应Mask RCNN。r50表示模型使用的骨干网络是ResNet50，fpn表示骨干网络中使用了FPN进行多层特征融合，coco表示使用COCO数据集训练。

代码清单9-8

```
main('faster_r50_fpn_coco')
main('mask_r50_fpn_coco')
```

图9-8所示为Faster RCNN的预测结果。所有主要目标的边界框都被绘制在图中，边界框的一角标注了物体类别及其置信度。不难看出，目标在图片中所占区域越大，边界框越精确，置信度也越高。

图9-8　Faster RCNN 预测结果

与Faster RCNN相比，Mask RCNN增加了一个小型神经网络，用于预测每个目标的二元掩码。在图9-8的基础上，图9-9加入了二元掩码的可视化。所谓二元掩码，是一个与图像大小相同的二维矩阵，矩阵的每个元素只有True和False两种取值。如果矩阵的某个元素为True，则表示图像对应位置上的像素属于前景，否则属于背景。图9-10单独绘制了图9-9中花瓶的二元掩码，其中白色部分属于前景，黑色部分属于背景。

图 9-9　Mask RCNN 预测结果

通过二元掩码，可以找到组成目标的所有像素，从而实现抠图功能。图 9-11 是使用图 9-10 所示的二元掩码在原图上进行抠图得到的效果。可以看到，只有属于花瓶的像素出现在了图 9-11 中，其余像素都被置为黑色。

图 9-10　二元掩码

图 9-11　抠图效果

9.1.3　人物图像处理

本小节基于 PaddleHub 进行一系列人像处理。PaddleHub 汇总了 PaddlePaddle 生态下的预训练模型，提供了统一的模型管理和预测接口。配合微调 API，用户可以快速实现大规模预训练模型的迁移学习，使模型更好地服务于特定场景的应用。

扫码看实验视频

首先导入 PaddleHub，如代码清单 9-9 所示。为了正常运行所有模型，PaddleHub 的版本需要在 1.8.0 以上。最基础的人像处理包括人脸检测、人脸关键点定位、人像分割等。本小节将在图 9-12 上进行这些操作，文件路径为 work/test.jpg。

代码清单 9-9

```
import paddlehub as hub
```

人脸检测（Face Detection）是目标检测的一个子类，是现代人脸识别系统中的关键环节。早期的人脸识别研究通常针对简单人像，由于人脸在图像中所占的面积较大，所以不需

图 9-12　示例图片

要人脸检测。但是随着生物身份验证技术的发展，人们开始尝试在复杂图像上应用人脸识别技术。最简单的思路是将复杂图像中的人脸裁剪出来，然后应用现有的人脸识别算法进行分类。

代码清单 9-10 使用 ultra_light_fast_generic_face_detector_1mb_640 模型实现了人脸检测，效果如图 9-13 所示。ultra-light-fast-generic-face-detector 是针对边缘计算设备或低算力设备设计的超轻量级实时通用人脸检测模型。模型大小约为 1 MB，在预测时会将图片输入缩放为 640×480 像素。

代码清单 9-10

```
img_path='work/test. jpg'
module= hub. Module( name='ultra_light_fast_generic_face_detector_1mb_640')
module. face_detection( paths=[ img_path], visualization=True)
```

图 9-13　人脸检测效果

人脸关键点定位（Face Landmark Localization）用于标定人脸五官和轮廓的位置。相比人脸检测，人脸关键点提供了更加丰富的信息，可以支持人脸三维重塑、表情分析等应用场景。常见的人脸关键点模型可以检测 5 点或 68 点。5 点模型可以检测内外眼角以及鼻尖位置，68 点模型的关键点位置如图 9-14 所示，包括人脸轮廓（17 点）、眉毛（左右各 5 点）、眼睛（左右各 6 点）、鼻子（9 点）、嘴部（20 点）。

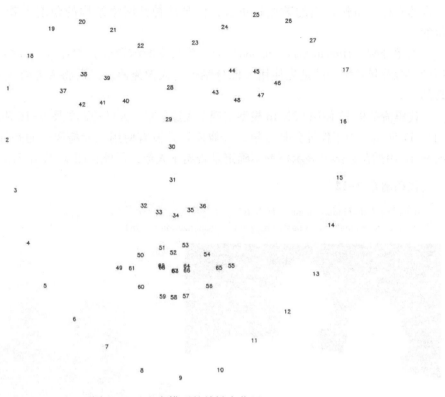

图 9-14　68 点模型的关键点位置

代码清单 9-11 使用 face_landmark_localization 模型实现了 68 点模型的关键点定位，效果如图 9-15 所示。

代码清单 9-11

```
module = hub. Module( name ='face_landmark_localization')
module. keypoint_detection( paths = [ img_path ] , visualization =True)
```

图 9-15　人脸关键点定位效果

　　尽管关键点定位看起来比人脸检测复杂很多，但本质上二者并没有区别。人脸检测的目标是边界框，也就是输出边界框的左上角坐标和右下角坐标。而关键点定位则需要输出 68 个点的坐标。虽然输出的数据量更大，但是从神经网络结构的角度来看，二者几乎是等价的。

　　人像分割（Human Segmentation）是一类特殊的前背景分割技术。许多在线会议软件使用的虚拟背景技术，就是先使用人像分割得到人像掩码，然后将人像叠加到虚拟背景上实现的。

　　代码清单 9-12 使用 U2Netp 模型实现了人像分割，人像掩码如图 9-16 所示，分割效果如图 9-17 所示。为了保证分割效果，人像掩码并没有使用二元掩码，而是使用了灰度掩码。图 9-16 中的灰色部分表示模型不确定是否属于人像，因此在图 9-17 中看起来有些模糊。

代码清单 9-12

```
module = hub. Module( name = 'U2Netp')
module. Segmentation( paths = [ img_path] , visualization = True)
```

图 9-16　人像掩码　　　　　　　　　　　　图 9-17　分割效果

　　总的来说，人像相关应用都是由其他应用场景特化而来的。例如，人脸检测是目标检测的特化，人像分割是前背景分割的特化。因此，人像相关应用的精度、速度以及模型大小都普遍优于通用应用场景。但是由于人像相关应用的使用频率较高，因此针对人物图像的优化也有巨大的商业价值。

9.1.4　调用远程服务

扫码看实验视频

　　深度学习模型的部署方式通常分为两种：本地化部署和远程服务部署。本地化部署将模型存储在本地，可以支持多种应用场景，但是对硬件设备的要求较高。远程服务部署将模型存储在远程服务器上，用户需要联网才能调用模型，因此服务的响应速度会受到网速影响，但是远程服务器的运行速度通常较快。之前的实验都是离线进行的，类似本地化部署的模型使用方式。本小节以 Face++为例，介绍远程服务的调用方法。

　　Face++是旷视科技推出的人工智能开放平台，是主要为开发者和客户提供基于深度学习的计算机视觉技术。为了使用 Face++ 提供的远程服务，首先需要前往 https://console. faceplusplus. com. cn/register 注册，如图 9-18 所示。

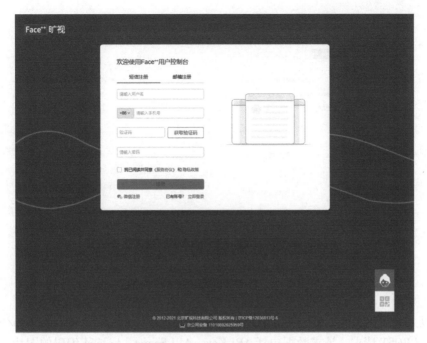

图 9-18　注册 Face++用户控制台

注册完成后可以单击"创建我的第一个应用",也可以访问 https://console.faceplusplus. com.cn/app/apikey/create 来创建 API Key,如图 9-19 所示。

图 9-19　创建 API Key

创建后可以访问 https://console. faceplusplus. com. cn/app/apikey/list 来查看 API Key 和 API Secret,如图 9-20 所示。

刚刚创建的 API Key 是调用远程服务的通行证,相当于一个用户名,而 API Secret 相当于密码。只有在请求远程服务时输入正确的 API Key 和 API Secret,远程服务器才会返回结果。所谓 API,即应用程序接口(Application Programming Interface),也就是用户请求的格

图 9-20　查看 API Key 和 API Secret

式规定。以人脸美化为例，API 规定用户需要向 https://api-cn.faceplusplus.com/facepp/v2/beautify 发起 POST 请求，请求数据包括 API Key、API Secret、base64 编码的图片、美白程度等，返回值包括美化后的图片、所用时间等。

下面基于 Face++ 提供的远程服务对蒙娜丽莎进行美化。首先导入依赖，如代码清单 9-13 所示。

代码清单 9-13

```
import base64
import json
import os
from typing import Dict

import cv2
import requests
```

然后定义 API Key 和 API Secret，如代码清单 9-14 所示。需要注意，引号里需要填入读者自己申请的 API Key 和 API Secret。

代码清单 9-14

```
key='...'
secret='...'
```

代码清单 9-15 定义了图片的读取与编码方式。imread() 函数接收一个字符串参数 path，表示需要读取的图片地址。imread() 函数内部首先以二进制的形式读取 path 对应的图片，然后使用 base64 将图片转换为 64 进制并输出。

代码清单 9-15

```
def imread(path: str) ->str:
    with open(path,'rb') as f:
        img= f.read()
    return base64.b64encode(img).decode('utf-8')
```

使用 imread( ) 函数，代码清单 9-16 定义了人脸美化函数。其中的 beautify( ) 函数接收两个字符串参数，img_path 表示需要被美化的图片路径，out_path 表示美化后图片的保存路径。beautify( ) 函数中，url 是远程服务的地址，img 是使用 imread 读取的 64 进制图片，data 是需要发送给远程服务器的数据。api_key 和 api_secret 分别存储了用户的 API Key 和 API Secret；img_base64 存储了 64 进制的图片；whitening、smoothing、thinface、shrink_face、enlarge_eye、remove_eyebrow 是一系列美化操作，分别表示美白、磨皮、瘦脸、小脸、大眼、去眉毛，取值范围为 [0,100]，这里都设置为最高程度 100；filter_type 表示滤镜，这里选择 ice_lady（冰美人）。requests. post 可以用来发送 POST 请求，接收远程服务器响应并返回。由于 API 规定了返回值为 JSON 格式，所以使用 json( ) 方法解析，解析结果是一个字典，存储在 resp 变量中。

代码清单 9-16

```
def beautify(img_path: str, out_path: str):
    url='https://api-cn.faceplusplus.com/facepp/v2/beautify'
    img = imread(img_path)
    data = {
        'api_key': key,
        'api_secret': secret,
        'image_base64': img,
        'whitening': 100,
        'smoothing': 100,
        'thinface': 100,
        'shrink_face': 100,
        'enlarge_eye': 100,
        'remove_eyebrow': 100,
        'filter_type': 'ice_lady',
        }
    resp = requests.post(url, data=data).json()

    img=base64.b64decode(resp['result'])
    with open(out_path,'wb') as f:
        f.write(img)
```

至此，我们已经成功调用了远程服务，只需要将结果保存下来即可。通过查阅 API 可以知道，美化后的图片以 64 进制的形式保存在 result 字段中，所以需要使用 base64 解码 resp['result']，以得到二进制编码的图片，并写入 out_path。

代码清单 9-17 调用了 beautify( ) 函数，对 test. jpg 进行美化，并将结果保存在 beautify. jpg。图 9-21 所示为美化前后对比，即 test. jpg（左）和 beautify. jpg（右）。美化后的图片色调偏白，这是滤镜和美白的共同效果。另外，瘦脸和磨皮效果也比较明显。

代码清单 9-17

```
beautify('test. jpg','beautify. jpg')
```

人脸分析是 Face++提供的另一个远程服务，如代码清单 9-18 所示。和 beautify( ) 函数类似，detect( ) 函数首先调用了远程服务并将返回值以字典的形式存储在 resp 变量中，区别仅在于 url 和 data 的部分字段不同。

图 9-21　美化前后对比

代码清单 9-18

```python
def detect(img_path: str, out_path: str) -> Dict[str, Dict]:
    url = 'https://api-cn.faceplusplus.com/facepp/v3/detect'
    img = imread(img_path)
    data = {
        'api_key': key,
        'api_secret': secret,
        'image_base64': img,
        'return_landmark': 2,
        'return_attributes': ','.join([
            'gender', 'age', 'smiling', 'headpose', 'facequality', 'blur',
            'eyestatus', 'emotion', 'beauty', 'mouthstatus', 'eyegaze', 'skinstatus',
        ]),
    }
    resp = requests.post(url, data=data).json()
    faces = resp['faces']
    bboxes = [face['face_rectangle'] for face in faces]
    lms = [face['landmark'] for face in faces]
    attrs = [face['attributes'] for face in faces]

    img = cv2.imread(img_path)
    for bbox, lm in zip(bboxes, lms):
        x1, y1 = bbox['left'], bbox['top']
        x2, y2 = x1 + bbox['width'], y1 + bbox['height']
        cv2.rectangle(img, (x1, y1), (x2, y2), (255, 255, 0), 2)
        for point in lm.values():
            cv2.circle(img, (point['x'], point['y']), 1, (0, 0, 255), 2)
    cv2.imwrite(out_path, img)

    return attrs
```

通过查阅 API 可以知道，人脸分析远程服务会将检测到的所有人脸组成一个数组，存储在 faces 字段中。对于其中的每张人脸，face_rectangle 字段记录了边界框坐标，landmark 字段记录了关键点坐标，attributes 字段记录了人脸属性。因此，人脸分析 API 包含了人脸检测和人脸关键点定位的功能。而且，人脸分析 API 可以返回 106 个人脸关键点坐标，目前开源的人脸关键点定位模型很难做到。这就意味着，如果我们希望使用本地化部署的方式实现人脸分析 API 的功能，就必须从 Face++ 购买模型。但是通过远程服务，我们可以免费使用模型，这也是远程服务相比本地化部署的优势之一。

最后，detect( )函数使用 OpenCV 将人脸边界框和关键点绘制在 img_path 对应的图片上，并返回人脸属性。代码清单 9-19 通过调用 detect( )函数，分析了蒙娜丽莎美化前后的人脸属性。

代码清单 9-19

```
detect('test. jpg','work/test. jpg')
detect('beautify. jpg','work/beautify. jpg')
```

美化前的分析结果如代码清单 9-20 所示，美化后的分析结果如代码清单 9-21 所示。由于空间有限，这里并没有展示全部分析结果。通过对比可以看出，美化后的蒙娜丽莎看起来年轻了 10 多岁，皮肤状态和颜值都有了很大提升。

代码清单 9-20

```
{
    'gender': {'value': 'Female'} ,'age': {'value': 35} ,
    'facequality': {'value': 70. 766,'threshold': 70. 1} ,
    'beauty': {'male_score': 65. 078,'female_score': 65. 638} ,
    'skinstatus': {
        'health': 1. 552,'stain': 79. 661,'dark_circle': 1. 794,'acne': 35. 456
    }
}
```

代码清单 9-21

```
{
    'gender': {'value': 'Female'} ,'age': {'value': 22} ,
    'facequality': {'value': 7. 263,'threshold': 70. 1} ,
    'beauty': {'male_score': 78. 013,'female_score': 79. 779} ,
    'skinstatus': {
        'health': 2. 183,'stain': 7. 648,'dark_circle': 9. 05,'acne': 21. 218
    }
}
```

最后，图 9-22 所示为 Face++的人脸检测与人脸关键点定位结果。相比开源模型，远程服务的预测精度会稍高一些。

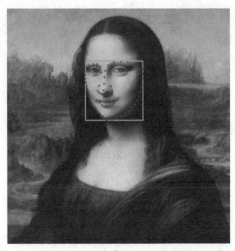

图 9-22　Face++的人脸检测与人脸关键点定位结果

9.1.5 动漫图像生成

本小节基于 PaddleGAN 实现图片的动漫风格化。PaddleGAN 是 PaddlePaddle 框架下的生成对抗网络开发套件，目的是为开发者提供经典及前沿的生成对抗网络高性能实现，并支持开发者快速构建、训练及部署生成对抗网络。首先安装 PaddleGAN，如代码清单 9-22 所示。

代码清单 9-22

```
git clone https://hub.fastgit.org/PaddlePaddle/PaddleGAN.git
cd PaddleGAN/
pip install -v -e .
```

PaddleGAN 实现了 pix2pix、CycleGAN 等经典模型，支持视频插针、超分、老照片/视频上色、视频动作生成等应用。这里使用的模型是 AnimeGAN，这是一个将现实世界场景照片进行动漫风格化的模型。

代码清单 9-23 使用 AnimeGAN 对 test.jpg 进行处理，结果保存在 output/anime.png。

代码清单 9-23

```
from ppgan.apps import AnimeGANPredictor
predictor = AnimeGANPredictor()
result = predictor.run('test.jpg')
```

图 9-23 所示为动漫风格化前后的对比，左侧为原图 test.jpg，右侧为结果图 anime.png。

图 9-23　动漫风格化前后对比

9.2　自然语言处理

互联网每天都会产生大量的文本数据，如何让计算机理解这些数据成为人工智能研究者的难题。在深度学习诞生以前，人们使用词频等信息来编码文本，并将自然语言处理技术成功应用于垃圾邮件分类领域。随着深度学习的发展，词嵌入技术开始流行。在此基础上，文本生成、多轮对话、语音识别等应用开始蓬勃发展，在日常生活中也得到了应用。

9.2.1　垃圾邮件分类

扫码看实验视频

　　本小节基于随机森林对垃圾邮件进行分类。首先导入依赖，如代码清单 9-24 所示。其中，Pandas 是专门处理表格和复杂数据的 Python 库，Plotly是一个交互式绘图库，Scikit-learn（即代码中的 sklearn）主要用于机器学习。

代码清单 9-24

```
import pandas as pd
from plotly import express as px
from sklearn. ensemble import RandomForestClassifier
from sklearn. metrics import auc , roc_curve
from sklearn. model_selection import GridSearchCV , train_test_split
```

　　Spambase 数据集（https://archive. ics. uci. edu/ml/datasets/Spambase）是 1999 年创建的垃圾邮件数据集。数据集包含 3 个文件：spambase. DOCUMENTATION、spambase. names 以及 spambase. data。spambase. DOCUMENTATION 记录了数据集的基本信息，包括来源、使用情况、统计数据等。从中可以得知，数据集一共包含 4601 封邮件，其中 1813 封为垃圾邮件（Spam），剩余 2788 封为正常邮件（Ham），垃圾邮件约占 39.4%。邮件原文没有提供，而是使用 58 个属性进行描述，包括 make 等 48 个单词的出现频率、分号等 6 个字符的出现频率、连续大写字母的平均长度、连续大写字母的最长长度、大写字母总数、是否为垃圾邮件。本小节的目标就是根据前 57 个属性预测最后一个属性。

　　spambase. names 记录了每个属性的名称，spambase. data 以逗号分隔值（Comma - Separated Values，CSV）文件格式记录了每封邮件的属性值。逗号分隔值是一种以纯文本形式存储表格数据的方法。代码清单 9-25 展示了 spambase. data 的前两行，每行都包含以逗号分隔的 58 个值。

代码清单 9-25

```
0,0. 64,0. 64,0,0. 32,0,0,0,0,0,0,0. 64,0,0,0,0. 32,0,1. 29,1. 93,0,0. 96,0,0,0,0,0,0,0,0,0,0,
0,0,0,0,0,0,0,0,0,0,0,0,0,0,0,0,0,0,0. 778,0,0,3. 756,61,278,1

0. 21,0. 28,0. 5,0,0. 14,0. 28,0. 21,0. 07,0,0. 94,0. 21,0. 79,0. 65,0. 21,0. 14,0. 14,0. 07,0. 28,3. 47,0,
1. 59,0,0. 43,0. 43,0,0,0,0,0,0,0,0,0,0,0,0,0,0. 07,0,0,0,0,0,0,0,0,0,0,0,0. 132,0,0. 372,0. 18,
0. 048,5. 114,101,1028,1
```

　　将数据集的所有文件下载到 data/data71010 目录下，使用代码清单 9-26 读取数据集。代码清单 9-26 首先从 data/data71010/spambase. names 读取所有属性的名称，然后使用 pd. read_csv( ) 读取 data/data71010/spambase. data。使用 data. head( ) 可以查看前 5 封邮件的具体信息。

代码清单 9-26

```
data_prefix = 'data/data71010/spambase. '
label = 'label'
with open( data_prefix + 'names') as f:
    lines = f. readlines( )
names = [ line[ :line. index(':') ] for line in lines[ 33:] ]
```

```
names. append(label)
data = pd. read_csv(data_prefix + 'data', names=names)
```

代码清单 9-27 用于将数据集划分为训练集和测试集。首先，将数据集的最后一列作为标签赋值给 y，然后将剩余列作为特征赋值给 X。train_test_split( )是 Scikit-learn 提供的数据集划分函数，传入参数 test_size=0.25 表示测试集大小占总数据集的四分之一。函数的 4 个返回值分别是训练集特征、测试集特征、训练集标签以及测试集标签。

代码清单 9-27

```
y = data. pop(label). values
X = data. values
X_train, X_test, y_train, y_test = train_test_split(X, y, test_size=0. 25)
```

代码清单 9-28 展示了训练随机森林模型的方法。RandomForestClassifier( )是 Scikit-learn 提供的随机森林模型，但是我们并不希望使用默认的随机森林模型来训练。这是因为随机森林模型有许多超参数，如果选择不慎，则可能对精度影响很大。因此，使用网格搜索来查找最佳的超参数配置。在代码清单 9-28 中定义了一个 GridSearchCV 对象用于网格搜索，搜索参数是 criterion 和 n_estimators。criterion 的可选值有基尼系数和熵，n_estimators 的可选值在 70 到 80 之间。网格搜索会自动尝试这些可选值的所有组合，选择精度最高的随机森林模型输出。

代码清单 9-28

```
clf = GridSearchCV(RandomForestClassifier( ),[{
    'criterion': ['gini','entropy'],
    'n_estimators': [x for x in range(70,80,2)],
    }], n_jobs=16, verbose=2)
clf. fit(X_train, y_train)
print ("best params is", clf. best_params_)
```

代码清单 9-28 的输出如代码清单 9-29 所示。这表示，随机森林模型的划分准则应该选择熵，子分类器的数量应该设置为 74。

代码清单 9-29

```
best params is {'criterion': 'entropy', 'n_estimators': 74}
```

对于训练好的随机森林模型，代码清单 9-30 绘制了 ROC 曲线。首先计算测试集样本属于每个类别的概率 prob。prob 是一个 1151×2 的矩阵，每行对应一个测试样例，第一列表示每个测试样例为正常邮件的概率，第二列表示每个测试样例为垃圾邮件的概率。

代码清单 9-30

```
prob = clf. predict_proba(X_test)
fpr, tpr, _ = roc_curve(y_test, prob[ :, 1])
roc_auc = auc(fpr, tpr)
fig = px. line(
    x=fpr, y=tpr, title=f"ROC (AUC = {roc_auc: 0. 2f})",
    labels={'x': "False Positive Rate", 'y': "True Positive Rate"},
)
fig. show( )
```

代码清单 9-30 随后使用 roc_curve( )计算了不同置信度对应的假阳率（False Positive

Rate，FPR）和真阳率（True Positive Rate，TPR）。将假阳率作为横轴，将真阳率作为纵轴，就得到了受试者工作特征（Receiver Operating Characteristic，ROC）曲线，如图 9-24 所示。

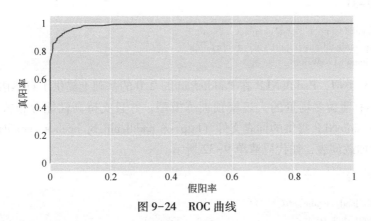

图 9-24　ROC 曲线

ROC 曲线可以直观地展示分类器的性能。经过计算，ROC 曲线和横轴包围的面积约为 0.99。对于一般的分类器，这一结果已经很好了。但是对于垃圾邮件分类器，如果将正常邮件预测为垃圾邮件，则可能会造成重大损失，所以需要尽可能降低假阳率。当要求假阳率为 0 时，真阳率最高可以达到 36.82%，也就是说有 63.18% 的垃圾邮件会被预测为正常邮件。这样看来，随机森林模型还有很大的改进空间。不过，如果可以接收 1% 的假阳率，那么真阳率就可以达到 84.3%，分类精度得到了明显提升。

9.2.2　词嵌入技术

扫码看实验视频

词嵌入（Word Embedding）是用实数向量表示自然语言的方法之一。词嵌入的前身是独热（One-hot）编码，假设词典中一共有 5 个单词 {A，B，C，D，E}，则对 A 的热独编码为 $(1,0,0,0,0)^{\mathrm{T}}$，B 的热独编码为 $(0,1,0,0,0)^{\mathrm{T}}$，以此类推。编码后的单词用矩阵表示为：

$$X = \begin{matrix} & A & B & C & D & E \\ & \begin{pmatrix} 1 & 0 & 0 & 0 & 0 \\ 0 & 1 & 0 & 0 & 0 \\ 0 & 0 & 1 & 0 & 0 \\ 0 & 0 & 0 & 1 & 0 \\ 0 & 0 & 0 & 0 & 1 \end{pmatrix} \end{matrix} \tag{9.1}$$

与独热编码不同，词嵌入技术使用 d 维实数向量表示每个单词，这里的 d 是一个超参数。将每个单词的词嵌入向量拼接起来，就得到了词嵌入矩阵：

$$M_{d \times 5} = \begin{matrix} A & B & C & D & E \\ \begin{pmatrix} x_{11} & x_{12} & x_{13} & x_{14} & x_{15} \\ x_{21} & x_{22} & x_{23} & x_{24} & x_{25} \\ \vdots & \vdots & \vdots & \vdots & \vdots \\ x_{d1} & x_{d2} & x_{d3} & x_{d4} & x_{d5} \end{pmatrix} \end{matrix} \tag{9.2}$$

通常情况下，词嵌入向量的内积表示单词之间的相似度，这一信息可以通过深度神经网络在其他任务上进行学习。除了自然语言处理，一般的离散变量都可以使用词嵌入技术进行表征。

本小节基于 PaddleNLP 对自然语言处理中的分词和词嵌入技术进行简单介绍。首先导入依赖，如代码清单 9-31 所示。

代码清单 9-31

```
from paddlenlp. data import JiebaTokenizer, Vocab
from paddlenlp. embeddings import TokenEmbedding
from visualdl import LogWriter
```

和 PaddleCV 类似，PaddleNLP 在 PaddlePaddle 2.0 的基础上提供了自然语言处理领域的全流程 API，拥有覆盖多场景的大规模预训练模型，并且支持高性能分布式训练。在使用时，首先下载 PaddleNLP 提供的词表文件（https://paddlenlp. bj. bcebos. com/data/senta_word_dict. txt），然后加载词表，如代码清单 9-32 所示。

代码清单 9-32

```
vocab = Vocab. load_vocabulary(
    'senta_word_dict. txt',
    unk_token = '[ UNK ]', pad_token = '[ PAD ]'
    )
```

词表的功能是记录每个词语的编号。如代码清单 9-33 所示，词表可以用于查找词语对应的编号，或者将编号映射为词语。

代码清单 9-33

```
>>> vocab. to_indices( [ '语言', '是', '人类', '区别', '其他', '动物', '的', '本质', '特性' ])
[ 509080, 1057229, 263666, 392921, 497327, 52670, 173188, 1175427, 289000 ]
>>> vocab. to_tokens( [ 509080, 1057229, 263666, 392921, 497327, 52670, 173188, 1175427, 289000 ])
[ '语言', '是', '人类', '区别', '其他', '动物', '的', '本质', '特性' ]
```

基于词表，代码清单 9-34 构造了一个 Jieba 分词器。在英语等语言中，单词之间通过空格分隔，因此对分词技术没有过高的要求。而在处理中文时，情况就要复杂一些了。中文的词语由单字、双字甚至多字组成，词语之间没有明显的分割，而且不同的分词方式可能会对句子的整体语义产生极大影响。Jieba 分词是目前最常用的中文分词工具之一，基于用户定义的词典，将所有字可能成词的情况构建成有向无环图（Directed Acyclic Graph，DAG），然后使用动态规划（Dynamic Programming，DP）算法找到最有可能的分词方式。

代码清单 9-34

```
tokenizer = JiebaTokenizer( vocab)
```

分词器的核心方法包括 cut( ) 和 encode( )。顾名思义，cut( ) 的功能是对一段文本进行分词，并将句子中的所有词语以列表形式输出。encode( ) 在 cut( ) 的基础上，使用词表将每个词语映射到编号。cut( ) 和 encode( ) 的使用方法如代码清单 9-35 所示。

代码清单 9-35

```
>>> tokenizer. cut( '语言是人类区别于其他动物的本质特性')
[ '语言', '是', '人类', '区别', '其他', '动物', '的', '本质', '特性' ]
>>> tokenizer. encode( '语言是人类区别于其他动物的本质特性')
[ 509080, 1057229, 263666, 392921, 497327, 52670, 173188, 1175427, 289000 ]
```

代码清单 9-36 构造了词嵌入类。从参数 embedding_name 中可以看出，该类的词嵌入矩阵使用百度百科训练，每个单词的词嵌入向量长度为 300。

代码清单 9-36

```
token_embedding = TokenEmbedding( embedding_name = 'w2v. baidu_encyclopedia. target. word-word. dim300')
```

词嵌入类最核心的方法是 search( )，其功能是查找某个词语的词嵌入向量。以"语言"为例，其词嵌入向量是一个由 300 个浮点数组成的列表。使用词语的词嵌入向量可以计算两个词语的相似性，这一功能可以通过 cosine_sim( ) 完成。从代码清单 9-37 可以看出，"语言"和"人类"的相似性约为 0.2，而"人类"和"人们"的相似性约为 0.6，这一结果与直觉基本一致。

代码清单 9-37

```
>>> print ( token_embedding. search('语言') )
[[ 0.238597 -0.296711   0.014523   0.210687 -0.07727  -0.005373   0.194825
   ...
   0.27928   0.298859 -0.146766   0.364295   0.926042   0.072059]]
>>> print ("<语言，人类> =", token_embedding. cosine_sim('语言','人类'))
<语言，人类>= 0.20291841
>>> print ("<人类，人们> =", token_embedding. cosine_sim('人类','人们'))
<人类，人们>= 0.58045715
```

最后，我们希望使用 VisualDL 观察词嵌入向量。首先在 sent. txt 中写入一段中文，这里以百度百科关于自然语言处理的介绍[5]为例，网址为 https://baike. baidu. com/item/%E8% 87%AA%E7%84% B6%E8% AF%AD%E8% A8% 80%E5% A4% 84% E7% 90% 86/365730? fr = aladdin。如代码清单 9-38 所示，取 Jieba 分词得到的前 200 个词语赋值给 labels。词嵌入类负责检索这些词语对应的词嵌入向量，然后通过 LogWriter( ) 写入 VisualDL 日志。

代码清单 9-38

```
with open('sent. txt') as f:
    labels = tokenizer. cut( f. read( ) ) [ :200]
embedding = token_embedding. search( list( set( labels ) ) )
with LogWriter( logdir = '. /hidi') as writer:
    writer. add_embeddings( tag = 'test', mat = list( embedding), metadata = labels)
```

词嵌入向量可视化结果如图 9-25 所示，图中的每个点都代表一个词语对应的词向量映

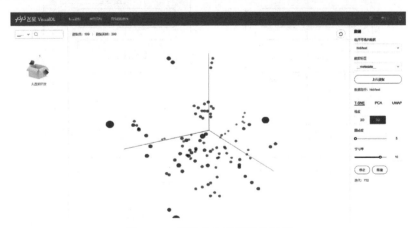

图 9-25　词嵌入向量可视化结果

射到三维空间的位置。图中相距相近的点，具有类似的语义。读者可以尝试将鼠标指针悬停在某个点上，观察该点对应的词语，以检查词嵌入向量的合理性。

9.2.3 文本生成与多轮对话

本小节基于 PLATO-2 实现文本生成与多轮对话。首先导入依赖，如代码清单 9-39 所示。由于兼容性问题，本小节使用 Paddle 1.8.4 和 Pad-dleHub 1.8.0 进行展示。

扫码看实验视频

代码清单 9-39

```
import os

import paddle
import paddlehub as hub
```

PLATO-2 是一个基于 Transformer 的聊天机器人模型，其网络结构如图 9-26 所示。可以看出，Transformer 由左侧的编码器（Encoder）和右侧的解码器（Decoder）构成。编码器和解码器分别由 N 层组成，每层都包含多头注意力、归一化、全连接网络、跳跃连接等算子。

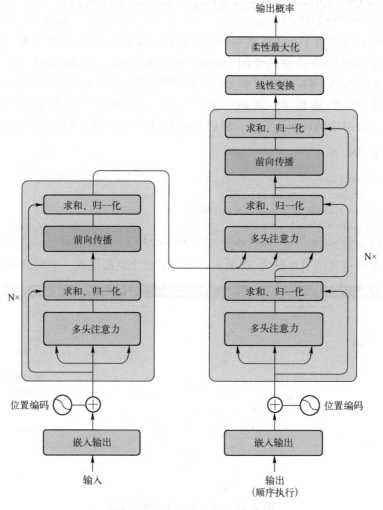

图 9-26 Transformer 的网络结构

与循环神经网络不同，Transformer 几乎不会受到长时依赖（Long-term Dependency）问题的干扰，最根本的原因在于多头注意力（Multi-head Attention）机制。简单来说，注意力机制可以根据当前时间步对其他时间步的依赖程度有选择地更新当前时间步的特征。对于这样一句话"深度学习是机器学习领域中一个新的研究方向，它被引入机器学习，使其更接近于最初的目标——人工智能"，人类可以轻松读懂其中的指代关系，例如"它"指代"深度学习"，"其"指代"机器学习"，"目标"指代"人工智能"，因此可以使用上下文信息来理解"它"的含义，这就是注意力机制的一种直观解释。

谷歌在 2017 年首次提出了 Transformer 结构，当时的主要应用场景是机器翻译。2020年，百度基于课程式学习构建了基于 Transformer 的高质量开放领域聊天机器人模型。该模型可以通过 PaddleHub 调用，如代码清单 9-40 所示。

代码清单 9-40

```
os. environ['CUDA_VISIBLE_DEVICES'] = '0'
module = hub. Module('plato2_en_base')
```

代码清单 9-41 使用 PLATO-2 实现了单轮对话。向模型输入"hello"，模型也会返回"hello!"。由于模型的随机性，即使每次输入的文本都是"hello"，模型输出也可能不同，这一特性与人类对话的多样性是一致的。

代码清单 9-41

```
>>> results = module. generate(texts = ['hello'])
>>> for result in results:
>>>        print (result)
hello!
```

单轮对话在一定程度上已经实现了聊天机器人的基本功能，但是模型无法从以往的对话历史中挖掘信息，因此对于复杂信息的理解能力不强。通过多轮对话，我们可以逐步向机器人传递信息，就像和真人聊天一样。使用 PLATO-2 进行多轮对话的方法如代码清单 9-42所示。

代码清单 9-42

```
with module. interactive_mode(max_turn = 6):
    while True:
        human = input("[Human]: "). strip()
        print (human)
        if not human: break
        robot = module. generate(human)
        for result in robot:
            print ("[Bot]:", result)
```

与代码清单 9-41 相比，代码清单 9-42 开启了上下文管理器 module. interactive_mode。在交互模式下多次调用 module. generate()，允许模型查阅对话历史，进而给出更加准确的回复。使用代码清单 9-42 的多轮对话示例如代码清单 9-43 所示。

代码清单 9-43

```
[Human]: hello
[Bot]: Hi . Sorry it took me so long to reply
[Human]: Never mind, what's your name
```

〔Bot〕: Ohh it's the same as my nickname
〔Human〕: so what is your nickname
〔Bot〕: Ohh . I don't have one . My nickname is my username . My name is Jessica
〔Human〕: All right Jessica, nice to meet u
〔Bot〕: Thank u . Nice to meet you too .

除了 PLATO-2 以外，PaddleHub 还提供了许多文本生成模型。图 9-27 所示为 PaddleHub 生成"深度学习"藏头诗的效果，网址为：https://www.paddlepaddle.org.cn/hub/scene/aiwriting。

图 9-27　生成藏头诗[6] 的效果

9.2.4　语音识别

扫码看实验视频

自动语音识别（Automatic Speech Recognition，ASR）是日常生活中使用频率最高的人工智能技术之一，其目标是将音频中的语言信息转换为文本。语音识别的应用包括听写录入（如讯飞输入法、微信聊天语音转文字等）、语音助手（如 Siri、Cortana 等）以及智能设备控制（如天猫精灵、小爱音箱等）。通过与其他自然语言处理技术的结合，语音识别还能应用在更加复杂的场景中，如同声传译、会议纪要等。

一个完整的语音识别系统通常分为前端（Front-end）和后端（Back-end）两部分。前端由端点检测、降噪、特征提取等模块组成，后端可根据声学模型和语言模型对特征向量进行模式识别。为了进一步提高语音识别的准确率，后端通常还包含一个自适应模块，将用户的语音特点反馈给声学模型和语言模型，从而实现必要的校正。

本小节基于腾讯远程服务实现语音识别。首先注册腾讯云账号，如图 9-28 所示。注册完毕后，还需要进入控制台开通语音识别服务[8]。创建 API 密钥，如图 9-29 所示。

为了减轻用户使用成本，腾讯云提供了 API Explorer 工具，用于自动生成 Java、Python、Node.js、PHP、Go 以及 .NET 语言的接口调用代码并发送真实请求。使用 API Explorer 工具创建录音文件识别请求的界面如图 9-30 所示。除了录音文件识别外，腾讯云还具备一句话识别、语音流异步识别、热词定义、自学习等功能。

图 9-30 中，SecretId 和 SecretKey 需要分别填入用户的 API 编号和 API 密钥。出于安全考虑，图 9-28 中没有展示 SecretKey 的内容，但这并不意味着用户可以省略 API 密钥进行实验。EngineModelType 表示需要使用的引擎模型类型，这里使用的 16k_en 代表 16 kHz 下的英

图 9-28　注册腾讯云账号

图 9-29　创建 API 密钥

图 9-30　使用 API Explorer 工具创建录音文件识别请求界面

语识别模型。ChannelNum 表示音频的声道数，1 表示单声道，2 表示双声道，这里填入 1。
ResTextFormat 表示识别结果的详细程度，这里设置为 2，也就是返回包含标点的识别结果、说话人的语速、每个词的持续时间等信息。SourceType 表示语音文件的形式，0 表示通过 Url 域读取语音文件，1 表示通过 Data 域解析语音文件，这里选择 0 并在 Url 域填入测试文件地址。读者可以下载测试文件，也可以选用其他测试文件。

API Explorer 自动生成的完整 Python 代码如代码清单 9-44 所示。其中，tencentcloud 是腾讯云 API 3.0 配套的开发工具集（Software Development Kit，SDK）。代码首先使用 API 编号和 API 密钥创建了证书 cred，然后通过 cred 和远程服务地址构建了客户端对象 client。client 的功能是根据请求参数结构体 req 的成员向远程服务发起请求并返回结果。录音文件识别请求的响应结果如图 9-31 所示。

代码清单 9-44

```python
import json
from tencentcloud. common import credential
from tencentcloud. common. profile. client_profile import ClientProfile
from tencentcloud. common. profile. http_profile import HttpProfile
from tencentcloud. common. exception. tencent_cloud_sdk_exception import Tencent CloudSDKException
from tencentcloud. asr. v20190614 import asr_client, models
try :
    cred = credential. Credential("AKIDxg9LaEZIl8G82gdXZqthFxQcZFepOIdU","")
    httpProfile = HttpProfile( )
    httpProfile. endpoint = "asr. tencentcloudapi. com"

    clientProfile = ClientProfile( )
    clientProfile. httpProfile = httpProfile
    client = asr_client. AsrClient(cred,"", clientProfile)

    req = models. CreateRecTaskRequest( )
    params = {
        "EngineModelType" : "16k_en",
        "ChannelNum" : 1,
        "ResTextFormat" : 2,
        "SourceType" : 0,
        "Url" : "https://paddlespeech. bj. bcebos. com/Parakeet/docs/demos/transformer_tts_ljspeech_
ckpt_0. 4_waveflow_ljspeech_ckpt_0. 3/001. wav"
    }
    req. from_json_string(json. dumps(params))

    resp = client. CreateRecTask(req)
    print(resp. to_json_string( ))

except TencentCloudSDKException as err :
    print(err)
```

响应结果里并没有出现语音识别结果，而是给出了 TaskId。为了查看 TaskId 对应的识别结果，还需要发起录音文件识别结果查询请求，如图 9-32 所示，网址为 https://console.cloud.tencent.com/api/explorer?Product=asr&Version=2019-06-14&Action=DescribeTaskStatus。

与录音文件识别请求类似，API Explorer 也为录音文件识别结果查询请求自动生成了 Python 代码，如代码清单 9-45 所示。结构上，代码清单 9-45 与代码清单 9-44 十分相似，读者可以自行对照。

图 9-31　API Explorer 录音文件识别请求的响应结果

图 9-32　API Explorer 录音文件识别结果查询请求[10]

代码清单 9-45

```
import json
from tencentcloud. common import credential
from tencentcloud. common. profile. client_profile import ClientProfile
from tencentcloud. common. profile. http_profile import HttpProfile
from tencentcloud. common. exception. tencent_cloud_sdk_exception import Tencent CloudSDKException
from tencentcloud. asr. v20190614 import asr_client, models
try:
    cred= credential. Credential("AKIDxg9LaEZIl8G82gdXZqthFxQcZFepOIdU","")
    httpProfile = HttpProfile()
    httpProfile. endpoint="asr. tencentcloudapi. com"

    clientProfile= ClientProfile()
    clientProfile. httpProfile= httpProfile
```

```
client = asr_client. AsrClient( cred,"" , clientProfile)

req = models. DescribeTaskStatusRequest( )
params = {
    "TaskId": 1146022917
}
req. from_json_string(json. dumps( params) )

resp = client. DescribeTaskStatus( req)
print ( resp. to_json_string( ) )

except TencentCloudSDKException as err:
    print ( err)
```

录音文件识别结果查询的响应结果如图 9-33 所示。从图中可以看出，音频内容是"Life was like a box of chocolates, you never know what you were gonna get.", 持续时间为 4.236 s, 语速为 17.2 字/s, 单词 Life 的持续时间为 0~300 ms。

图 9-33　API Explorer 录音文件识别结果查询的响应结果

除了腾讯云语音识别外，百度、科大讯飞等企业也推出了各自的语音识别远程服务，读者可以前往讯飞开放平台尝试科大讯飞提供的语音识别功能。从技术和产业发展来看，虽然语音识别技术还不能做到全场景通用，但是已经在多种真实场景中得到了普遍应用与大规模验证。同时，技术和产业之间形成了较好的正向迭代效应，落地场景越多，得到的真实数据就越多，用户需求也更准确，从而进一步推动了语音识别技术的发展。

扫码看实验视频

9.3　强化学习：一个会玩平衡摆的智能体

本节基于策略梯度（Policy Gradient）算法训练一个会玩平衡摆的智能体。如图 9-34 所示，平衡摆由一个小车和一根木棍组成，参考 http://s3-us-west-2. amazonaws. com/rl-gym-doc/cartpole-no-reset. mp4。木棍的一端连接在小车上，另一端可以自由转动。初始状态下，小车位于屏幕中心，木棍垂直于地面。模型可以向小车

图 9-34　平衡摆[12]

施加向左或向右的力，使小车在黑色轨道上滑动。一旦木棍倾斜超过 15°或者小车移出屏幕，游戏就宣告结束。模型的目标是使游戏时间尽可能长。

在训练模型之前，需要使用 OpenAI Gym 搭建平衡摆环境。Gym[13] 是一个用于开发和比较强化学习算法的工具箱，包含平衡摆、Atari 等一系列标准环境。代码清单 9-46 展示了创建平衡摆环境的方法。gym.make( ) 是创建环境的统一接口，CartPole-v1 是平衡摆环境的代号。

代码清单 9-46

```
import gym
env = gym.make('CartPole-v1')
```

代码清单 9-47 定义了智能体类 PolicyAgent。智能体的核心是一个单隐藏层全连接神经网络，隐向量的维度为 16。obs_space 表示环境状态向量的维数，action_space 表示可选行动的维数。在平衡摆环境下，状态向量由 4 个实数组成，分别表示小车位移、小车速度、木棍角度、木棍顶端速度；可选行动有两种，0 表示对小车施加向左的力，1 表示对小车施加向右的力。

代码清单 9-47

```
import paddle
from paddle.distribution import Categorical
class PolicyAgent(paddle.nn.Layer):
    def _init_(self, obs_space, action_space):
        super()._init_()
        self.model = paddle.nn.Sequential(
            paddle.nn.Linear(obs_space, 16),
            paddle.nn.ReLU(),
            paddle.nn.Linear(16, action_space),
            paddle.nn.Softmax(axis=-1),
        )

    def forward(self, x):
        x = paddle.to_tensor(x, dtype="float32")
        action_probs = self.model(x)
        action_distribution = Categorical(action_probs)
        action = action_distribution.sample([1])
        return action.numpy().item(), action_distribution.log_prob(action)
```

代码清单 9-47 中的 forward( ) 函数定义了智能体的决策过程。首先，环境状态向量经过神经网络的处理，得到概率分布 action_probs。action_probs 是一个二维向量，表示两个可选动作的相对优劣。如果 action_probs[0] 大于 action_probs[1]，则说明模型应该对小车施加向左的力，反之亦然。接下来，代码清单 9-47 使用 action_distribution 构造了 Categorical 对象。Categorical 对象用于操控类别分布，提供了采样、KL 散度、信息熵等计算方法。代码清单 9-47 通过采样得到了预期行动和该行动对应的对数概率。接下来，控制器将在平衡摆环境中执行智能体输出的预期行动，并得到下一时间步对应的环境状态向量。

行动对应的对数概率用于训练智能体的神经网络。直观上，如果一个行动可以带来更大的回报，那么需要增大其对数概率，反之亦然。问题在于应该如何定义单个行动的回报？最简单的方法是，将行动回报定义为采取行动后的直接回报。以平衡摆环境为例，假设木棍已

175

经向右倾斜了 14°，模型对小车施加向右的力将有助于木棍回正，从而使游戏的持续时间延长；反之，如果模型对小车施加向左的力，那么木棍可能会直接倒下，游戏结束。对比这两种情况可以看出，游戏持续时间的延长部分归功于模型的正确决策。如果训练正常进行，那么模型将会学习如何"救场"，从而最大限度地延长游戏的持续时间。

然而这种定义方式没有考虑行动的长期效果。在上面的例子中，木棍并不是一开始就倾斜了 14°，而是因为之前的一系列错误决策，如连续对小车施加向左的力。消除这些历史错误是延长游戏时间的根本途径。因此，单个行动的回报应该定义为当前回报和未来回报的加权和。如代码清单 9-48 所示，某时刻的总回报为 $\sum_{t=0}^{T}\gamma^t$，其中，T 表示该时刻到游戏结束的剩余时间，$\gamma \in [0,1]$ 表示未来回报相对于当前回报的重要性。

代码清单 9-48

```python
class Loss(paddle.nn.Layer):
    def __init__(self, gamma=0.9):
        super().__init__()
        self.gamma = gamma

    def forward(self, rewards, log_probs):
        dis_rewards = [0]
        for reward in rewards[::-1]:
            dis_rewards.insert(0, dis_rewards[0] * self.gamma + reward)
        dis_rewards.pop()

        dis_rewards = paddle.to_tensor(dis_rewards)
        dis_rewards = (dis_rewards - dis_rewards.mean()) / (dis_rewards.std())
        loss = sum(-log_prob * dis_reward for log_prob, dis_reward in
                   zip(log_probs, dis_rewards))
        return loss
```

代码清单 9-49 所示的运行器负责控制智能体与环境的交互，以保证平衡摆游戏的顺利进行。为了便于计算损失函数，运行器定义了 rewards 和 log_probs 两个成员，分别记录每个时刻智能体所选行动的对数概率，以及环境给出的回报。需要注意，在平衡摆这个游戏中，即使不记录每个时刻的回报也可以实现后续操作，但是为了使代码的适用面更广，代码清单 9-49 中还是定义了一个数组来记录回报。运行器的核心是 run() 方法，其功能是完成一轮平衡摆游戏。

代码清单 9-49

```python
import numpy as np
class Runner:
    def __init__(self, env, model, max_iter=500):
        self.env = env
        self.model = model
        self.max_iter = max_iter

    def reset(self):
        self.rewards = []
        self.log_probs = []

    def record(self, reward, log_prob):
```

```
            self. rewards. append( reward)
            self. log_probs. append( log_prob)

    def run( self, render=False) :
        self. reset( )
        state: np. ndarray = self. env. reset( )
        for t in range( self. max_iter) :
            action, log_prob = self. model( state)
            state, reward, done, info = self. env. step( action)
            self. record( reward, log_prob)
            if render: self. env. render( )
            if done: break
        return t
```

如代码清单 9-50 所示，训练器是运行器的子类，使用训练器的 train() 方法可以连续进行若干轮平衡摆游戏。如果游戏过早终止，就需要智能体反思游戏过程，并从失败中吸取经验。

代码清单 9-50

```
class Trainer( Runner) :
    def __init__( self, * args, ** kwargs) :
        gamma = kwargs. pop('gamma',0. 99)
        lr = kwargs. pop('lr',0. 02)
        super( ). __init__( * args, ** kwargs)

        self. criteria = Loss( gamma=gamma)
        self. optimizer = paddle. optimizer. Adam( learning_rate=lr, parameters=self. model. parameters( ) )

    def train( self, episodes=150) :
        with LogWriter('visualdl') as writer:
            for i in trange( episodes) :
                t = self. run( )
                writer. add_scalar('duration', t, i)

                if t < self. max_iter:
                    self. optimizer. clear_grad( )
                    self. criteria( self. rewards,self. log_probs). backward( )
                    self. optimizer. step( )

                if i % 250 == 0:
                    paddle. save( self. model. state_dict( ) , f'. /cartpole/{i}. pdparams')
```

代码清单 9-51 构造了智能体及其训练器。在使用训练器进行训练之前，可以使用代码清单 9-52 设置随机种子。设置随机种子有助于读者复现实验结果，但这一步并不是必要的。

代码清单 9-51

```
model = PolicyAgent( env. observation_space. shape[ 0 ], env. action_space. n)
trainer = Trainer( env, model)
```

代码清单 9-52

```
SEED = 1
```

```
env. seed(SEED)
paddle. seed(SEED)
```

最后，使用代码清单 9-53 训练智能体。经过 200 轮平衡摆游戏，训练好的智能体会被存储在 cartpole 目录下，每轮游戏的时长会被存储在 visualdl 目录下。

代码清单 9-53

```
trainer. train( episodes = 200 )
```

使用 VisualDL 可以查看游戏时长的变化过程，如图 9-35 所示。可以看出，在第 105 ~ 175 轮游戏中，游戏时长几乎全为 500，说明智能体很好地学习了平衡摆游戏的玩法。

读者还可以使用代码清单 9-54 查看每轮游戏的过程。

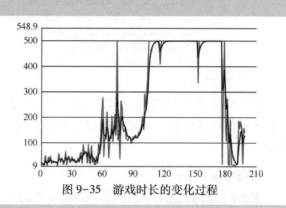

图 9-35　游戏时长的变化过程

代码清单 9-54

```
runner = Runner( )
while input( "使用 Q 退出,按任意键继续" ) ! = 'Q':
    runner. run( env, model, render = True )
```

通过平衡摆问题，读者已经看到了使用强化学习算法训练智能体的过程。与监督学习、非监督学习等算法不同，强化学习不会为智能体提供训练集和测试集。智能体需要通过探索环境来学习如何取得更大回报。随着强化学习算法的发展，智能体的能力边界也被不断突破。也许在未来的某一天，科幻电影中的人工智能机器人将会成为现实。

9.4　可视化技术

计算机擅长处理数据，而人类更擅长处理图像。因此，为了理解计算机的运算过程，往往需要将数据绘制为图像，这就是可视化技术。本节首先介绍深度学习中最常用的工具——TensorBoard，然后以卷积核和注意力机制为例介绍深度神经网络常用的可视化技术。

9.4.1　使用 TensorBoard 可视化训练过程

扫码看实验视频

TensorBoard 是针对 TensorFlow 开发的可视化应用。一般来说，开发者会首先使用 TensorFlow 编写训练代码和测试代码，然后向其中的关键位置插入 TensorBoard 命令，以便在程序运行过程中记录变量。所有被 TensorBoard 记录的变量都会以日志文件的形式存储在本地，因此使用 TensorBoard 时并不需要访问互联网。同时，TensorBoard 是一个与训练程序相独立的进程，所以开发者可以实时监视训练过程，及时发现问题并进行调整。对于梯度爆炸等致命问题，不必等到训练结束才发现。

本小节使用 SageMaker Debugger 记录 TensorBoard 日志，并简单介绍 TensorBoard 面板的使用方法。SageMaker 是亚马逊（Amazon）在 2017 年开放的机器学习平台，旨在帮助机器学习开发者和数据科学家快速构建、训练与部署模型。SageMaker Debugger 是 2019 年添加到 SageMaker 服务的一项新功能，用户无须更改代码就能实时捕获训练数据，得到机器学习模型训练过程的全面分析结果。除了在亚马逊云平台上使用 SageMaker Debugger，用户还可以离线使用 smdebug 模块，安装方式如代码清单 9-55 所示。设计上，SageMaker Debugger 参考了 TensorBoard 的运行模式，也是通过写入日志的方式存储变量的。同时，SageMaker Debugger 支持写入 TensorBoard 格式的日志，因此在使用 SageMaker Debugger 时用户不需要编写 TensorBoard 相关代码也能使用 TensorBoard 进行分析。

代码清单 9-55

```
pip install -U smdebug= =1. 0. 5 urllib3= =1. 25. 4
```

安装完成以后导入依赖，如代码清单 9-56 所示。

代码清单 9-56

```
import numpy as np
import tensorflow. compat. v2 as tf
from tensorflow. keras. applications. resnet50 import ResNet50
from tensorflow. keras. datasets import cifar10
from tensorflow. keras. utils import to_categorical
import smdebug. tensorflow as smd
```

代码清单 9-57 定义了训练函数 train()。参数 batch_size、epochs、model 与以往的含义相同，这里不深入讨论。hook 的中文翻译是钩子，相当于 C 语言中的回调函数（Callback）。当 hook 作为参数传入 model. fit()方法时，该方法就会在特定时刻运行 hook 所指定的操作。举例来说，model. fit()的运行过程由若干个轮次组成，每个轮次都被分为训练阶段和测试阶段，每个阶段都包含若干个批次。每当 model. fit()执行完一个训练批次以后，就会调用 hook 中的 on_train_batch_end()方法；每当 model. fit()执行完一个测试阶段以后，就会调用 hook 中的 on_test_end()方法；每当 model. fit()执行完一个轮次以后，就会调用 hook 中的 on_epoch_end()方法。通过设置这些方法，我们就能在 model. fit()方法中插入任意代码，从而实现变量存储。除了作为回调，hook 还支持 save_scalar()等方法，以便于用户手动存储特定变量。

代码清单 9-57

```
def train(batch_size, epochs, model, hook):
    (X_train, Y_train), (X_valid, Y_valid)= cifar10. load_data()
    Y_train= to_categorical(Y_train,10)
    Y_valid= to_categorical(Y_valid,10)
    X_train= X_train. astype("float32")
    X_valid= X_valid. astype("float32")

    mean_image= np. mean(X_train, axis=0)
    X_train -= mean_image
    X_valid -= mean_image
    X_train /= 128. 0
    X_valid /= 128. 0

    hook. save_scalar("epoch", epochs)
    hook. save_scalar("batch_size", batch_size)

    model. fit(
```

```
        X_train, Y_train, batch_size=batch_size, epochs=epochs,
        validation_data=(X_valid, Y_valid), shuffle=True,
        callbacks=[hook],
        )
```

代码清单 9-58 设置了一些常量，其中 batch_size 和 epochs 将影响训练时间，out_dir 和 save_interval 将影响 SageMaker Debugger 的日志存储位置和大小。

代码清单 9-58

```
batch_size=32
epochs=2
out_dir='smdebug'
save_interval=200
```

代码清单 9-59 构造了模型和 hook，并且调用了训练函数。从 hook 的构造方法中可以看出，SageMaker Debugger 日志将被存储到 out_dir 指向的位置，也就是 smdebug 目录；任何名字中包含 conv1_conv 的张量都将被存储；存储过程每隔 save_interval 个时间步运行一次；TensorBoard 日志将被写入 tb 目录。

代码清单 9-59

```
model= ResNet50(weights=None, input_shape=(32,32,3), classes=10)
hook= smd.KerasHook(
        out_dir=out_dir, include_regex=['conv1_conv'],
        save_config=smd.SaveConfig(save_interval=save_interval),
        export_tensorboard=True, tensorboard_dir='tb',
        )

optimizer= tf.keras.optimizers.Adam()
model.compile(loss="categorical_crossentropy", optimizer=hook.wrap_optimizer(optimizer), metrics=
["accuracy"])
train(batch_size, epochs, model, hook)
```

启动代码清单 9-59 所示的训练过程以后，就能使用 TensorBoard 进行监控了。在 Google Colab 平台上，用户可以使用代码清单 9-60 所示的魔法命令（Magic Command）打开 Tensor-Board。

代码清单 9-60

```
%load_ext tensorboard
%tensorboard --logdir tb
```

在其他平台上，用户可以在终端运行代码清单 9-61，然后使用浏览器打开 http://local-host:6006 以查看 TensorBoard。

代码清单 9-61

```
tensorboard —logdir=tb
```

TensorBoard 界面如图 9-36 所示。用户可以在界面顶端的导航栏切换数据的展现形式，界面左侧的面板可以设置曲线的平滑程度、数据来源等。

除了图 9-36 所示的折线图，TensorBoard 还支持直方图，如图 9-37 所示。直方图展示了张量各个元素的分布情况，横轴表示数值，纵轴表示张量中有多少个元素为该数值。对于

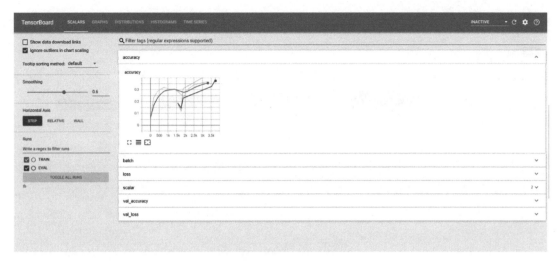

图 9-36 TensorBoard 界面

不同的时间步，TensorBoard 将这些直方图前后放置。越靠后的直方图颜色越深，生成时间越早；越靠前的直方图颜色越浅，生成时间越晚。

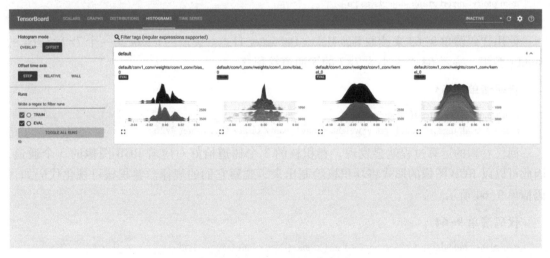

图 9-37 TensorBoard 直方图

分布图与直方图类似，是另一种展示元素分布的表现形式。横轴对应直方图的前后关系，表示时间步；纵轴对应直方图的横轴，表示数值；颜色对应直方图的纵轴，表示数量。TensorBoard 分布图如图 9-38 所示。

TensorBoard 还支持网络结构、图片、高维向量嵌入等多种展现形式，有兴趣的读者可以自行尝试。

9.4.2 卷积核可视化

使用 9.4.1 小节中存储的 SageMaker Debugger 日志，可以实现卷积核可视化。首先导入依赖，如代码清单 9-62 所示。

扫码看实验视频

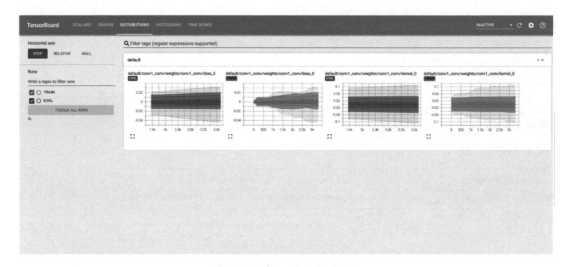

图 9-38 TensorBoard 分布图

代码清单 9-62

```
from plotly import graph_objects as go
from plotly. subplots import make_subplots
```

使用代码清单 9-63 来读取 SageMaker Debugger 日志。读取的 tensor 是一个 7×7×3×64 的 NumPy 数组，表示 64 个大小为 7×7 的 3 通道卷积核。

代码清单 9-63

```
trial = smd. create_trial('smdebug')
tensor =  trial. tensor('conv1_conv/weights/conv1_conv/kernel:0'). value(3726)
```

回忆卷积的运算过程就会发现，卷积核的 3 个通道恰好对应着 RGB 图像的 3 个通道，因此可以以 RGB 图像的形式将卷积核绘制出来，观察它们的规律。卷积核可视化代码如代码清单 9-64 所示。

代码清单 9-64

```
normalize = lambda x: (x - x. min()) / (x. max() - x. min()) * 255
fig =  make_subplots(rows = 8, cols = 8)
for i in range(64):
    row = i % 8 + 1
    col = i // 8 + 1
    fig. add_trace(
        go. Image(z = normalize(tensor[:,:,:,i])),
        row = row, col = col,
    )
    fig. update_yaxes(showticklabels = False, row = row, col = col)
    fig. update_xaxes(showticklabels = False, row = row, col = col)
fig
```

卷积核可视化结果如图 9-39 所示。由于只训练了两个轮次，因此卷积核可视化结果并没有展现出明显的几何结构，但是仍然可以看出有些卷积核已经出现了较为明显的色调分布。通过更加充分的卷积核可视化，人们可以理解卷积神经网络的内部运行机制，从而增强了神经网络的可解释性。

图 9-39　卷积核可视化结果

9.4.3　注意力机制可视化

扫码看实验视频

回忆 9.2.3 小节中有关 Transformer 的介绍，注意力机制通过计算不同时间步之间的依赖程度来解决长时依赖问题。与卷积神经网络或循环神经网络相比，Transformer 的可解释性更强，因为注意力机制的输出可以被人类直观地理解。本小节基于情感分类这一任务介绍注意力机制的可视化过程。首先导入依赖，如代码清单 9-65 所示。

代码清单 9-65

```
from plotly import graph_objects as go
from transformers import pipeline
```

Transformers 是由 Hugging Face 公司开发的预训练模型库，支持通过 PyTorch 或 TensorFlow 调用。Transformers 模型库收录了上千个预训练模型，可以完成文本分类、信息提取、智能问答、机器翻译等任务。图 9-40 所示为 Transformers 模型用于完形填空的结果，输入文本"Deep Learning is part of［MASK］intelligence."，模型将会返回［MASK］处最有可能的单词。

⚡ **Hosted inference API** ⓘ

🔁 Fill-Mask　　　　　　　　　　　　　　Mask token: [MASK]

| Deep Learning is part of [MASK] intelli | Compute |

Computation time on cpu: 0.039 s

artificial　　　　　　　　　　　　　　　　0.850

computational　　　　　　　　　　　　　　0.058

cognitive　　　　　　　　　　　　　　　　0.014

human　　　　　　　　　　　　　　　　　0.005

machine　　　　　　　　　　　　　　　　0.005

</> JSON Output　📧 API Endpoint　　　　　⛶ Maximize

图 9-40　Transformers 模型用于完形填空的结果

模拟 SageMaker Debugger 的行为，代码清单 9-66 定义了一个钩子类。值得注意的是，SageMaker Debugger 同时支持 TensorFlow、PyTorch、MXNet 等主流框架。但是由于 SageMaker Debugger 与 Transformers 的某些版本不兼容，所以本小节选择自定义钩子，以便读者复现。有兴趣的读者也可以尝试使用 SageMaker Debugger 来存储 Transformers 张量。

代码清单 9-66

```python
class Hook:
    def __init__(self, module):
        module.register_forward_hook(self._hook)

    def _hook(self, module, inputs, outputs):
        self.outputs = outputs[0]

    def visualize(self, tokens, head=0):
        n_tokens = len(tokens)
        attn = self.outputs[head].numpy()
        assert attn.shape == (n_tokens, n_tokens)
        fig = go.Figure(layout={
            'xaxis': {'showgrid': False, 'showticklabels': False},
            'yaxis': {'showgrid': False, 'showticklabels': False},
            'showlegend': False, 'plot_bgcolor': 'rgba(0, 0, 0, 0)',
        })
        for i in range(n_tokens):
            fig.add_annotation(
                text=tokens[i], x=2, xanchor='right', y=0.1 * i,
                yanchor='middle', showarrow=False,
            )
            fig.add_annotation(
                text=tokens[i], x=6, xanchor='left', y=0.1 * i,
                yanchor='middle', showarrow=False,
            )
            for j in range(n_tokens):
                thickness = round(attn[i, j], 3)
                if thickness < 0.1: continue
                fig.add_trace(go.Scatter(
                    x=[2, 6], y=[0.1 * i, 0.1 * j], mode='lines',
                    line={'color': f'rgba(0, 0, 255, {thickness})'},
                    hoverinfo='skip',
                ))
        return fig
```

钩子类最核心的方法是_hook()，其功能是将 outputs 参数保存为钩子类的 outputs 成员，以便后续读取。为了在正确的时机调用_hook()，构造函数将_hook()作为参数传入到 module.register_forward_hook()。module 可以是任何的 PyTorch 模块、单个网络层或者整个网络。每当 module 被调用一次，PyTorch 就会自动调用_hook()，并传入 module 的输入和输出作为参数。假设可以定位到 Transformers 中实现注意力机制的网络层，我们就可以使用钩子来记录相关张量了。为了简化可视化操作，钩子还提供了 visualize()方法，读者将会在本章后面看到 visualize()的效果。

代码清单 9-67 首先定义了文本情感分类器 classifier，然后定位到注意力机制的实现位置 classifier. model. distilbert. transformer. layer. attention. dropout，并构造了若干个钩子。由于 Transformers 中的注意力机制不止使用了一次，所以钩子也构造了多个。

代码清单 9-67

```
classifier = pipeline('sentiment-analysis')
layers = classifier. model. distilbert. transformer. layer
hooks = [Hook(layer. attention. dropout) for layer in layers]
```

代码清单 9-68 使用分类器实现了文本情感分类。与其他预训练模型库不同，Transformers 将文本的分词、编码、分类等操作封装在一个流水线（Pipeline）中，大大降低了使用成本。从结果可以看出，"We are very happy to include pipeline into the transformers repository." 约有 99.7%的概率具有正向情感。

代码清单 9-68

```
>>> sent ='We are very happy to include pipeline into the transformers repository. '
>>> classifier(sent)
[{'label': 'POSITIVE','score': 0.9978193640708923}]
```

除了执行预先定义的任务，分类器还能轻松实现文本分词，如代码清单 9-69 所示。分词结果不仅包含文本的每个单词，还包括标点、特殊符号（如掩码 [MASK]），这些单词或符号统称为令牌（Token）。根据 Tokens，可以调用钩子的 visualize() 函数实现可视化，如代码清单 9-70 所示。

代码清单 9-69

```
ids = classifier. tokenizer(sent)
tokens = classifier. tokenizer. convert_ids_to_tokens(ids['input_ids'])
```

代码清单 9-70

```
hooks[0]. visualize(tokens, head=0)
```

多头注意力并行地实现了多个注意力机制，head 参数用于区分。类比代码清单 9-70，读者可以轻易实现 head = 2、head = 10 等情况下的可视化操作。此外，读者还可以对 hooks 数组的其他元素进行可视化。

图 9-41 所示为注意力机制的可视化结果。可以看出，某些注意力矩阵的规律并不明显

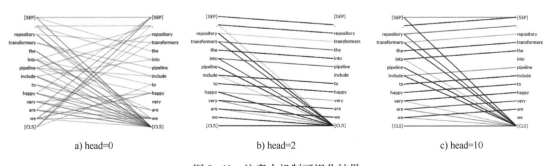

a) head=0 　　　　　b) head=2 　　　　　c) head=10

图 9-41　注意力机制可视化结果

（如 head = 0 的情况），有些注意力矩阵倾向于强调上个时间步（如 head = 2 的情况），有些注意力矩阵倾向于强调下个时间步（如 head = 10 的情况）。有兴趣的读者可以观察更多可视化矩阵，总结有关注意力矩阵的更多规律。

9.5　本章小结

本章针对深度学习研究的热点，如计算机视觉、自然语言处理、强化学习以及可视化技术，通过实验的方式，使读者能够更加深入地理解深度学习的原理和方法。

第 3 部分

深度学习案例

　　本部分通过 8 个案例来深入介绍深度学习在不用领域的应用。这 8 个案例涉及了 TensorFlow、PyTorch、PaddlePaddle 这 3 种深度学习框架，同时涵盖了图像分类、目标检测、目标识别、图像分割、风格迁移、自然语言处理等不同的技术。希望读者通过这些案例的学习能够对之前基础部分的内容有所回顾，从而能够更为深入地认知和感受。同时，由于本书篇幅有限，因此只能做到抛砖引玉，对于更广阔的技术原理和应用，希望各位读者在找到自己的兴趣所在之后进行更为深入的探索。

第 10 章
案例：花卉图片分类

本章将提供一个利用深度学习进行花卉图片分类的案例，并使用迁移学习的方法解决训练数据较少的问题。图片分类是根据图像的语义信息对不同的图片进行区分的，是计算机视觉中的基本问题，也是图像检测、图像分割、物体跟踪等高阶视觉任务的基础。在深度学习领域，图片分类的任务一般基于卷积神经网络来完成，如常见的 VGG、GoogleNet、ResNet 等。而在图像分类领域，数据标记是最基础和烦琐的工作，有时候由于条件限制，往往得不到很多经过标记的图片用于训练，其中一个解决方法就是对已经预训练好的模型进行迁移学习。本章以 ResNet 为基础对花卉图片进行迁移学习，从而完成对花卉图片的分类任务。

扫码看案例视频

10.1 环境与数据准备

工欲善其事，必先利其器。如果直接使用 Python 直接完成模型构建、导出等工作，势必会相当耗费时间，而且相当一部分工作都是深度学习中共同拥有的部分，属于重复工作。所以本例为了快速实现效果，直接使用将这些共有部分整理成框架的 TensorFlow 和 Keras 来完成开发工作。TensorFlow 是 Google 开源的基于数据流图的科学计算库，适合用于机器学习、深度学习等人工智能领域。Keras 是一个用 Python 编写的高级神经网络 API，它能够以 TensorFlow、CNTK 或者 Theano 作为后端运行。Keras 的开发重点是支持快速的实验，所以本例和模型有关的大部分工作都是基于 Keras API 来完成的。另外，由于本例采用的 ResNet 网络较深，所以模型训练需要消耗的资源较多，需要 GPU 来加速训练过程。

10.1.1 环境安装

安装 TensorFlow 的 GPU 版本是相对比较繁杂的事情，需要找对应的驱动来安装合适版本的 CUDA 和 cuDNN。一种比较方便的方法是使用 Anaconda 来进行 tensorflow-gpu 的安装。具体的安装过程可以参考本书关于 TensorFlow 框架安装的部分。其他需要安装的依赖库的名称及版本号如下：

其他依赖包既可以在 Anaconda 界面上进行选择安装，也可以将其添加到 requirements. txt 文件，然后使用 conda install -yes -file requirements. txt 命令进行安装。

【小技巧】conda 可以创建不同的环境来支持不同的开发要求，例如有些工程需要 TensorFlow 1. 15. 0 环境来进行开发，而另外一些工程则需要 TensorFlow 2. 1. 0 来进行开发，替换整个工作环境或者重新安装 TensorFlow 都不是很方便的选择，所以可以使用 conda 来创建虚拟环境来解决。

10.1.2 数据集简介

在进行模型构建和训练之前需要进行数据收集。为了简化收集工作，本例采用已经做好标记的花卉数据集 Oxford 102 Flowers。数据集可以从 https://www.robots.ox.ac.uk/~vgg/data/flowers/102/进行下载。单击图 10-1 所示的"Downloads"下面的 1、4 和 5 对应的内容，可以下载所需要的文件。

102 Category Flower Dataset

Maria-Elena Nilsback and Andrew Zisserman

Overview

We have created a 102 category dataset, consisting of 102 flower categories. The flowers chosen to be flower commonly occuring in the United Kingdom. Each class consists of between 40 and 258 images. The details of the categories and the number of images for each class can be found on this category statistics page.

The images have large scale, pose and light variations. In addition, there are categories that have large variations within the category and several very similar categories. The dataset is visualized using isomap with shape and colour features.

Downloads

The data needed for evaluation are:

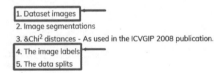

1. Dataset images
2. Image segmentations
3. &Chi^2 distances - As used in the ICVGIP 2008 publication.
4. The image labels
5. The data splits

The README file explains everything.

图 10-1 Oxford 102 Flowers 数据集下载网站

该数据集由牛津大学工程科学系于 2008 年发布，是一个英国本土常见花卉的图片数据集，包含 102 个类别，每一类包含 40~258 张图片。在基于深度学习的图像分类任务中，即使这样较为少量的图片还是比较有挑战性的。该数据集的分类细节和部分类别的图片及对应的数量如图 10-2 所示。

除了图片文件外，数据集中还包含图片分割标记文件、分类标记文件和数据集划分文件。由于本例中不涉及图片分割，所以使用的是图片、分类标记和数据集划分文件。

10.1.3 数据集下载与处理

Python urllib 库提供了 urlretrieve()方法可以直接将远程数据下载到本地，所以可以使用 urlretrieve()下载所需文件，然后把压缩的图片文件进行解压，并解析分类标记文件和类别划分文件，之后将数据集划分文件分成训练集、验证集和测试集，最后向不同类别的数据集中按图片所标识的花的种类分类存放图片文件。按照这个流程开始写代码，最终代码如代码清单 10-1 所示。

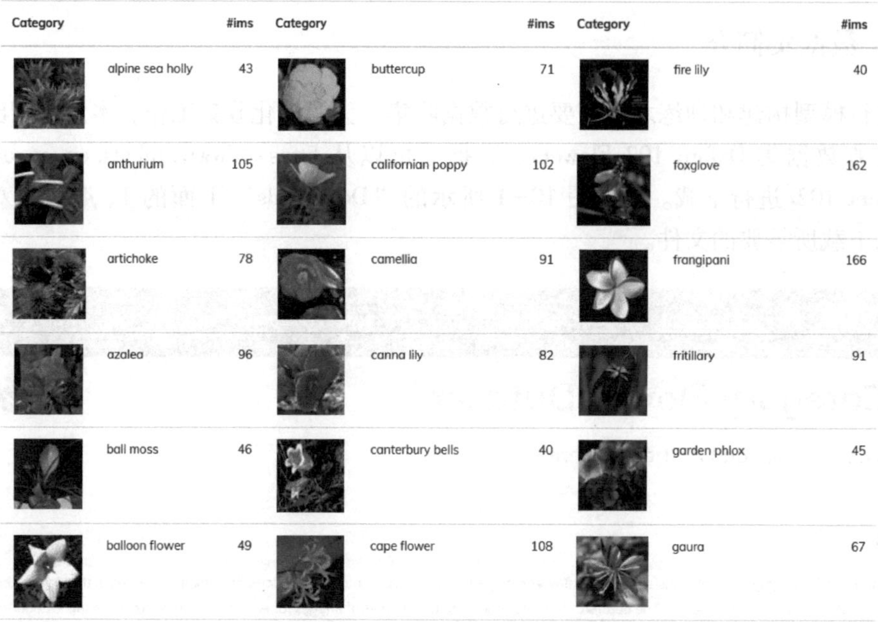

Category	#ims	Category	#ims	Category	#ims
alpine sea holly	43	buttercup	71	fire lily	40
anthurium	105	californian poppy	102	foxglove	162
artichoke	78	camellia	91	frangipani	166
azalea	96	canna lily	82	fritillary	91
ball moss	46	canterbury bells	40	garden phlox	45
balloon flower	49	cape flower	108	gaura	67

图 10-2　Oxford 102 Flowers 分类展示

代码清单 10-1

```
1   import os
2   from urllib. request import urlretrieve
3   import tarfile
4   from scipy. io import loadmat
5   from shutil import copyfile
6   import glob
7   import numpy as np
8
9   """
10  函数说明：按照分类(labels)复制未分组的图片到指定的位置
11  Parameters：
12      data_path：数据存放目录
13      labels：数据对应的标签，需要按标签存放到不同的目录
14  """
15  def copy_data_files(data_path, labels):
16      if not os. path. exists(data_path):
17          os. mkdir(data_path)
18
19      # 创建分类目录
20      for i in range(0, 102):
21          os. mkdir(os. path. join(data_path, str(i)))
22
23      for label in labels:
24          src_path = str(label[0])
25          dst_path = os. path. join(data_path, label[1], src_path. split(os. sep)[-1])
26          copyfile(src_path, dst_path)
27
28  if __name__ == '__main__':
```

```
29    # 检查本地数据集目录是否存在，不存在则创建
30    data_set_path = "./data"
31    if not os.path.exists(data_set_path):
32        os.mkdir(data_set_path)
33
34    # 下载 102 Category Flower 数据集并解压
35    flowers_archive_file = "102flowers.tgz"
36    flowers_url_frefix = "https://www.robots.ox.ac.uk/~vgg/data/flowers/102/"
37    flowers_archive_path = os.path.join(data_set_path, flowers_archive_file)
38    if not os.path.exists(flowers_archive_path):
39        print("正在下载图片文件...")
40        urlretrieve(flowers_url_frefix + flowers_archive_file, flowers_archive_path)
41        print("图片文件下载完成。")
42    print("正在解压图片文件...")
43    tarfile.open(flowers_archive_path).extractall(path=data_set_path)
44    print("图片文件解压完成。")
45
46    # 下载标识文件，标识不同文件的类别
47    flowers_labels_file = "imagelabels.mat"
48    flowers_labels_path = os.path.join(data_set_path, flowers_labels_file)
49    if not os.path.exists(flowers_labels_path):
50        print("正在下载标识文件...")
51        urlretrieve(flowers_url_frefix + flowers_labels_file, flowers_labels_path)
52        print("标识文件下载完成")
53    flower_labels = loadmat(flowers_labels_path)['labels'][0] - 1
54
55    # 下载数据集分类文件，包含训练集、验证集和测试集
56    sets_splits_file = "setid.mat"
57    sets_splits_path = os.path.join(data_set_path, sets_splits_file)
58    if not os.path.exists(sets_splits_path):
59        print("正在下载数据集分类文件...")
60        urlretrieve(flowers_url_frefix + sets_splits_file, sets_splits_path)
61        print("数据集分类文件下载完成")
62    sets_splits = loadmat(sets_splits_path)
63
64    # 由于数据集分类文件中的测试集数量比训练集多，所以进行了对调
65    train_set = sets_splits['tstid'][0] - 1
66    valid_set = sets_splits['valid'][0] - 1
67    test_set = sets_splits['trnid'][0] - 1
68
69    # 获取图片文件名并找到图片对应的分类标识
70    image_files = sorted(glob.glob(os.path.join(data_set_path, 'jpg', '*.jpg')))
71    image_labels = np.array([i for i in zip(image_files, flower_labels)])
72
73    # 将训练集、验证集和测试集分别存放在不同的目录下
74    print("正在进行训练集的复制...")
75    copy_data_files(os.path.join(data_set_path,'train'), image_labels[train_set, :])
76    print("已完成训练集的复制，开始复制验证集...")
77    copy_data_files(os.path.join(data_set_path,'valid'), image_labels[valid_set, :])
78    print("已完成验证集的复制，开始复制测试集...")
79    copy_data_files(os.path.join(data_set_path,'test'), image_labels[test_set, :])
80    print("已完成测试集的复制，所有的图片下载和预处理工作已完成。")
```

【小技巧】下载的图片数据有 330 MB 左右。在国外的网站下载有时候会比较慢，可以用下载工具下载，或者搜索 flowers-102，然后从国内的站点下载。

需要说明的是，分类标记文件 imagelabels. mat 和数据集划分文件 setid. mat 是 MATLAB 的数据存储的标准格式，可以用 MATLAB 程序打开进行查看。本例中使用的是 scipy 库的 loadmat( )对 . mat 文件进行读取，处理后的最终 data 目录如图 10-3 所示。

```
data
    |- jpg              解压后的文件
    |- test             测试集
      |- 0              类别为0的图片目录
        |- xxx.jpg      类别为0的图片
        |- ...
      |- 1              类别为1的图片目录
        |- xxx.jpg      类别为1的图片
        |- ...
      |- ...
    |- train            训练集
      |- 0              类别为0的图片目录
        |- xxx.jpg      类别为0的图片
        |- ...
      |- 1              类别为1的图片目录
        |- xxx.jpg      类别为1的图片
        |- ...
      |- ...
    |- valid            验证集
      |- 0              类别为0的图片目录
        |- xxx.jpg      类别为0的图片
        |- ...
      |- 1              类别为1的图片目录
        |- xxx.jpg      类别为1的图片
        |- ...
      |- ...
    |- 102flowers.tgz   下载的图片文件
    |- imagelabels.mat  下载的分类标记文件
    |- setid.mat        下载的数据集划分文件
```

图 10-3　图片分类后的 data 目录

10.2　模型创建、训练和测试

准备好环境和数据之后，首先需要对模型进行创建，然后对预训练后的模型进行迁移学习，最后进行测试。本例选择的网络是 ResNet50。

深度残差网络（Residual Network，ResNet）是由来自 Microsoft Research 的 4 位学者提出的卷积神经网络，在 2015 年的 ImageNet 大规模视觉识别竞赛中获得了图像分类和物体识别的优胜。其特点是容易优化，并且能够通过增加深度来提高准确率。ResNet50 就代表其深度是 50，而利用 Keras 的 API 可以创建一个 ResNet50 的神经网络。

10.2.1　模型创建与训练

利用 Keras API 创建 ResNet50 模型之后，需要将之前准备好的模型配置成模型的输入，并设置输入图片的大小，然后指定模型所使用的优化器、损失函数等参数。为了提高模型精度，减少输入数据不平衡对模型的影响，可以根据类别所具有的数量设定不同的权重。而且为了显示训练过程，需要设置相应的回调函数，然后将这些配置作为训练的参数来调用 Keras Model 的训练函数进行训练。完成的代码如代码清单 10-2 所示。

代码清单 10-2

```
1    import numpy as np
2    import os
3    import glob
4    import math
5    from os. path import join as join_path
6    from sklearn. externals import joblib
7
8    import keras
9    from keras import backend as K
10   from keras. callbacks import EarlyStopping, ModelCheckpoint
11   from keras. preprocessing import image
12   from keras. applications. imagenet_utils import preprocess_input
13   from keras. preprocessing. image import ImageDataGenerator
14   from keras. optimizers import Adam
15   from keras. applications. resnet50 import ResNet50
16   from keras. layers import (Input, Flatten, Dense, Dropout)
17   from keras. models import Model
18
19   """
20   函数说明：该函数用于重写 DirectoryIterator 的 next 函数，用于将 RGB 通道换成 BGR 通道
21   """
22   def override_keras_directory_iterator_next():
23       from keras. preprocessing. image import DirectoryIterator
24
25       original_next = DirectoryIterator. next
26
27       # 防止多次覆盖
28       if 'custom_next' in str(original_next):
29           return
30
31       def custom_next(self):
32           batch_x, batch_y = original_next(self)
33           batch_x = batch_x[:, ::-1, :, :]
34           return batch_x, batch_y
35
36       DirectoryIterator. next = custom_next
37
38   """
39   函数说明：创建 ResNet50 模型
40   Parameters：
41       classes：所有的类别
42       image_size：输入图片的尺寸
43   Returns：
44       Model：模型
45   """
46   def create_resnet50_model(classes, image_size):
47       # 利用 Keras 的 API 创建模型，并在该模型的基础上进行修改
48       base_model = ResNet50(include_top=False, input_tensor=Input(shape=image_size + (3,)))
49       for layer in base_model. layers:
50           layer. trainable = False
51
```

```
52        x = base_model. output
53        x = Flatten( )( x)
54        x = Dropout( 0. 5)( x)
55        output = Dense( len( classes), activation='softmax', name='predictions')( x)
56        return Model( inputs=base_model. input, outputs=output)
57
58    """
59    函数说明:根据每一类图片数量的不同,给每一类图片附上权重
60    Parameters:
61        classes:所有的类别
62        dir:图片所在的数据集类别的目录,可以是训练集或验证集
63    Returns:
64        classes_weight:每一类的权重
65    """
66    def get_classes_weight( classes, dir):
67        class_number = dict( )
68        k = 0
69        # 获取每一类的图片数量
70        for class_name in classes:
71            class_number[ k] = len( glob. glob( os. path. join( dir, class_name, ' * . jpg')))
72            k += 1
73
74        # 计算每一类的权重
75        total = np. sum( list( class_number. values( )))
76        max_samples = np. max( list( class_number. values( )))
77        mu = 1. / ( total / float( max_samples))
78        keys = class_number. keys( )
79        classes_weight = dict( )
80        for key in keys:
81            score = math. log( mu * total / float( class_number[ key]))
82            classes_weight[ key] = score if score > 1. else 1.
83
84        return classes_weight
85
86    if __name__ == '__main__':
87        # 训练集、验证集、模型输出目录
88        train_dir = "./data/train"
89        valid_dir = "./data/valid"
90        output_dir = "./saved_model"
91
92        # 经过训练后的权重、模型、分类文件
93        fine_tuned_weights_path = join_path( output_dir, 'fine-tuned-resnet50-weights. h5')
94        model_path = join_path( output_dir, 'model-resnet50. h5')
95        classes_path = join_path( output_dir, 'classes-resnet50')
96
97        # 创建输出目录
98        if not os. path. exists( output_dir):
99            os. mkdir( output_dir)
100
101        # 由于使用 TensorFlow 作为 Keras 的 Backone,所以图片格式设置为 channels_last
102        # 修改 DirectoryIterator 的 next 函数,改变 GRB 通道顺序
103        K. set_image_data_format( 'channels_last')
104        override_keras_directory_iterator_next( )
```

```
105
106        # 获取花卉数据类别（不同类别的图片放在不同的目录下，获取目录名即可）
107        classes = sorted([o for o in os.listdir(train_dir) if os.path.isdir(os.path.join(train_dir, o))])
108
109        # 获取花卉训练和验证图片的数量
110        train_sample_number = len(glob.glob(train_dir + '/**/*.jpg'))
111        valid_sample_number = len(glob.glob(valid_dir + '/**/*.jpg'))
112
113        # 创建 ResNet50 模型
114        image_size = (224, 224)
115        model = create_resnet50_model(classes, image_size)
116
117        # 冻结前 fr_n 层
118        fr_n = 10
119        for layer in model.layers[:fr_n]:
120            layer.trainable = False
121        for layer in model.layers[fr_n:]:
122            layer.trainable = True
123
124        """模型配置，使用分类交叉熵作为损失函数，使用 Adam 作为优化器，步长是 1e-5，
    并使用精确的性能指标"""
125        model.compile(loss='categorical_crossentropy', optimizer=Adam(lr=1e-5), metrics=['accuracy'])
126
127        # 获取训练数据和验证数据的 generator
128        channels_mean = [103.939, 116.779, 123.68]
129        image_data_generator = ImageDataGenerator(rotation_range=30., shear_range=0.2, zoom_range=0.2, horizontal_flip=True)
130        image_data_generator.mean = np.array(channels_mean, dtype=np.float32).reshape((3, 1, 1))
131        train_data = image_data_generator.flow_from_directory(train_dir, target_size=image_size, classes=classes)
132
133        image_data_generator = ImageDataGenerator()
134        image_data_generator.mean = np.array(channels_mean, dtype=np.float32).reshape((3, 1, 1))
135        valid_data = image_data_generator.flow_from_directory(valid_dir, target_size=image_size, classes=classes)
136
137        """回调函数，用于在训练过程中输出当前进度和设置是否保存过程中的权重，以及早
    停的判断条件和输出"""
138        model_checkpoint_callback = ModelCheckpoint(fine_tuned_weights_path, save_best_only=True, save_weights_only=True, monitor='val_loss')
139        early_stopping_callback = EarlyStopping(verbose=1, patience=20, monitor='val_loss')
140
141        # 获取不同类别的权重
142        class_weight = get_classes_weight(classes, train_dir)
143        batch_size = 10.0
144        epoch_number = 1000
145
146        print("开始训练...")
147        model.fit_generator(
148            train_data,
```

```
149                    steps_per_epoch = train_sample_number / batch_size,
150                    epochs = epoch_number,
151                    validation_data = valid_data,
152                    validation_steps = valid_sample_number / batch_size,
153                    callbacks = [early_stopping_callback, model_checkpoint_callback],
154                    class_weight = class_weight
155                    )
156            print("模型训练结束,开始保存模型...")
157            model.save(model_path)
158            joblib.dump(classes, classes_path)
159            print("模型保存成功,训练任务全部结束。")
```

【小技巧】在调用 Keras 的 ResNet50() 创建模型时,可能会在下载预训练的权重文件部分时停止,因为网络比较慢,所以可以搜索 resnet50_weights_tf_dim_ordering_tf_kernels_notop.h5 文件并通过下载工具下载,然后存放在工程目录下。可以在调用 ResNet50() 创建模型的时候指定 weights 参数,如 weights = "./resnet50_weights_tf_dim_ordering_tf_kernels_notop.h5"。

在代码中封装 create_resnet50_model(),一方面是因为需要增加全连接层和增加防止过拟合的 Dropout,另一方面是因为除了训练,测试时也需要创建相同结构的模型。部分训练结果如图 10-4 所示。

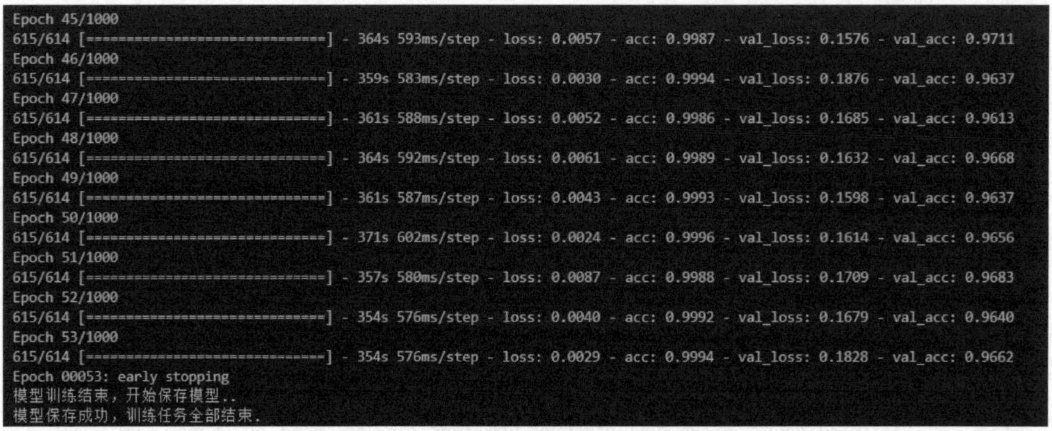

图 10-4　模型训练过程中的部分训练结果

从图 10-4 可以看到,在训练第 53 轮的时候,由于损失基本上不再降低,所以训练早停。输出中,loss 和 acc 分别代表训练时的损失和准确度,val_loss 和 val_acc 分别代表验证时的损失和准确度。训练刚开始的时候可以看到损失明显在下降,准确度在明显上升,而到训练的结尾,基本上损失和准确度只有很小幅度的上下波动。

最终导出的数据包含训练后的权重、模型和分类文件,在 saved_model 目录下,分别是 fine-tuned-resnet50-weights.h5、model-resnet50.h5、classes-resnet50。

【提示】H5 是层次数据格式第 5 代版本(Hierarchical Data Format,HDF5),它是用于存储科学数据的一种文件格式和库文件。它是由美国超级计算与应用中心研发的文件格式,用以存储和组织大规模数据。

10.2.2　测试与结果

训练结束后就可以用训练好的模型进行预测，也就是说需要使用训练时候的模型结构，然后导入训练好的参数，输出预测的 Top10 的类别和对应的概率。导入和预测的工作相对比较简单，可以调用 Keras 的 load_weights( ) 和 predict( ) 函数来完成。不过要注意的是，对输入的图片需要进行处理以满足函数的要求。训练后的模型的测试程序如代码清单 10-3 所示。

代码清单 10-3

```
1   import os
2   import numpy as np
3   import glob
4   from keras. preprocessing. image import img_to_array
5   from keras. preprocessing import image
6   from keras. applications. imagenet_utils import preprocess_input
7   from train import create_resnet50_model
8
9   if __name__ == '__main__':
10      # 需要预测的图片的位置
11      predict_image_path = "./data/test/22/image_03399. jpg"
12
13      # 图片预处理
14      image_size = (224, 224)
15      img = image. load_img(predict_image_path, target_size = image_size)
16      img_array = np. expand_dims(image. img_to_array(img), axis = 0)
17      prepared_img = preprocess_input(img_array)
18
19      # 获取花卉数据类别（不同类别的图片存放在不同的目录下，获取目录名即可）
20      test_dir = "./data/test"
21      classes = sorted([o for o in os. listdir(test_dir) if os. path. isdir(os. path. join(test_dir, o))])
22
23      # 创建模型并导入训练后的权重
24      model = create_resnet50_model(classes, image_size)
25      model. load_weights("./saved_model/fine-tuned-resnet50-weights. h5")
26      # 预测
27      out = model. predict(prepared_img)
28
29      # 获取 Top10 预测
30      top10 = out[0]. argsort()[-10:][::-1]
31      class_indices = dict(zip(classes, range(len(classes))))
32      keys = list(class_indices. keys())
33      values = list(class_indices. values())
34
35      print("Top10 的分类及概率: ")
36      for i, t in enumerate(top10):
37          print("class:", keys[values. index(t)], "probability:", out[0][t])
```

在获取 Top10 结果时，NumPy 库的 argsort( ) 函数可以将数组的值从小到大排序后按照其相对应的索引值输出。最终的输出结果示例如图 10-5 所示。

可以看到，预测概率最高的类别和图片的真实类别是一致的，为 22，而且概率接近 0.96，所以预测的结果还是很准确的。

```
Relying on driver to perform ptx compilation. This message will be only logged once.
Top10 的分类及概率：
class: 22 probability: 0.95697373
class: 28 probability: 0.018489927
class: 34 probability: 0.003128806
class: 66 probability: 0.0020601642
class: 32 probability: 0.0014283751
class: 0 probability: 0.0013617866
class: 18 probability: 0.001145325
class: 81 probability: 0.0009428338
class: 16 probability: 0.0009062799
class: 56 probability: 0.0007862715
```

图 10-5　最终的输出结果示例

【试一试】可以结合 Python Web 知识搭建一个提供图片预测的服务，即在浏览器中打开页面，提交选择的图片文件给 Web 服务，然后经过计算后获取预测值。需要注意的是导入模型的时机，不能在每一次调用的时候才导入，这样会导致响应时间太长。而如果在服务启动的时候导入，那么如何保证每一次调用服务时都可以使用已经导入的模型进行预测是需要解决的问题。

10.3　本章小结

本章通过一个花卉图片分类的例子介绍了图片分类从环境搭建、数据采集到模型的构建、训练和测试的整个流程的实现。虽然解决的是基础问题，但是它提供了一套解决问题的方法。例子中所使用的深度学习框架 TensorFlow、Keras，以及例子中没有提到的 PyTorch，都是当前使用频率很高的开发工具，而类似于 NumPy、Scipy 等的基础数据分析工具也是需要熟练掌握的。希望这个例子可以激发读者对深度学习在图像处理方面的兴趣以及对更多使用场景和使用方式的思考。

第 11 章
案例：人脸关键点检测

人脸关键点检测指的是用于标定人脸五官和轮廓位置的一系列特征点，是对于人脸形状的稀疏表示。关键点的精确定位可以为后续应用提供十分丰富的信息。因此，人脸关键点检测是人脸分析领域的基础技术之一。许多应用场景（如人脸识别、人脸三维重塑、表情分析等）均将人脸关键点检测作为其前序步骤来实现。本章将通过深度学习的方法来搭建一个人脸关键点检测模型。

1995 年，Cootes 提出了 ASM（Active Shape Model）模型用于人脸关键点检测，掀起了一波持续多年的研究浪潮。这一阶段的检测算法常常被称为传统方法。2012 年，AlexNet 在 ILSVRC 中夺冠，深度学习进入人们的视野。随后 Sun 等人在 2013 年提出了 DCNN 模型，首次将深度学习方法应用于人脸关键点检测。自此，深度卷积神经网络成为人脸关键点检测的主流工具。本章主要使用 Keras 框架来搭建深度学习模型。

扫码看案例视频

11.1　数据准备

在开始搭建模型之前，首先需要下载训练所需的数据集。目前，开源的人脸关键点数据集很多，如 AFLW、300W、MTFL/MAFL 等，关键点个数也从 5 个到上千个不等。本章采用的是 CVPR 2018 论文 *Look at Boundary：A Boundary-Aware Face Alignment Algorithm* 中提出的 WFLW（Wider Facial Landmarks in the Wild）数据集。这一数据集包含了 10000 张人脸信息，其中，7500 张用于训练，剩余的 2500 张用于测试。每张人脸图片都被标注了 98 个关键点，人脸关键点分布如图 11-1 所示。

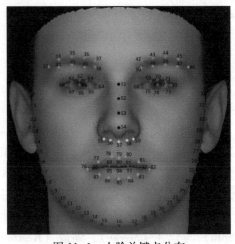

图 11-1　人脸关键点分布

由于关键点检测在人脸分析任务中具有基础性地位，因此工业界往往拥有标注了更多关键点的数据集。但是由于其商业价值，这些信息一般不会被公开，因此目前开源的数据集还是以 5 点和 68 点为主。本章项目使用的 98 点数据集不仅能够更加精确地训练模型，还可以更加全面地对模型表现进行评估。

另外，数据集中的图片并不能直接作为模型输入。对于模型来说，输入图片应该是等尺寸且仅包含一张人脸的。但是数据集中的图片常常会包含多个人脸，这就需要对数据集进行预处理，使之符合模型的输入要求。

11.1.1　人脸裁剪与缩放

数据集中已经提供了每张人脸所处的矩形框，可以据此确定人脸在图像中的位置，人脸矩形框示意图如图 11-2 所示。但是直接按照框选部分进行裁剪会导致两个问题：一是矩形框的尺寸不同，裁剪后的图片还是无法作为模型输入；二是矩形框只能保证将关键点包含在内，而耳朵、头发等其他人脸特征则排除在外，不利于训练泛化能力强的模型。

为了解决上述的第一个问题，将矩形框放大为方形框，因为方形图片容易进行等比例缩放而不会导致图像变形。对于第二个问题，则单纯地将方形框的边长延长为原来的 1.5 倍，以包含更多的脸部信息。相关代码如代码清单 11-1 所示。

图 11-2　人脸矩形框示意图

代码清单 11-1

```
1    def _crop(image: Image, rect: ('x_min', 'y_min', 'x_max', 'y_max')) \
2            -> (Image, 'expanded rect'):
3        """Crop the image w.r.t. box identified by rect."""
4        x_min, y_min, x_max, y_max = rect
5        x_center = (x_max + x_min) / 2
6        y_centcr = (y_max + y_min) / 2
7        side = max(x_center - x_min, y_center - y_min)
8        side *= 1.5
9        rect = (x_center - side, y_center - side,
10               x_center + side, y_center + side)
11       image = image.crop(rect)
12       return image, rect
```

注意，代码清单 11-1 以及本章其余的全部代码中涉及的 image 对象均为 PIL. Image 类型。PIL（Python Imaging Library）是一个第三方模块，但是由于其强大的功能与广泛的用户基础，几乎已经被认为是 Python 官方的图像处理库了。PIL 不仅为用户提供了对 JPG、PNG、GIF 等多种图片类型的支持，还内置了十分强大的图片处理工具集。上面提到的PIL. Image 类型是 PIL 最重要的核心类，除了具备裁剪（Crop）功能外，还拥有创建缩略图（Thumbnail）、通道分离（Split）与合并（Merge）、缩放（Resize）、转置（Transpose）等功能。下面给出一个图片缩放的例子，如代码清单 11-2 所示。

代码清单 11-2

```
1    def _resize(image: Image, pts: '98-by-2 matrix') \
2         -> (Image, 'resized pts'):
3         """Resize the image and landmarks simultaneously."""
4         target_size = (128, 128)
5         pts = pts / image.size * target_size
6         image = image.resize(target_size, Image.ANTIALIAS)
7         return image, pts
```

代码清单 11-2 将人脸图片和关键点坐标一并缩放至 128×128 像素。在 image.resize() 方法的调用中，第一个参数表示缩放的目标尺寸，第二个参数表示缩放所使用的过滤器类型。默认情况下，过滤器会选用 Image.NEAREST，其特点是压缩速度快，但压缩效果较差。因此，PIL 官方文档中建议：如果对于图片处理速度的要求不是那么苛刻，则推荐使用 Image.ANTIALIAS 以获得更好的缩放效果。在本章项目中，由于 _resize() 函数对每张人脸图片只会调用一次，因此时间复杂度并不是问题。由于图像经过缩放后还要被深度模型学习，缩放效果很可能是决定模型学习效果的关键因素，所以这里选择了 Image.ANTIALIAS 过滤器进行缩放。图 11-2 经过裁剪和缩放处理后的效果如图 11-3 所示。

11.1.2　数据归一化处理

经过裁剪和缩放处理所得到的数据集已经可以用于模型训练了，但是训练效果并不理想。对于正常图片，模型可以以较高的准确率定位人脸关键点。但是在某些过度曝光或者经过了滤镜处理的图片面前，模型就显得力不从心了。为了提高模型的准确率，这里进一步对数据集进行归一化处理。所谓归一化，就是排除某些变量的影响。例如，希望将所有人脸图片的平均亮度统一，从而排除图片亮度对模型的影响，如代码清单 11-3 所示。

图 11-3　图 11-2 经过裁剪
和缩放处理后的效果

代码清单 11-3

```
1    def _relight(image: Image) -> Image:
2         """Standardize the light of an image."""
3         r, g, b = ImageStat.Stat(image).mean
4         brightness = math.sqrt(0.241 * r ** 2 + 0.691 * g ** 2 + 0.068 * b ** 2)
5         image = ImageEnhance.Brightness(image).enhance(128 / brightness)
6         return image
```

ImageStat 和 ImageEnhance 分别是 PIL 中的两个工具类。顾名思义，ImageStat 可以对图片中的每个通道进行统计分析，代码清单 11-3 中就对图片的 3 个通道分别求得了平均值；ImageEnhance 用于图像增强，常见用法包括调整图片的亮度、对比度以及锐度等。

【提示】颜色通道是一种用于保存图像基本颜色信息的数据结构。最常见的 RGB 模式图片由红、绿、蓝 3 种基本颜色组成，也就是说，RGB 图片中的每个像素都是用这 3

种颜色的亮度值来表示的。在一些印刷品的设计图中经常会遇到另一种称为 CYMK 的颜色模式，这种模式下的图片包含4个颜色通道，分别表示青、黄、红、黑通道。PIL 可以自动识别图片文件的颜色模式，因此，多数情况下用户并不需要关心图像的颜色模式。但是在对图片应用统计分析或增强处理时，底层操作往往是针对不同通道分别完成的。为了避免因为颜色模式导致的图像失真，用户可以通过 PIL.Image.mode 属性查看被处理图片的颜色模式。

类似地，人们希望消除人脸朝向所带来的影响。这是因为训练集中朝向左边的人脸明显多于朝向右边的人脸，导致模型对于朝向右边的人脸识别率较低。具体做法是随机地将人脸图片进行左右翻转，从而在概率上保证朝向不同的人脸图片具有近似平均的分布，如代码清单 11-4 所示。

代码清单 11-4

```
1    def _fliplr(image: Image, pts: '98-by-2 matrix') \
2            -> (Image,'corresponding pts'):
3        """Flip the image and landmarks randomly."""
4        if random.random() >= 0.5:
5            pts[:, 0] = 128 - pts[:, 0]
6            pts = pts[_fliplr.perm]
7            image = image.transpose(Image.FLIP_LEFT_RIGHT)
8        return image, pts
```

图片的翻转比较容易完成，只需要调用 PIL.Image 类的转置方法即可，但是关键点的翻转则需要一些额外的操作。举例来说，左眼 96 号关键点在翻转后会成为新图片的右眼 97 号关键点（见图 11-1），因此其在 pts 数组中的位置也需要从 96 变为 97。为了实现这样的功能，定义全排列向量 perm 来记录关键点的对应关系。为了方便程序调用，perm 被保存在文件中。但是如果每次调用_fliplr()函数时都从文件中读取，显然会影响函数的执行；而将 perm 作为全局变量加载又会"污染"全局变量空间，破坏函数的封装性。这里的解决方案是将 perm 作为函数对象_fliplr()的一个属性，从外部加载并始终保存在内存中，如代码清单 11-5 所示。

代码清单 11-5

```
1    # 导入 perm
2    _fliplr.perm = np.load('fliplr_perm.npy')
```

【提示】熟悉 C/C++的读者可能会联想到 static 修饰的静态局部变量。很遗憾的是，Python 作为动态语言是没有这种特性的。代码清单 11-5 就是为了实现类似效果所做出的一种尝试。

11.1.3 整体代码

前面小节中定义了对于单张图片的全部处理函数，接下来只需要遍历数据集并调用即可，如代码清单 11-6 所示。由于训练集和测试集在 WFLW 中是分开进行存储的，但是二者的处理流程几乎相同，因此可以将其公共部分抽取出来作为 preprocess()函数进行定义。训练集和测试集共享同一个图片库，其区别仅仅在于人脸关键点的坐标以及人脸矩形框的位置，这些信息被存储在一个描述文件中。preprocess()函数接收这个描

述文件流作为参数，依次处理文件中描述的人脸图片，最后将其保存到 dataset 目录下
的对应位置。

代码清单 11-6

```
1    def preprocess(dataset: 'File', name: str):
2        """数据预处理
3
4        @param dataset：特定格式的数据流
5        @param name：数据集名称（"train" 或者 "test"）
6        """
7        print(f"start processing {name}")
8        image_dir = './WFLW/WFLW_images/'
9        target_base = f'./dataset/{name}/'
10       os.mkdir(target_base)
11
12       pts_set = []
13       batch = 0
14       for data in dataset:
15           if not pts_set:
16               print("\rbatch " + str(batch), end="")
17               target_dir = target_base + f'batch_{batch}/'
18               os.mkdir(target_dir)
19           data = data.split(' ')
20           pts = np.array(data[:196], dtype=np.float32).reshape((98, 2))
21           rect = [int(x) for x in data[196:200]]
22           image_path = data[-1][:-1]
23
24           with Image.open(image_dir + image_path) as image:
25               img, rect = _crop(image, rect)
26           pts -= rect[:2]
27           img, pts = _resize(img, pts)
28           img, pts = _fliplr(img, pts)
29           img = _relight(img)
30
31           img.save(target_dir + str(len(pts_set)) + '.jpg')
32           pts_set.append(np.array(pts))
33           if len(pts_set) == 50:
34               np.save(target_dir + 'pts.npy', pts_set)
35               pts_set = []
36               batch += 1
37       print()
38
39
40   if __name__ == '__main__':
41       annotation_dir = './WFLW/WFLW_annotations/list_98pt_rect_attr_train_test/'
42       train_file = 'list_98pt_rect_attr_train.txt'
43       test_file = 'list_98pt_rect_attr_test.txt'
44       _fliplr.perm = np.load('fliplr_perm.npy')
45
46       os.mkdir('./dataset/')
47       with open(annotation_dir + train_file, 'r') as dataset:
48           preprocess(dataset, 'train')
```

```
49          with open( annotation_dir + test_file, 'r') as dataset：
50              preprocess( dataset, 'test')
```

在 preprocess( )函数中，将 50 个数据组成一批（batch）进行存储，这样做的目的是方便模型训练过程中的数据读取。在机器学习中，模型训练往往是以批为单位的，这样不仅可以提高模型训练的效率，还能充分利用 GPU 的并行能力加快训练速度。处理后的目录结构如代码清单 11-7 所示。

代码清单 11-7

```
1    dataset
2    ├── test
3    │    ├── batch_0
4    │    ...
5    │    └── batch_49
6    └── train
7         ├── batch_0
8         ...
9         └── batch_149
```

11.2 模型搭建与训练

11.2.1 特征图生成

本小节采用的是 ResNet50 预训练模型，这一模型已经被 Keras 收录，可以直接在程序中引用，如代码清单 11-8 所示。

代码清单 11-8

```
1    import os
2    import numpy as np
3
4    from PIL import Image
5    from tensorflow. keras. applications. resnet50 import ResNet50
6    from tensorflow. keras. models import Model
7
8
9    def pretrain( model：Model, name：str)：
10       """Use a pretrained model to extract features.
11
12       @ param model：pretrained model acting as extractors
13       @ param name：dataset name ( either " train" or " test" )
14       """
15       print( "predicting on " + name)
16       base_path = f'. /dataset/{name}/'
17       for batch_path in os. listdir( base_path)：
18           batch_path = base_path + batch_path + '/'
19           images = np. zeros( ( 50, 128, 128, 3), dtype=np. uint8)
20           for i in range( 50)：
21               with Image. open( batch_path + f'{i}. jpg') as image：
22                   images[i] = np. array( image)
```

```
23                result = model. predict_on_batch( images)
24                np. save( batch_path + 'resnet50. npy', result)
25
26
27    base_model = ResNet50( include_top=False, input_shape=( 128, 128, 3))
28    output = base_model. layers[ 38]. output
29    model = Model( inputs=base_model. input, outputs=output)
30    pretrain( model, 'train')
31    pretrain( model, 'test')
```

代码清单 11-8 中截取了 ResNet50 的前 39 层作为特征提取器，输出特征图的尺寸是 32×32×256 像素。这一尺寸表示每张特征图有 256 个通道，每个通道都存储着一个 32×32 像素的灰度图片。特征图本身并不是图片，而是以图片形式存在的三维矩阵。因此，这里的通道概念也和之前章节所说的颜色通道不同。特征图中的每个通道都存储着不同特征在原图的分布情况，也就是单个特征的检测结果。

【小技巧】迁移学习的另一种常见实现方式是"预训练+微调"。其中，预训练指的是被迁移模型在其领域内的训练过程，微调是指对迁移后的模型在新的应用场景中进行调整。这种方式的优点是可以使被迁移模型在经过微调后更加贴合当前任务，但是微调的过程往往耗时较长。本例中，由于被迁移部分仅仅作为最基本特征的提取器，微调的意义并不明显，因此没有选择用这样的方式进行训练。有兴趣的读者可以自行实现。

11.2.2　模型搭建

下面开始搭建基于特征图的卷积神经网络。Keras 提供了两种搭建网络模型的方法，一种是通过定义 Model 对象来实现，另一种是定义顺序（Sequential）对象。前者已经在代码清单 11-8 中有所体现了，这里使用代码清单 11-9 来对后者进行说明。与 Model 对象不同，顺序对象不能描述任意的复杂网络结构，而只能是网络层的线性堆叠。因此，在 Keras 框架中，顺序对象是作为 Model 的一个子类存在的，仅仅是 Model 对象的进一步封装。创建好顺序模型后，可以使用 model. add( )方法在模型中插入网络层，新插入的网络层会默认成为模型的最后一层。尽管网络层线性堆叠的特性限制了模型中分支和循环结构的存在，但是小型的神经网络大都可以满足这一要求。因此，顺序模型对于一般的应用场景已经足够了。

代码清单 11-9

```
1     model = Sequential( )
2     model. add( Conv2D( 256, ( 1, 1), input_shape=( 32, 32, 256), activation='relu'))
3     model. add( Conv2D( 256, ( 3, 3), activation='relu'))
4     model. add( MaxPooling2D( ))
5     model. add( Conv2D( 512, ( 2, 2), activation='relu'))
6     model. add( MaxPooling2D( ))
7     model. add( Flatten( ))
8     model. add( Dropout( 0. 2))
9     model. add( Dense( 196))
10    model. compile( 'adam', loss='mse', metrics=[ 'accuracy'])
11    model. summary( )
12    plot_model( model, to_file='. /models/model. png', show_shapes=True)
```

代码清单 11-9 中一共向顺序模型插入了 8 个网络层，其中的卷积层（Conv2D）、最大池化层（MaxPooling2D）以及全连接层（Dense）都是卷积神经网络中十分常用的网络层，需要好好掌握。应当指出的是，顺序模型在定义时不需要用户显式地传入每个网络层的输入尺寸，但这并不代表输入尺寸在模型中不重要。相反，模型整体的输入尺寸由模型中第一层的 input_shape 给出，而后各层的输入尺寸就都可以被 Keras 自动推断出来。

本模型的输入取自 11.2.1 小节的特征图，尺寸为 32×32×256 像素。模型整体的最后一层常常被称为输出层。这里希望模型的输出是 98 个人脸关键点的横纵坐标，因此输出向量的长度是 196。模型的整体结构及各层尺寸如图 11-4 所示。

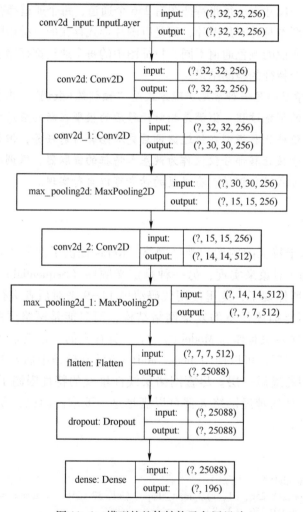

图 11-4　模型的整体结构及各层尺寸

【小技巧】和模型中的其他各层不同，Dropout 层的存在不是为了从特征图中提取信息，而是随机地将一些信息抛弃。正如大家所预期的那样，Dropout 层不会使模型在训练阶段的表现变得更好，但出人意料的是模型在测试阶段的准确率却得到了显著的提升，这是因为 Dropout 层可以在一定程度上抑制模型的过拟合。从图 11-4 可以看出，Dropout 层的输入和输出都是一个长度为 25088 的向量。区别在于，某些向量元素在经过 Dropout 层后会被置为 0，意味着这个元素所代表的特征被抛弃了。因为在训练时输出层不能提前预知哪些特征会被抛弃，所以不会完全依赖于某些特征，从而提高了模型的泛化性能。

与代码清单 11-8 不同，代码清单 11-9 在模型搭建完成后进行了编译（Compile）操作。但事实上，Compile 并不是顺序模型特有的方法，这里对模型进行编译是为了设置一系列与训练相关的参数。第一个参数 Adam 指的是以默认参数使用 Adam 优化器。Adam 优化器是对于随机梯度下降（SGD）优化器的一种改进，由于其计算的高效性而被广泛采用。第二个参数指定了损失函数取均方误差的形式。由勾股定理可得：

$$\sum_{i=1}^{98} (x_i - \hat{x}_i)^2 + \sum_{i=1}^{98} (y_i - \hat{y}_i)^2 = \sum_{i=1}^{98} r_i^2$$

其中，x_i 和 y_i 分别表示关键点的横纵坐标，r_i 表示预测点到实际点之间的距离。也就是说，均方误差即为关键点偏移距离的平方和，因此这种损失函数的定义是最为直观的。最后一个参数规定了模型的评价标准（Metrics）为预测准确率（Accuracy）。

11.2.3　模型训练

模型训练需要首先将数据集加载到内存。对于数据集不大的机器学习项目，常见的训练方法是读取全部数据并保存在一个 NumPy 数组中，然后调用 Model.fit() 方法。但是在本项目中，全部特征图就占用了近 10 GB 的空间，将其同时全部加载到内存会很容易导致 Python 内核因为没有足够的运行空间而崩溃。对于这种情况，Keras 给出了一个 fit_generator() 接口函数。该函数可以接收一个生成器对象来作为数据来源，从而允许用户以自定义的方式将数据加载到内存。本小节中使用的生成器的定义如代码清单 11-10 所示。

代码清单 11-10

```
1   def data_generator(base_path：str)：
2       """Keras 模型训练的数据生成器
3
4       @ param base_path：数据集路径
5       """
6       while True：
7           for batch_path in os.listdir(base_path)：
8               batch_path = base_path + batch_path + '/'
9               pts = np.load(batch_path + 'pts.npy') \
10                  .reshape((BATCH_SIZE, 196))
11              _input = np.load(batch_path + 'resnet50.npy')
12              yield _input, pts
13
14  train_generator = data_generator('./dataset/train/')
15  test_generator = data_generator('./dataset/test/')
```

【提示】迭代器模式是最常用的设计模式之一。许多现代编程语言，包括 Python、Java、C++等，都从语言层面提供了迭代器模式的支持。在 Python 中，所有可迭代对象都属于迭代器，而生成器则是迭代器的一个子类，主要用于动态地生成数据。和一般的函数执行过程不同，迭代器函数遇到 yield 关键字返回，下次调用时从返回处继续执行。代码清单 11-10 中，train_generator 和 test_generator 都是迭代器类型的对象（但 data_generator() 是函数对象）。

模型的训练过程常常会持续多个 epoch（周期），因此生成器在遍历完一次数据集后必须有能力回到起点继续下一次遍历。这就是代码清单 11-10 中把 data_generator() 定义为一个死循环的原因。如果没有引入死循化，则 for 循环遍历结束时，data_generator( ) 函数会直接退出。此时，任何企图从生成器获得数据的尝试都会触发异常，训练的第二个 epoch 也就无法正常启动了。

定义生成器的另一个作用是数据增强。前面对图片的亮度进行了归一化处理，以排除亮度对模型的干扰。一种更好的实现方式是在生成器中对输入图片动态地调整亮度，从而使模型可以适应不同亮度的图片，提升其泛化效果。本例由于预先采用了迁移学习进行特征提取，模型输入已经不是原始图片，所以无法使用数据增强。

定义好迭代器就可以开始训练模型了，如代码清单 11-11 所示。值得一提的是，steps_per_epoch 这个参数在 fit( ) 函数中是没有的。因为 fit( ) 函数的输入数据是一个列表，Keras 可以根据列表长度获知数据集的大小。但是生成器没有对应的 len( ) 函数，所以 Keras 并不知道一个 epoch 会持续多少个批次，因此，需要用户显式地将这一数据作为参数传递进去。

代码清单 11-11

```
1    history = model. fit_generator(
2         train_generator,
3         steps_per_epoch=150,
4         validation_data=test_generator,
5         validation_steps=50,
6         epochs=4,
7         )
8    model. save('. /models/model. h5')
```

训练结束后，需要将模型保存到一个 h5py 文件中。这样即使 Python 进程被关闭，也可以随时获取到这一模型。迁移学习中使用的 ResNet50 预训练模型就是这样保存在本地的。

11.3 模型评价

模型训练结束后，往往需要对其表现进行评价。对于人脸关键点这样的视觉任务来说，最直观的评价方式就是用肉眼来判断关键点坐标是否精确。为了将关键点绘制到原始图像上，定义 visual 模块的代码如代码清单 11-12 所示。

代码清单 11-12

```
1    import numpy as np
2    import functools
3
4    from PIL import Image, ImageDraw
5
6    def _preview(image: Image,
7                 pts: '98-by-2 matrix',
8                 r=1,
9                 color=(255,0,0)):
10        """Draw landmark points on image. """
11        draw = ImageDraw. Draw(image)
12        for x, y in pts:
13            draw. ellipse((x - r, y - r, x + r, y + r), fill=color)
14
```

```
15      def _result(name: str, model):
16          """Visualize model output on dataset specified by name."""
17          path = f'./dataset/{name}/batch_0/'
18          _input = np.load(path + 'resnet50.npy')
19          pts = model.predict(_input)
20          for i in range(50):
21              with Image.open(path + f'{i}.jpg') as image:
22                  _preview(image, pts[i].reshape((98, 2)))
23                  image.save(f'./visualization/{name}/{i}.jpg')
24
25      train_result = functools.partial(_result, "train")
26      test_result = functools.partial(_result, "test")
```

【小技巧】代码清单 11-12 的最后调用 functools.partial() 创建了两个函数对象 train_result 和 test_result，这两个对象被称为偏函数。从函数名 partial 可以看出，返回的偏函数应该是_result() 函数的参数被部分赋值的产物。以 train_result 为例，上述的定义和代码清单 11-13 是等价的。由于类似的封装场景较多，Python 内置了对于偏函数的支持，以减轻编程人员的负担。

代码清单 11-13

```
1      def train_result(model):
2          _result("train", model)
```

模型可视化的部分结果如图 11-5 所示。

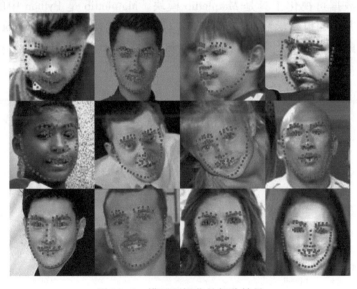

图 11-5　模型可视化的部分结果

11.2.3 小节中的 fit_generator() 方法返回了一个 history 对象，其中的 history.history 属性记录了模型训练到不同阶段的损失函数值和准确度。使用 history 对象进行训练历史可视化的代码如代码清单 11-14 所示。在机器学习研究中，损失函数值随时间变化的函数曲线是判断模型拟合程度的标准之一。一般来说，模型在训练集上的损失函数值会随时间严格下降，下降速度会随着时间减小，其图像类似指数函数。而在测试集上，模型的表现通常是先下降后不变。如果训练结束时模型在测试集上的损失函数值已经稳定，却远高于训练集上的损失函数值，则说明模型很可能已经过拟合，需要降低模型复杂度来重新训练。

代码清单 11-14

```
1    import matplotlib. pyplot as plt
2
3    # Plot training & validation accuracy values
4    plt. plot(history. history['accuracy'])
5    plt. plot(history. history['val_accuracy'])
6    plt. title('Model accuracy')
7    plt. ylabel('Accuracy')
8    plt. xlabel('Epoch')
9    plt. legend(['Train', 'Test'], loc='upper left')
10   plt. savefig('. /models/accuracy. png')
11   plt. show()
12
13   # Plot training &validation loss values
14   plt. plot(history. history['loss'])
15   plt. plot(history. history['val_loss'])
16   plt. title('Model loss')
17   plt. ylabel('Loss')
18   plt. xlabel('Epoch')
19   plt. legend(['Train', 'Test'], loc='upper left')
20   plt. savefig('. /models/loss. png')
21   plt. show()
```

这里使用的数据可视化工具是 Matplotlib 模块。Matplotlib 是 Python 中的一个 MATLAB 开源替代方案，其中的很多函数都和 MATLAB 具有相同的使用方法。pyplot 是 Matplotlib 的一个顶层 API，其中包含了绘图时常用的组件和方法。代码清单 11-14 绘制得到的曲线如图 11-6 所示。

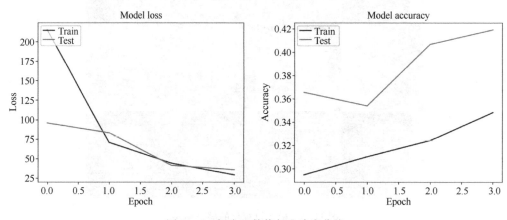

图 11-6　损失函数值与准确度曲线

从数据可以看出，模型在训练的 4 个 epoch 中识别效果逐渐提升。甚至在第四个 epoch 结束后损失函数值仍有所下降，预示着模型表现还有进一步提升的空间。有意思的一点是，模型在测试集上的表现似乎优于训练集：在第一个和第三个 epoch 中，训练集上的损失函数值低于测试集上的损失函数值。这一现象主要是因为模型的准确率在不断升高，测试集的损失函数值反映的是模型在一个 epoch 结束后的表现，而训练集的损失函数值反映的则是模型在这个 epoch 的平均表现。

11.4　本章小结

　　本章使用 TensorFlow 和 Keras 实现了图片中的人脸关键点检测，这也是人脸识别的关键技术。基于人脸关键点的检测，可以获取到一个向量，后续再通过向量距离计算来获取不同人脸图片之间的相似度而得知是否为同一张人脸的方法，就是人脸识别的实现方式之一。人脸识别的相关技术也需要读者去进一步探索，如活体检测等。

第12章
案例：街景门牌字符识别

本章以计算机视觉中的字符识别为背景，以 SVHN 街道字符识别数据集为基础，旨在提高读者对计算机视觉的理解及数据建模的能力。本章分别通过数据分析、数据建模、模型改进及数据增广等步骤，使读者深入了解如何通过机器学习来解决实际问题和提高建模能力的过程。本章引入了目标检测模型 YOLOv4，并在此基础上进行改进，解决了任务数据集中图像分辨率、尺度不均的问题。本章还采用了数据增广的方法，将原有的数据集扩充至 4 倍。同时，还采用全局的非极大值抑制方法解决了字符长度不一致而导致的模型难融合问题。本章由浅入深地向读者介绍了计算机视觉中常用的 YOLOv4 检测模型，并介绍了许多提升数据准确率的技巧。

扫码看案例视频

12.1 背景介绍

本章使用的是谷歌的门牌（Street View House Numbers，SVHN）数据集，如图 12-1 所示。

图 12-1　SVHN 数据集

数据集包括了 3 万张训练图像、1 万张验证图像，以及 4 万张测试图像，需要根据给定的带有 bbox 的训练集和验证集对 4 万张不带有 bbox 的图像进行字符的识别，并且按照从左到右的顺序来顺序输出。其中，训练集和验证集中给定的 bbox 的格式是左上角坐标、字符的宽高以及对应的标签，如图 12-2 所示。

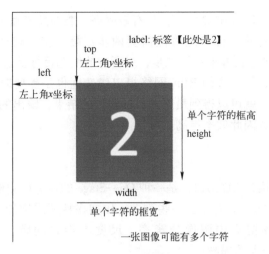

图 12-2　数据集标签

其中，采用准确率作为评价指标，公式如下。

$$score = \frac{识别正确的数量}{测试集图片数量编码}$$

虽然实质上是图像分类问题，但相比其他图像分类问题中只需给定一个分类结果，这里需要识别图片中不定长的字符数，从而导致输出的结果也不定长。

这里的数据集来自现实的街景街牌照片，具有分辨率及尺寸不一致的问题。同时，图像中的有些数字有明显的旋转和形变，甚至部分街景图片人眼无法识别，如图 12-3 所示。

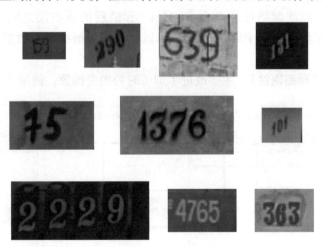

图 12-3　字符串、分辨率、尺寸、角度及形态不一致的照片

为了解决以上的挑战，这里将原本的图像识别问题分解为图像检测及图像识别问题，并通过将数字图像进行定位来解决图像字符串数量、尺寸及形态不一致的问题，然后通过图像识别来获得街牌的字符编码。

12.2　算法介绍

这里采用的是一站式的目标检测、One-Stage 的模型 YOLO 系列。YOLO 系列相较于之前的 RCNN、FastRCNN、FasterRCNN 等，具有效率高、兼顾高准确率的特点。

事实上，RCNN 系列的目标检测算法需要两步：第一步，利用 RPN 网络提出 Region Proposals，获得所有的候选目标框；第二步，对所有的候选目标框进行分类，以完成目标检测。而 YOLO 的思路是，第一步的 RPN 网络提出候选框也是需要时间的，YOLO 能够做到只通过一个阶段的处理，就可以得到最终的目标检测的结果，输出的结果同时包含检测框的坐标信息以及类别信息，因此效率更高。

12.2.1 YOLOv4

本例采用的模型结构是 YOLOv4，是一种 One-Stage 的目标检测框架，相较于 Two-Stage 框架更加高效。在 YOLOv4 中进行了一些改进，比如在特征层增加了 SPP 模块等结构，可以比较好地解决任务数据集中图像分辨率、尺度不均的问题。并且，YOLOv4 相比于 YOLOv3 在性能上有了很大的提高。

从图 12-4 和图 12-5 给出的 YOLOv3 和 YOLOv4 的模型结构图可以看出，YOLOv4 整体架构与 YOLOv3 是相同的，但是多了 CSP 结构，并且其中的一些小的子结构也进行了改进。总体上，YOLOv3 和 YOLOv4 的整体结构都可以划分为四大板块，即输入端、Backbone、Neck、Prediction。下面从这 4 个方面分析 YOLOv4 相对于 YOLOv3 的创新之处。

1）**输入端**。输入端的创新主要指 end to end 训练过程中的创新，包括使用 Mosaic 数据增强、SAT 自对抗训练等。

2）**Backbone（主干网）**。YOLOv4 使用了 CSPDarknet53、Mish 激活函数、Dropblock 等将多种技巧结合起来。

3）**Neck**。目标检测网络往往会在 Backbone 和最后的输出层之间插入一些层，比如 YOLOv4 中的 SPP 模块、FPN+PAN 结构等，可以比较好地解决任务数据集图像分辨率以及尺度不均等问题。

4）**Prediction（预测网络）**。主要改进了训练时的损失函数，使用了 CIOU_Loss。

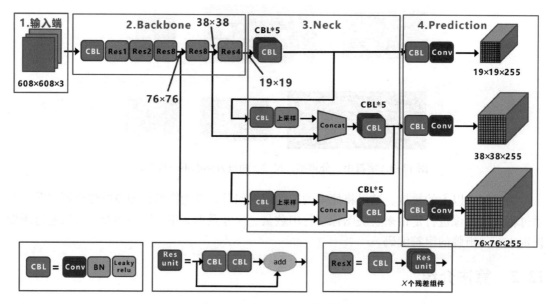

图 12-4　YOLOv3 模型结构图

214

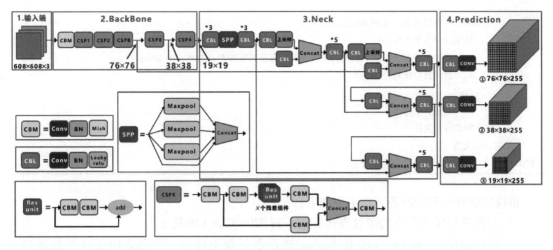

图 12-5　YOLOv4 模型结构图

从图 12-6 所示的对比图中可以看出，对比 YOLOv3 和 YOLOv4，在 COCO 数据集上，FPS 等于 83 左右时，YOLOv4 的 AP 是 43，而 YOLOv3 是 33，直接上涨了 10 个百分点。同时，也可看出，相比 EfficientDet，YOLOv4 在 AP 大致相同的情况下，速度快了两倍。

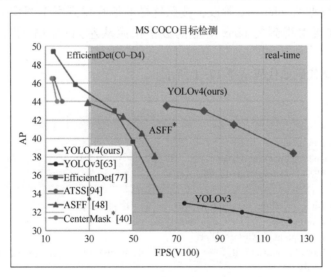

图 12-6　YOLOv4 与其他算法的对比图

12.2.2　算法流程

单模型推理的整体算法流程如下：

输入：测试集图像集合

输出：submission.csv 文件

BEGIN：

　　对于测试集中的每一张图片：

　　　　对图片不失真地缩放到 320×320

　　　　将图片作为输入，得到预测的 bbox

> 对预测结果进行 NMS, 返回预测结果
>> 如果检测结果不为空:
>>> 将数字按照坐标从小到大的位置排序, 保证数字按照从左到右的顺序排序
>>> 返回数字序列
>> 否则:
>>> 返回空字符串
> 将字符串写入文件

保存 . csv 文件

END

单模型推理流程的准备工作主要如下:

1) 对图像采用不失真的缩放方式, 统一到 320×320×3 的尺寸。

2) 需要使用 K-means 算法对 Anchor 进行重新聚类计算, 得到适用于这个数据集的 Anchor。

3) 在模型训练时, 使用 COCO 的预训练模型进行训练。同时, 为了保证收敛速度, 采取先对 Backbone 的参数进行冻结的方式, 进行 20 个 epoch 训练后解冻, 之后继续训练 20 个 epoch。

4) 最后在单模型的 inference 阶段, 按照这样的流程得到每个图像的识别结果。这里需要注意的是, 需要对得到的 bbox 对应的数字按照从左到右的顺序排序, 否则会出现错误。

YOLOv4 的主体代码如代码清单 12-1 所示。

代码清单 12-1

```
1    import torch
2    import torch. nn as nn
3    from collections import OrderedDict
4    from nets. CSPdarknet import darknet53
5
6    def conv2d(filter_in, filter_out, kernel_size, stride=1):
7        pad = (kernel_size - 1) // 2 if kernel_size else 0
8        return nn. Sequential(OrderedDict([
9            ("conv", nn. Conv2d(filter_in, filter_out, kernel_size=kernel_size, stride=stride, padding=pad, bias=False)),
10           ("bn", nn. BatchNorm2d(filter_out)),
11           ("relu", nn. LeakyReLU(0.1)),
12       ]))
13
14   #-------------------------------------------------------#
15   #   SPP 结构, 利用不同大小的池化核进行池化
16   #   池化后堆叠
17   #-------------------------------------------------------#
18   class SpatialPyramidPooling(nn. Module):
19       def __init__(self, pool_sizes=[5, 9, 13]):
20           super(SpatialPyramidPooling, self). __init__()
21
22           self. maxpools = nn. ModuleList([nn. MaxPool2d(pool_size, 1, pool_size//2) for pool_size in pool_sizes])
```

```
23
24        def forward(self, x):
25            features = [maxpool(x) for maxpool in self.maxpools[::-1]]
26            features = torch.cat(features + [x], dim=1)
27
28            return features
29
30    #------------------------------------------------------------#
31    #    卷积+上采样
32    #------------------------------------------------------------#
33    class Upsample(nn.Module):
34        def __init__(self, in_channels, out_channels):
35            super(Upsample, self).__init__()
36
37            self.upsample = nn.Sequential(
38                conv2d(in_channels, out_channels, 1),
39                nn.Upsample(scale_factor=2, mode='nearest')
40            )
41
42        def forward(self, x,):
43            x = self.upsample(x)
44            return x
45
46    #------------------------------------------------------------#
47    #     3 次卷积块
48    #------------------------------------------------------------#
49    def make_three_conv(filters_list, in_filters):
50        m = nn.Sequential(
51            conv2d(in_filters, filters_list[0], 1),
52            conv2d(filters_list[0], filters_list[1], 3),
53            conv2d(filters_list[1], filters_list[0], 1),
54        )
55        return m
56
57    #------------------------------------------------------------#
58    #     5 次卷积块
59    #------------------------------------------------------------#
60    def make_five_conv(filters_list, in_filters):
61        m = nn.Sequential(
62            conv2d(in_filters, filters_list[0], 1),
63            conv2d(filters_list[0], filters_list[1], 3),
64            conv2d(filters_list[1], filters_list[0], 1),
65            conv2d(filters_list[0], filters_list[1], 3),
66            conv2d(filters_list[1], filters_list[0], 1),
67        )
68        return m
69
70    #------------------------------------------------------------#
71    #     最后获得 YOLOv4 的输出
72    #------------------------------------------------------------#
73    def yolo_head(filters_list, in_filters):
74        m = nn.Sequential(
```

```
75            conv2d(in_filters, filters_list[0], 3),
76            nn. Conv2d(filters_list[0], filters_list[1], 1),
77        )
78        return m
79
80    #--------------------------------------------------------#
81    #      yolo_body
82    #--------------------------------------------------------#
83    class YoloBody( nn. Module) :
84        def __init__( self, num_anchors, num_classes) :
85            super( YoloBody, self). __init__( )
86            #   Backbone
87            self. backbone = darknet53( None)
88
89            self. conv1 = make_three_conv([512,1024],1024)
90            self. SPP = SpatialPyramidPooling( )
91            self. conv2 = make_three_conv([512,1024],2048)
92
93            self. upsample1 = Upsample(512,256)
94            self. conv_for_P4 = conv2d(512,256,1)
95            self. make_five_conv1 = make_five_conv([256, 512],512)
96
97            self. upsample2 = Upsample(256,128)
98            self. conv_for_P3 = conv2d(256,128,1)
99            self. make_five_conv2 = make_five_conv([128, 256],256)
100           # 3 * (5+num_classes)= 3 * (5+20)= 3 * (4+1+20)= 75
101           # 4+1+num_classes
102           final_out_filter2 = num_anchors * (5 + num_classes)
103           self. yolo_head3 = yolo_head([256, final_out_filter2],128)
104
105           self. down_sample1 = conv2d(128,256,3,stride=2)
106           self. make_five_conv3 = make_five_conv([256, 512],512)
107           # 3 * (5+num_classes)= 3 * (5+20)= 3 * (4+1+20)= 75
108           final_out_filter1 =   num_anchors * (5 + num_classes)
109           self. yolo_head2 = yolo_head([512, final_out_filter1],256)
110
111
112           self. down_sample2 = conv2d(256,512,3,stride=2)
113           self. make_five_conv4 = make_five_conv([512, 1024],1024)
114           # 3 * (5+num_classes)= 3 * (5+20)= 3 * (4+1+20)= 75
115           final_out_filter0 =   num_anchors * (5 + num_classes)
116           self. yolo_head1 = yolo_head([1024, final_out_filter0],512)
117
118
119       def forward( self, x) :
120           #   Backbone
121           x2, x1, x0 = self. backbone( x)
122
123           P5 = self. conv1( x0)
124           P5 =self. SPP( P5)
125           P5 = self. conv2( P5)
126
```

```
127                     P5_upsample = self. upsample1(P5)
128                     P4 = self. conv_for_P4(x1)
129                     P4 = torch. cat([P4,P5_upsample],axis=1)
130                     P4 = self. make_five_conv1(P4)
131
132                     P4_upsample = self. upsample2(P4)
133                     P3 = self. conv_for_P3(x2)
134                     P3 = torch. cat([P3,P4_upsample],axis=1)
135                     P3 = self. make_five_conv2(P3)
136
137                     P3_downsample = self. down_sample1(P3)
138                     P4 = torch. cat([P3_downsample,P4],axis=1)
139                     P4 = self. make_five_conv3(P4)
140
141                     P4_downsample = self. down_sample2(P4)
142                     P5 = torch. cat([P4_downsample,P5],axis=1)
143                     P5 = self. make_five_conv4(P5)
144
145                     out2 = self. yolo_head3(P3)
146                     out1 = self. yolo_head2(P4)
147                     out0 = self. yolo_head1(P5)
148
149                     return out0, out1, out2
```

这段代码开头的几个函数定义了卷积操作、SPP 结构、上采样、3 次卷积块、5 次卷积块等，主体类为 YoloBody，利用了 CSPDarknet 作为 Backbone。这也是 YOLOv4 的一个创新点。

12.3　模型优化

12.3.1　数据增强

对于街景门牌字符识别这个任务，数据增强非常有效，同时由于数据尺寸较小，因此数据增强方案主要包括离线数据增强和在线数据增强。

离线数据增强可直接保存扩充的结果，首先将训练集和验证集合并，得到具有 4 万张图像的数据集，然后通过随机旋转、水平翻转、缩放、亮度变换、高斯模糊等方式将每张图像扩充到 4 张，这样一共能够得到 16 万张的图像，并按照 1:10 的比例重新分配验证集。图 12-7 所示是数据增强示意图。

在进行增强时需要注意几个细节：第一个是如果旋转角度太大，则会涉及标签的改变，因此可将

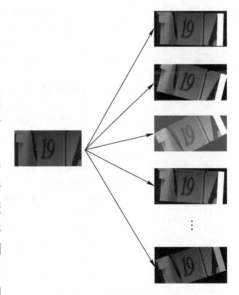

图 12-7　数据增强示意图

旋转角度设置在-15°~15°之间，避免标签的变化；第二个需要注意的是，水平翻转的数据需要加以限制，只有 1、8、0 等标签才能进行水平翻转，并且进行翻转后要注意标签可能会发生变化，此时应加以判断。在进行离线数据增强后，需要再次对数据集进行一次 Anchor 的计算。

在线数据增强主要是进行随机的亮度变换以及色域变换，并对输入的图像进行随机的尺寸变换。具体如代码清单 12-2 所示。

代码清单 12-2

```
1   import imgaug as ia
2   from imgaug import augmenters as iaa
3   import cv2
4   import matplotlib.pyplot as plt
5   import matplotlib.patches as patches
6   import os
7   import json
8   from PIL import Image
9   import numpy as np
10
11  ia.seed(1)
12
13  # 画框检查 label
14  def draw_predict_bbox(output_file, data_path):
15      fp = open(output_file)
16      json_data = json.loads(fp.read())
17      pred_dict = {}
18      for pred_msg in json_data.keys():
19          print(pred_msg)
20          if pred_msg not in pred_dict:
21              pred_dict[pred_msg] = []
22          for i in range(len(json_data[pred_msg]['height'])):
23              bbox = [float(json_data[pred_msg]['left'][i]),
24                      float(json_data[pred_msg]['top'][i]),
25                      float(json_data[pred_msg]['left'][i] + json_data[pred_msg]['width'][i]),
26                      float(json_data[pred_msg]['top'][i] + json_data[pred_msg]['height'][i])]
27              pred_dict[pred_msg].append(bbox)
28
29      for image_path in os.listdir(data_path):
30          image = cv2.imread(os.path.join(data_path, image_path))
31          image = cv2.cvtColor(image, cv2.COLOR_BGR2RGB)
32          name = image_path.split('/')[-1]
33          fig, ax = plt.subplots(1)
34          ax.imshow(image)
35          if name in pred_dict:
36              for predict_bbox in pred_dict[name]:
37                  pred_bottomleft = [predict_bbox[0], predict_bbox[1]]
38                  pred_width = predict_bbox[2] - predict_bbox[0]
39                  pred_height = predict_bbox[3] - predict_bbox[1]
40                  rect = patches.Rectangle(pred_bottomleft, pred_width, pred_height, linewidth=
41  1, edgecolor='b',
                                                   facecolor='none')
42                  # 将补丁添加到 Axes 对象中
43                  ax.add_patch(rect)
44          output_path = './show/'
45          plt.savefig('%s/%s' % (output_path, name))
46          print('save image %s' % (name))
47
```

```
48
49    if __name__ == '__main__':
50
51        data_path =   './mchar_train/mchar_train_test/'
52        label_file = './mchar_train. json'
53        # draw_predict_bbox(label_file, data_path)
54        aug_dir = './aug/'
55        aug_label_file = './aug_mchar_train. json'
56        # draw_predict_bbox(aug_label_file, aug_dir)
57        aug_loop = 10
58
59        fp = open(label_file)
60        json_data = json. loads(fp. read())
61        pred_dict = {}
62        for pred_msg in json_data. keys():
63            print(pred_msg)
64            if pred_msg not in pred_dict:
65                pred_dict[pred_msg] = []
66            for i in range(len(json_data[pred_msg]['height'])):
67                bbox = [float(json_data[pred_msg]['left'][i]),
68                        float(json_data[pred_msg]['top'][i]),
69                        float(json_data[pred_msg]['left'][i] + json_data[pred_msg]['width'][i]),
70                        float(json_data[pred_msg]['top'][i] + json_data[pred_msg]['height'][i])]
71                pred_dict[pred_msg]. append(bbox)
72
73        # 影像增强
74        seq = iaa. Sequential([
75            # iaa. Flipud(0. 5),                # 将所有图像的20%垂直翻转
76            # iaa. Fliplr(0. 5),                # 镜像
77            iaa. Multiply((1. 2, 1. 5)),        # 修改亮度, 不影响预测框
78            iaa. GaussianBlur(sigma=(0, 3. 0)),
79            iaa. Affine(
80                scale=(0. 8, 0. 95),
81                rotate=(-30, 30)
82            )    # 在x/y轴上平移40/60像素, 并缩放到50%~70%, 预测框会受到影响
83        ])
84
85        result_dict = {}
86        for epoch in range(aug_loop):
87            for i in os. listdir(data_path):
88                seq_det = seq. to_deterministic()
89                img = Image. open(data_path + i)
90                img = np. array(img)
91                file_name = str(i[:-4]) + "_aug_" + str(epoch) + '. png'
92                result_dict[file_name] = dict()
93                result_dict[file_name]['height'] = []
94                result_dict[file_name]['label'] = []
95                result_dict[file_name]['top'] = []
96                result_dict[file_name]['width'] = []
97                result_dict[file_name]['left'] = []
98                for j in range(len(pred_dict[i])):
99                    bbs = ia. BoundingBoxesOnImage([ia. BoundingBox(x1=pred_dict[i][j][0],
```

```
100                                                            y1 = pred_dict[i][j][1],
101                                                            x2 = pred_dict[i][j][2],
102                                                            y2 = pred_dict[i][j][3])
103                                                      ], shape = img. shape)
104                     bbs_aug = seq_det. augment_bounding_boxes([bbs])[0]
105                     x1 = int(bbs_aug. bounding_boxes[0]. x1)
106                     y1 = int(bbs_aug. bounding_boxes[0]. y1)
107                     x2 = int(bbs_aug. bounding_boxes[0]. x2)
108                     y2 = int(bbs_aug. bounding_boxes[0]. y2)
109                     print(x1, x2, y1, y2)
110                     result_dict[file_name]['label']. append(json_data[i]['label'][j])
111                     result_dict[file_name]['left']. append(x1)
112                     result_dict[file_name]['top']. append(y1)
113                     result_dict[file_name]['height']. append(y2-y1)
114                     result_dict[file_name]['width']. append(x2-x1)
115                     image_aug = seq_det. augment_images([img])[0]
116                     path = os. path. join(aug_dir, file_name)
117                     Image. fromarray(image_aug). save(path)
118
119
120         fp = open(aug_label_file, 'w')
121         fp. write(json. dumps(result_dict))
```

本例利用了 imgaug 库对数据进行离线数据增强，用到的方法包括随机亮度调节、随机旋转、随机高斯模糊等，同时提供了 draw_predict_bbox() 函数，以便检查增强过程中数据标签是否是正确对应的。

12.3.2 模型融合

由于单个模型的效果不佳，因此考虑融合不同 epoch 下的模型的预测结果对最终的输出进行预测，但由于不同模型预测的结果字符串长度存在不一致的问题，使用传统的投票等技术难以实现，因此这里采用了全局的非极大值抑制方法，采用模型融合来提高性能。模型融合流程图如图 12-8 所示。

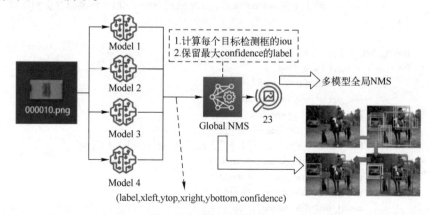

图 12-8　模型融合流程图

模型融合可以分为以下几步。首先对于给定的图像，根据不同 epoch 下的模型结果得到各个模型针对这个图像的一个预测结果，其中包括预测的标签、bbox 以及相应的每个数字的置信度。之后计算每两个 bbox 的 iou 值，并且将 iou 值低于一定阈值的 bbox 认为是对同一个字符的识别，只保留当前重叠框中置信度高的结果，从而得到最终的输出。具体实现如代码清单 12-3 所示。

代码清单 12-3

```
1    import json
2    import numpy as np
3    import pandas as pd
4    import os
5    datasets_path = './result/'
6    result_list = os.listdir(datasets_path)
7    # result_list = ['21.npy', '40.npy'] # 多个模型的输出结果
8    result = []
9
10   # 全局的 NMS
11   def py_cpu_nms(dets, thresh):
12       # print(dets)
13       x1 = dets[:, 0]
14       y1 = dets[:, 1]
15       x2 = dets[:, 2]
16       y2 = dets[:, 3]
17       # print(x1)
18
19       # print(x1,y1,x2,y2)
20
21       areas = (y2 - y1 + 1) * (x2 - x1 + 1)
22       scores = dets[:, 4]
23       keep = []
24       index = scores.argsort()[::-1]
25       while index.size > 0:
26           i = index[0]    # 每次第一个都是最大的，直接添加
27           keep.append(i)
28
29           x11 = np.maximum(x1[i], x1[index[1:]])          # 计算重叠区域的点
30           y11 = np.maximum(y1[i], y1[index[1:]])
31           x22 = np.minimum(x2[i], x2[index[1:]])
32           y22 = np.minimum(y2[i], y2[index[1:]])
33
34           w = np.maximum(0, x22 - x11 + 1)                # 计算重叠区域宽度
35           h = np.maximum(0, y22 - y11 + 1)                # 计算重叠区域高度
36
37           overlaps = w * h
38           ious = overlaps / (areas[i] + areas[index[1:]] - overlaps)
39
40           idx = np.where(ious <= thresh)[0]
41           index = index[idx + 1]                          # 因为下标从 1 开始
42       out = dict()
43       # print(keep)
44       # print(dets[:,-1])
45       for _ in keep:
46           out[float(dets[_][0])] = int(dets[_][5])
47       return out
```

```
48
49      # 读入 result 结果
50      for i in range(len(result_list)):
51          result.append(np.load("./result/"+str(result_list[i]),allow_pickle=True).item())
52      file_name = []
53      file_code = []
54      # print(result[0]['000000.png'])
55      # print(len(result[0]['000000.png']))
56      for key in result[0]:# 获得待检测的图像名称
57          # print(key)
58          file_name.append(key)
59          t = []
60          for i in range(len(result_list)):# 将 n 个模型对 key 图像的结果进行合并,合并的模型为[n,5]大小
61              if key in result[i]:
62                  for _ in result[i][key]:
63                      t.append(_)
64              # else:
65              # t.append(np.array([[93.51553],[78.45697],[144.98329],[226.88895],0,5]))
66          t = np.array(t)
67          res = ''
68          if len(t) == 0:                        # 如果没有结果,默认为 1
69              res = '1'
70          else:
71              x_value = py_cpu_nms(t, 0.3)    # 进行全局 nms 计算
72              for x in sorted(x_value.keys()):# 将结果添加进 res
73                  res += str(x_value[x])
74          # print(res)
75          file_code.append(res)
76      # print(file_name)
77      sub = pd.DataFrame({'file_name': file_name, 'file_code': file_code})
78      sub.to_csv('./submission-merge.csv', index=False)
```

这里根据不同 epoch 下的模型结果得到各个模型针对这个图像的一个预测结果,相当于实现了模型聚合的过程,得到聚合了不同 epoch 模型的效果。

12.4 结果展示

从图 12-9 可以看到,增加数据集的规模以及采用模型融合对得分的提升非常大。同时,

<table>
<tr><td>39</td><td>好想要offer啊</td><td>清华大学</td><td>0.901</td><td>2020-12-10</td></tr>
</table>

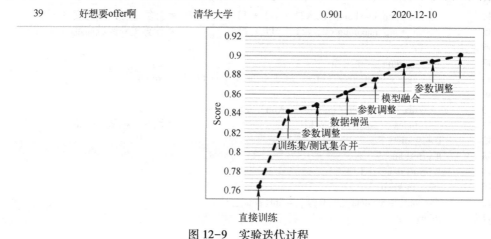

图 12-9　实验迭代过程

本例在训练的时候还采用了正则化、标签平滑、余弦退火学习率等小技巧，其中主要需要调整的参数包括 iou 的阈值以及置信度的阈值。

12.5　本章小结

　　本章的检测模型还有很大的提升空间，其中包括阈值的选取，先前采取的基本是手动设置，其实可以借助验证集，使用如粒子群等优化算法对阈值进行最优化选取。同时，还可以在测试时对图像进行增强，进而提高预测的性能。此外，模型的优化主要考虑采用更高精度的模型进行训练，包括 YOLO 系列的后续版本（如 YOLOv5、YOLOv7）、Cascade-RCNN 等，以及优化训练 Loss，比如使用 GIOU 作为损失函数。在模型融合的基础上可以采用集成模型中 bagging 和 AdaNoost 的思想来生成子模型等。

第 13 章
案例：对抗攻击

本章将提供一个对抗攻击案例来展示深度学习在模型鲁棒性方面的一些不足。自从
2012 年 AlexNet 在 ImageNet 竞赛中获得冠军以来，深度学习在学术界和工业界都取得了广泛
的关注。然而，没过多久，许多研究者开始注意到深度学习方法的鲁棒性问题：如果在深度
学习模型的输入中添加一些精心设计的微小扰动（Perturbation），那么模
型的输出就可能会发生严重的错误。这一问题在一定程度上限制了深度
学习模型在许多关键场合的使用。本章将介绍对抗攻击的基本原理，并
基于 PyTorch 实现一个针对目标检测模型的对抗攻击方法。

扫码看案例视频

13.1 对抗攻击简介

深度学习在 ImageNet 上取得成功后不久，一些研究者发现，在原始图像上添加精心构
造的微小扰动，就可以使准确率很高的分类器发生严重的误分类。这些精心设计的输入被称
为对抗样本（Adversarial Example），它们看起来与原始图像没有什么明显的区别，但是输入
到分类器中却会产生完全不同的分类结果。使用这些对抗样本，可以对许多模型进行对抗攻
击（Adversarial Attack）。

13.1.1 对抗攻击的分类和主要难点

对抗攻击有许多种分类。从模型是否可获取的角度，对抗攻击分为白盒攻击（White-
box Attack）和黑盒攻击（Black-box Attack）。白盒攻击假定模型的结构、权重和训练方法
是已知的；黑盒攻击假定模型是未知的（有时假定模型部分未知的对抗攻击也可以称为黑
盒攻击）。从攻击的目的来看，对抗攻击可以分为定向攻击（Targeted Attack）和非定向攻
击（Non-targeted Attack）。定向攻击的目的是让模型给出一个特定的输出；非定向攻击的目
的是让模型给出错误的输出。从对抗样本的生成方式来看，可以分为单步法（One-step
Method）和迭代法（Iterative Method）。单步法生成扰动时只进行一步计算，比如只进行一
次梯度计算，而迭代法需要进行多次迭代计算。因此，单步法生成对抗样本的速度一般比较
快，而迭代法一般比较耗时。

目前来看，对抗攻击的主要难点包括：

1）**如何实现有效的黑盒攻击**。在实际应用中，目标模型的结构、权重和训练方法（损
失函数）往往是不可知的，因此，黑盒攻击对于现实世界的深度学习模型具有更大的威胁。
然而，在对模型本身了解非常有限的情况下进行对抗攻击的难度较大，因为攻击者可以利用
的信息往往只有模型的输出，可利用的信息非常有限。

2）**如何提升对抗样本的可迁移性（Transferability）**。一些针对一个模型生成的对抗样

本也可以成功地攻击其他模型，这便是对抗样本的可迁移性。具有高可迁移性的对抗样本，一方面揭示了目标模型的通用缺陷，另一方面也为黑盒攻击提供了一个思路。一般来说，模型之间的结构越复杂，对抗样本就越难以从一个模型迁移到另一个模型。

3）**如何在现实世界中实现有效的对抗攻击**。在计算机中，可以精细地、大面积地改变模型的输入，比如对于图像，可以改变它的每一个像素。然而，在现实世界中，这种改动将会变得非常困难。同时，人为添加的扰动也会在物理世界中出现一定的失真。

13.1.2　快速梯度符号法的基本原理

快速梯度符号法（Fast Gradient Sign Method，FGSM）是对抗攻击中比较基础、有效的一种白盒攻击方法。它利用模型的梯度信息来生成扰动。当前大多数深度学习模型通过参数的梯度来进行模型优化，对于模型参数 Θ，输入为 x，L 为损失函数，随机梯度下降法利用损失函数对于模型参数的梯度来优化模型参数：

$$\Theta := \Theta - \alpha \cdot \nabla_\Theta L$$

其中，α 是学习率。它的思路是，在不改变输入的情况下，通过改变模型参数来降低损失函数。而快速梯度符号法的思路是，在不改变模型权重的情况下，通过改变输入来提升损失函数，即：

$$x := x + \alpha \cdot \text{sign}(\nabla_x L)$$

其中，sign()函数表示取梯度的符号，梯度为正时结果为 1，梯度为负时结果为-1，α 表示学习率。这里使用梯度符号而不是直接使用梯度的原因在于，损失函数对于输入的梯度一般波动比较大，而使用梯度符号可以使每次输入更新的幅度更加可控。通过恰当地设置学习率，我们可以让扰动在正负一个像素值之内，这样会使扰动不那么明显。值得注意的是，与梯度下降不同，快速梯度符号法可以认为是一种"梯度上升"，因为它的目标是增加损失函数的值。

13.1.3　对抗贴图攻击

快速梯度符号法对整个输入进行扰动，这意味着攻击者需要改变输入图像中的所有像素。这在许多现实场景中往往难以实现，因为这样就需要将整张图片打印出来，放在相机前。相比之下，对抗贴图攻击（Adversarial Patch Attack）通过限制添加扰动的范围，构造出一个或多个对抗贴图（Adversarial Patch），在现实世界中更加容易实施。具体来说，对抗贴图攻击在输入图像上选取一个或多个小区域，对抗攻击算法可以在这些区域内任意改变图像的像素值，从而骗过目标模型。用对抗贴图攻击算法生成的对抗样本往往与原图有着一定的差别（对抗贴图一般比较明显，或者说并不追求对抗贴图的"隐蔽性"），但是扰动的范围将会非常有限。这样，攻击者便可以将对抗贴图打印出来，放置在一些关键位置，来攻击深度学习模型。

对抗贴图攻击相比于一般的对抗攻击更加复杂，有许多因素会影响到攻击的效果，如贴图的位置、贴图的形状、贴图中扰动的生成方法等。同时，这些因素又会受到实际应用的约束。比如，如果想要设计一个特殊的眼镜框来让人脸识别模型检测不到人脸，那么贴图的位置和形状就会受到很大的约束；再比如，如果希望针对自动驾驶的交通标志识别构造对抗贴图，那么为了隐蔽，贴图不宜放在待检测物体上。

在许多情况下，对抗贴图攻击对于贴图中扰动的明显程度并没有什么约束，所以在本例中，使用投影梯度下降（Projected Gradient Descent，PGD）来生成对抗贴图中的扰动。接下来介绍这一方法。

与快速梯度符号法不同，投影梯度下降是一种迭代式的算法。对于贴图中可以修改的输入$\tilde{x}$，以及对抗攻击的损失函数L_{attack}，投影梯度下降会循环执行以下两个步骤。

1）用梯度下降法优化参数，即：

$$\tilde{x} := \tilde{x} - \alpha \cdot \nabla_{\tilde{x}} L_{\text{attack}}$$

其中，α是学习率。这样对参数进行优化后，$\tilde{x}$的取值可能会超出某些限制，比如对于图像，像素值不能超出 0 ~ 255 的范围。因此，需要将参数修正为可行的值，这就需要下面这个步骤。

2）用投影的方法将参数投影到限制的边界上。对于图像而言，需要将像素值重新投影回$[0,255]$的区间。此时，一个简单的 clip( ) 函数就可以达到这一目的，即：

$$\tilde{x} := \text{clip}_{[0,255]}(\tilde{x})$$

对于小于 0 的参数，clip( ) 函数会将其变为 0；对于大于 255 的参数，clip( ) 函数会将其变为 255。

由于本例不需要考虑对抗贴图中扰动的明显程度，因此迭代式的优化方法可以更好地在贴图的小区域中"施展拳脚"。

13.2 基于 PyTorch 的对抗攻击实现

上节介绍了对抗攻击的背景和基本原理，接下来将利用 PyTorch 这一深度学习框架来攻击目标检测模型。在本节中，我们的攻击目的是通过在图片上添加对抗贴图来使得目标检测模型无法检测到图像中的物体。当然，对抗贴图的形状有很多种，这里为了简化问题，会使用矩形的对抗贴图，并且人为给出对抗贴图的位置。这一方法适用于对抗贴图的形状和位置已经给出的场景。

13.2.1 环境配置

可以按照以下步骤配置环境。

1）用 conda 创建一个环境：使用 conda create -n adv 命令创建一个新的环境，然后用 conda activate adv 激活环境。

2）根据 PyTorch 官网（https://pytorch.org/get-started/locally/）上的指引安装 PyTorch 和 Torchvision（Torchaudio 是不需要的）。这里以 Windows 操作系统下的 CPU 版本为例，可运行 conda install pytorch torchvision cpuonly -c pytorch 进行安装。

3）用 conda 安装 NumPy（命令为 conda install numpy）。

4）用 git 下载这个对抗攻击方法的样例代码（adv_tutorial），运行 git clone git@github.com:YushengZhao/adv_tutorial.git 命令。

13.2.2 数据集和目标模型

目标检测领域中，比较常见的数据集是 Microsoft COCO（官网链接：https://cocodataset.org/#home）。当然，本例并不需要使用这么大的数据集。作为实例，可以从中选取一些图片来构造对抗样本。为方便起见，可以选择一些物体数目不太多同时也不太少（至少要有一个）的图片。在 adv_tutorial 中，已经提供了一些符合要求的图片，所以在这个样例中，用户不需要额外下载数据集。

对于目标模型，这里使用 Torchvision 中自带的 SSD，它出自论文 *SSD：Single Shot Multi-Box Detector*（论文链接：https://arxiv.org/abs/1512.02325）。这是一个单阶段（One-shot）的目标检测器，本小节以它为例，当然用户也可以使用其他目标检测器，如 Torchvision 自带的 Faster R-CNN、RetinaNet、Mask R-CNN 等，或者从 GitHub 上寻找其他的目标检测器，然后用类似的方法进行对抗攻击。

13.2.3 运行目标检测器 SSD

在 adv_tutorial 项目中，detect.py 脚本负责检测物体，可以通过运行以下命令来检测 dog.png 中的物体：

```
python detect.py ./dog.png
```

之后会得到一张图片 result.png，这张图片将 dog.png 中的两个物体框了出来，如图 13-1 所示。

图 13-1 运行目标检测器 SSD 的检测结果

detect.py 脚本的具体内容和注释如代码清单 13-1 所示。

代码清单 13-1

```
1    import sys
2    import torchvision.models as models
3    from torchvision.io import read_image, write_png
4    from torchvision.utils import draw_bounding_boxes
5
6
7    def main():
```

```
8          # 获取命令行中的第一个参数,作为图像的路径
9          # 以上面的命令为例,它应该是'./dog.png'
10         image_path = sys.argv[1]
11         # 用 Torchvision 的接口读取图像,读取到的图像的数据类型是 torch.uint8
12         img = read_image(image_path)
13         # 将图像复制一份,Tensor.clone()方法会在内存中开辟一个新的空间来存放图像
14         # 而原来的图像则不会在之后被修改
15         # 此外,我们需要将图像的数据类型改为 float,并将像素值变换到[0,1]之间
16         image = img.clone().float() / 255
17         # 实例化一个 SSD 模型,这里直接调用 Torchvision 的接口
18         # 之后用.eval()将模型转换为 evaluation 模式
19         detector = models.detection.ssd300_vgg16(pretrained=True).eval()
20         # 模型接收 list 类型的输入,我们需要手动构造一个 list
21         # 模型返回的结果也是一个 list,因此需要取出我们关心的那个结果(也就是第 0 个元素)
22
23         result = detector([image])[0]
24         # 结果是一个 dict,它包含 boxes、scores 和 labels,这里只使用前两者
25         boxes = result['boxes']
26         scores = result['scores']
27         # 只关注分数>0.3 的结果
28         mask = scores > 0.3
29         # 用之前的 mask 选出分数>0.3 的 bounding boxes
30         pred_boxes = boxes[mask]
31         # 这里用 Torchvision 自带的工具画出检测框
32         # 注意,要在原始图像(在 img 上,而不是 image 上)上画框
33         image_with_boxes = draw_bounding_boxes(img, pred_boxes, colors=['red'] * len(pred_boxes))
34         print("%d objects detected." % len(pred_boxes))
35         # 用 Torchvision 自带的接口将画上了检测框的图像写回
36         write_png(image_with_boxes, 'result.png')
37
38
39     # 程序入口
40     if __name__ == '__main__':
41         main()
```

这样就依靠 Torchvision 实现了一个目标检测的脚本。值得注意的是,脚本中的 0.3 只是一个阈值(Threshold),它将置信度(Confidence Score)大于阈值的物体选取出来。阈值应当是[0,1]之间的一个数值,读者也可以自己调整这个阈值。

13.2.4 在指定位置生成对抗贴图

在 adv_tutorial 项目中,attack.py 脚本负责生成对抗样本。运行以下命令可生成关于 dog.png 的对抗样本:

```
python attack.py ./dog.png 300 360 240 300 ./adversarial.png
```

命令行参数中的 4 个整数表示对抗贴图的路径,分别表示高度方向起始位置、高度方向终止位置、宽度方向起始位置和宽度方向终止位置;最后的参数表示生成的对抗样本保存的路径。运行这个命令行,将会得到一个对抗样本图像,图像的指定位置上有一个对抗贴图,如图 13-2 所示。

在长椅靠背中间偏上、狗脖子下方,有一块区域与原图不同,它便是之前生成的对抗贴

图。这里的对抗贴图并不非常明显，主要是由于 SSD 模型的结构较为简单，同时这张图片也相对容易进行对抗攻击。对于比较复杂的模型，或者是难以攻击的图像，对抗贴图会比较明显。

这里将快速梯度符号法和投影梯度下降法结合起来。具体来说，本例在投影梯度下降每一次迭代的梯度下降部分，像快速梯度符号法一样，使用梯度符号，而不直接使用梯度。梯度符号相比于梯度更加稳定，这样可以使每次迭代的扰动的变化量更加可控。

图 13-2 带有对抗贴图的对抗样本图像

attack. py 具体的实现和相关注释如代码清单 13-2 所示。

代码清单 13-2

```
1     import sys
2     import torch
3     from torchvision. io import read_image, write_png
4     from model import get_ssd
5
6
7     def main():
8         # 这里用于解析命令行的参数
9         # 对于比较复杂的命令行参数的解析，也可以使用 argparse
10        image_path = sys. argv[1]
11        h_start = int(sys. argv[2])
12        h_end = int(sys. argv[3])
13        w_start = int(sys. argv[4])
14        w_end = int(sys. argv[5])
15        output_path = sys. argv[6]
16        # 用 Torchvision 的接口读取图像，并转换为[0, 1]的浮点数表示形式
17        image = read_image(image_path). float() / 255
18        # 如果可以，使用 GPU 会更快
```

```
19      device = torch. device('cuda' if torch. cuda. is_available( ) else 'cpu')
20      # 这里使用修改过的 SSD 模型，它在 model. py 中，之后会详细介绍
21      detector = get_ssd( ). eval( ). to( device)
22      image = image. to( device)
23      # 如果使用显卡，则图像和检测器都要转移到显存中
24
25      # 设置学习率
26      lr = 1 / 255
27      # 构造一个对抗贴图的掩膜，贴图所在位置的掩膜值为 1，其他位置的为 0
28      patch_mask = torch. zeros( ( 1, 500, 500), device=device)
29      patch_mask[ :, h_start:h_end, w_start:w_end] = 1
30      # 迭代 500 次，当然读者也可以调整
31      for i in range(500):
32          # Tensor. requires_grad 属性会让 PyTorch 记录这个张量的梯度信息
33          image. requires_grad = True
34          result = detector( [image] )[0]
35          scores = result['scores']
36          # 这里用 0. 25 作为阈值，相比于 detect. py 中的 0. 3 更低
37          # 这样能够让模型检测出更多的物体
38          # 由于最后一步将浮点数转换为整数会产生量化误差，因此这样做会更加保险
39          mask = scores > 0. 25
40          # 简单的 loss 函数，该损失是所有超过阈值的 score 之和
41          # 希望去掉这些超过阈值的 score，因此 loss 越低越好
42          loss = scores[mask]. sum( )
43          print( loss. item( ) )
44          # 在这里，如果 loss 为 0，则梯度将无法反向传播，应该及时退出
45          if loss. item( ) == 0:
46              break
47          loss. backward( )
48          # 获取梯度符号
49          grad_sign = torch. sign( image. grad)
50          # 更新图像，同时进行投影操作，保证图像像素值在[ 0, 1] 之间
51          # 最后使用. detach( ) 方法，将 image 从梯度图中取下
52          image = torch. clamp( image − grad_sign * lr * patch_mask, 0, 1). detach( )
53
54      # 写回这个带有对抗贴图的图像
55      image = ( image * 255). type( torch. uint8). cpu( )
56      write_png( image, output_path)
57
58
59  if __name__ == '__main__':
60      main( )
```

13. 2. 5   解决梯度回传问题

不难发现，在这个样例（以及许多基于梯度的对抗攻击方法）中，需要梯度从损失函数处一直传递到模型输入。这有时并非易事，因为许多模型会使用一些阻断梯度回传的函数，比如将 torch. Tensor 类型的数据转换成 numpy. ndarray 类型的数据，或者使用一些原位（in-place）操作，使得梯度的回传被阻断。在本例中，可以尝试将实例化模型的函数从 model 中的 get_ssd( ) 改成 torchvision. models. detection 中的 ssd300_vgg16( )，但这会产生错误，因为 SSD 模型的 transform 中包含阻断梯度的操作。这个 transform 是 torchvision. models.

detection. transform 中 GeneralizedRCNNTransform 的一个实例。这里重新编写一个类继承自
GeneralizedRCNNTransform，然后覆盖掉导致梯度无法回传的方法。详细代码在 model. py 中，
如代码清单 13-3 所示。

代码清单 13-3

```
1    import torch
2    from torchvision. models. detection. transform import GeneralizedRCNNTransform
3    from torchvision. models. detection. ssd import ssd300_vgg16
4
5
6    # 下面的函数继承自 GeneralizedRCNNTransform，
7    # 将阻断梯度的 batch_images( )方法覆写掉
8    # 在我们的样例中，这个方法(batch_images( ))可以用 torch. stack 替代
9    class MyGeneralizedRCNNTransform(GeneralizedRCNNTransform):
10       def batch_images(self, images, size_divisible = 32):
11           return torch. stack(images)
12
13
14   # 定义一个新的 SSD 实例化函数，它用原本的 ssd300_vgg16( )函数生成一个 SSD 模型
15   # 再将这个模型的 Transform 替换成我们之前定义的 Transform
16   def get_ssd( ):
17       model = ssd300_vgg16(pretrained = True)
18       # 下面的这些参数都可以从 ssd300_vgg16( )顺藤摸瓜找到
19       image_mean = [ 0.48235, 0.45882, 0.40784 ]
20       image_std = [ 1.0 / 255.0, 1.0 / 255.0, 1.0 / 255.0 ]
21       size = ( 300, 300 )
22       model. transform = MyGeneralizedRCNNTransform(min(size), max(size), image_mean, image_
         std, size_divisible = 1, fixed_size = size)
23       return model
```

这样就完成了对抗贴图的生成。为了验证对抗攻击的效果，可以运行以下命令来检测带
有对抗贴图的图像：

```
python detect. py. /adversarial. png
```

如果在攻击的时候损失降至 0，那么大概率是检测不到物体的，所以 result. png 会和 ad-
versarial. png 一样。

13.3　本章小结

本章主要介绍了对抗样本的研究背景、基本原理，并使用 PyTorch 实现了一个简单的针
对目标检测器 SSD 的对抗攻击方法。在实际应用中，生成的对抗贴图需要打印出来并放置
到场景中的相应位置。当然，这就要求对抗攻击生成的对抗贴图具有一定的鲁棒性。比如，
当光照条件、相机角度、对抗贴图的摆放位置在小范围内发生变化时，对抗贴图也应当能够
攻击目标模型。同时，在实际应用中，可能需要攻击一个未知的目标检测模型，这就需要对
抗攻击方法生成的对抗贴图具有较强的可迁移性。对抗样本是目前学术界研究的热点问题之
一，除了对抗攻击，还有与之相对的对抗防御，其目标是抵御对抗样本对模型的攻击。最
后，希望本例能给读者带来一些启发。如果读者对对抗样本方向感兴趣，想要深入学习，那
么可以阅读这一方向的论义。

第 14 章
案例：车牌识别

本章将提供一个基于深度学习的车牌识别案例，从而展示计算机视觉中的解决车牌识别问题的一般流程。车牌识别就是从图片或者视频中检测到车牌并识别车牌内容的计算机视觉任务，一般包含车牌检测、文本分割、文字识别等不同的内容。车牌识别技术属于综合性的技术，而且也有着很广的应用场景，可作为一种基础的车辆身份判别手段。传统的车牌识别由于需要人工提取特征等原因，一直很难达到工业落地的程度。深度学习的出现给车牌识别带来了新的思路，让车牌识别可以不断地突破瓶颈，从而走入人们的日常生活当中。PaddleOCR 是基于深度学习的 OCR 工具库，而本例就是在 PaddleOCR 的基础上进行特例化的，从而实现车牌识别。

扫码看案例视频

14.1 车牌识别简介

在开始案例实现之前，需要更为详细地了解车牌识别所包含的技术、目前的发展情况、深度学习在车牌识别中扮演的角色，以及目前有哪些相关的实现参考等内容，从而能够对车牌识别技术有更全面的认知，更好地理解本例的实现过程，并且能够在车牌识别方面的研究有更为明确的方向，以及在实践过程中能够根据实际要求做出更好的选择。

14.1.1 车牌识别应用及发展史

车牌识别（Vehicle License Plate Recognition，VLPR）是计算机视频图像识别技术在车辆牌照识别中的一种应用，能够将运动中的车辆牌照信息（含汉字字符、英文字母、阿拉伯数字及号牌颜色）从复杂背景中提取并识别出来，通过车牌提取、图像预处理、特征提取、车牌文字识别等技术识别车辆牌号、颜色等信息。车牌识别技术是伴随人工智能技术的成熟而发展的，是从 OCR 识别中独立出来的一个分支，所以可以将车牌识别看作是 OCR 的一个特殊应用。

车牌识别技术起源于 20 世纪 80 年代，那时主要应用在被盗车辆的检测方面，还没有形成一套完整的识别系统。随后几年，出现了一些用于车牌自动识别的图像处理方法，那时只针对一些特定的问题采用简单的图像处理技术来实现。到了 20 世纪 90 年代，随着计算机视觉技术的发展以及计算机计算性能的提高，掀起了车牌的自动识别研究热潮，欧美的一些国家率先开始了车牌识别系统的研究工作。20 世纪 90 年代末，因交通管理的需求，车辆识别技术开始商用，但受限于算法本身的能力，摄像机的成像水平低，效果不佳，所以只取得了少量的应用。而进入 21 世纪之后，随着机器学习特别是深度学习和前端嵌入式算法部署技术的兴起与技术成熟，车牌识别已逐渐进入全面的商用时代。

车牌识别技术的应用范围非常广泛，其中包括交通流量检测、机场港口等出入口车辆管理、交通控制与诱导、小区车辆管理、闯红灯等违章车辆监控、不停车自动收费、道口检查站车辆监控、公共停车场安全防盗管理、查堵指定车辆、计算出行时间、车辆安全防盗等。其潜在的市场应用价值极大，有能力产生巨大的社会效益和经济效益。而随着技术的不断发展，车牌识别技术落地的场景不断细分，如智慧工地、智慧加油站、无人值守地磅等复杂场景也有了车牌识别的影子。这些场景不仅对车牌识别的性能要求更高，也有独特的个性功能需求。

【小知识】OCR（Optical Character Recognition，光学字符识别）是指电子设备（如扫描仪或数码相机）检查纸上打印的字符，通过检测暗、亮的模式确定其形状，然后用字符识别方法将形状翻译成计算机文字的过程。根据识别场景，可大致将 OCR 分为识别特定场景的专用 OCR 和识别多种场景的通用 OCR。其中，证件识别和车牌识别等应用就是专用 OCR 的代表。而通用 OCR 则需要面对更为复杂的应用场景，所以技术要求相对更高。

14.1.2　基于深度学习的车牌识别技术

传统车牌识别系统，如基于传统机器学习的车牌识别技术的系统，由于识别技术依赖手工提取车牌和车牌字符的特征，在雨天或夜里等光线条件不好的场景，难以对车牌进行正确识别，甚至难以定位。这时只能由交警手动抄写车牌内容，然而交警在填写罚单等车辆信息的表格时，不仅要记录车牌号码，同时还要记录车牌颜色、车辆类型、车辆颜色等数据，大量的记录内容会对交通处理效率造成一定的影响。使用深度学习的方法不需要人为地进行目标特征提取，而让其自己训练迭代，得到目标的从浅层到非常深层的具体特征，这是计算机视觉领域的一项重大突破。因此，使用基于深度学习技术的车牌识别系统能很好地解决传统技术鲁棒性不够好、在复杂多变的场景中车牌难以检测的问题。

车牌识别基本上可以分为车牌检测和车牌文字识别两个部分。在车牌检测方面，基于 R-CNN 及 Fast R-CNN 等深度学习算法，利用区域建议网络生成高质量的区域建议来进行检测，从而更准确、快速。在车牌文字识别方面，主要可以分为两大类方法：无分割方法；先分割，然后对分割后的图像进行识别。针对这两种方法，出现了很多深度学习模型，从而使识别更加鲁棒。而且为了让这些模型有"据"可依，很多数据集也不断被发表。车牌识别的可用性在深度学习的过程中不断提高。

14.2　基于 PaddleOCR 的车牌识别实现

在了解了车牌识别的发展进程和相关技术之后，接下来实现一个国内车牌检测和识别的例子。本例基于 PaddleOCR 这个在 Github 上开源的项目。该项目是一个通用的 OCR 工具库，可以用于不同的场景。而在 PaddleOCR 的基础上，我们需要使用车牌数据集对模型进行重新训练，从而实现车牌识别的功能。

14.2.1　PaddleOCR 简介与环境准备

OCR 领域的开源代码相对比较少，大部分核心算法用在了商业化产品上。目前用得比较多的有 chineseocr_lite、easyOCR 以及 PaddleOCR。在语种支持方面，easyOCR 和 PaddleOCR 的优势在于多语言支持，非常适合有小语种需求的开发者；在部署方面，easyOCR 模型较大，不适合端侧部署，Chineseocr_lite 和 PaddleOCR 都具备端侧部署能力；在自定义训练方面，目前只有 PaddleOCR 支持。虽然国内车牌上的文字并不复杂，但是选择一个当前发展好的、易扩展的技术也是技术选型的重要方面。所以，本例选择 PaddleOCR。

PaddleOCR 是百度开源的基于 PaddlePaddle 深度学习框架的 OCR 工具库，旨在打造一套丰富、领先且实用的 OCR 工具库，助力使用者训练出更好的模型，并使应用落地。基于 PaddlePaddle 的 PaddleOCR 有以下特性：

- 完全开源，并有详细中英文使用文档以及活跃的开发社区。
- 模型分为服务器端和移动端，都有着准确的识别效果。
- 支持中英文数字组合识别、竖排文本识别、长文本识别。
- 支持语种超过 27 种，包括中文简体、中文繁体、英文、法文、德文、韩文、日文、意大利文、西班牙文、葡萄牙文、俄罗斯文、阿拉伯文等。
- 有丰富易用的 OCR 相关工具组件，包括半自动数据标注工具 PPOCRLabel 和数据合成工具 Style-Text，适用于更多场景。
- 支持自定义训练，提供丰富的预测推理部署方案。
- 安装部署方便，且可跨平台运行。可运行于 Linux、Windows、Mac OS 等多种系统，同时支持 Docker、PaddleHub 等方式进行部署。

从以上特性可见，PaddleOCR 是一个各方面都较为完善的工具，既可以用于做实验，又可以用于生产实践。在开始案例的实现之前，需要先安装 PaddleOCR 的运行环境，包括 scikit-image、PaddlePaddle 等库。需要注意的是，虽然 PaddleOCR 支持在 CPU 上运行，但是由于需要使用车牌数据集进行模型训练，而训练的过程很耗费计算资源，所以需要使用 GPU 版本。另外，本例的运行环境是 Windows 10、CUDA 10.2 以及 Python 3.7。下面开始环境的安装。

首先使用 pip 命令安装 PaddlePaddle 的 GPU 版本：

```
pip install paddlepaddle-gpu = = 2. 0. 0 -i https://mirror. baidu. com/pypi/simple
```

然后需要创建一个项目目录 Paddle-LPR，并进入该目录。之后使用 git 命令下载 PaddleOCR 的源码：

```
git clone https://gitee. com/paddlepaddle/PaddleOCR
```

因为是 Windows 操作系统，所以需要下载好 shapely 的 whl 包并离线安装。其他的依赖可以在进入 PaddleOCR 后使用 pip 命令进行离线安装：

```
pip install -r requirements. txt -i http://pypi. douban. com/simple/
```

【提示】shapely 是一个 BSD 许可的 Python 包，用于操作和分析平面几何对象。它使用广泛部署的开源几何库 GEOS（PostGIS）的引擎，也是 JTS 的一个移植。shapely 与数据格式或坐标系无关，但可以很容易地与包集成。在 Windows 系统上使用 pip 直接在线安装会出现缺少库而无法安装的问题。解决办法是使用 pip 进行离线安装，或者使用 Conda 安装。

14. 2. 2　CCPD 数据集介绍

依据我国现行的机动车号牌标准，车牌按照不同的用途具有不同的规格，其中主要的差别是车牌的宽高比、车牌底色以及车牌字符的颜色。常见的汽车牌照的外观特性等内容如表 14-1 所示。

表 14-1 常见汽车牌照说明

序号	分 类	外廓尺寸 mm×mm	颜 色	适 用 范 围
1	大型汽车号牌	前：440×140 后：440×220	黄底黑字黑框线	中型（含）以上载客、载货汽车和专项作业车；半挂牵引车；电车
2	挂车号牌	440×220		全挂车和不与牵引车固定使用的半挂车
3	小型汽车号牌	440×140	蓝底白字白框线	中型以下的载客、载货汽车和专项作业车
4	使馆汽车号牌		黑底白字，红"使"字、"领"字白框线	驻华使馆的汽车
5	领馆汽车号牌			驻华领事馆的汽车
6	港澳入出境车号牌		黑底白字，白"港"字、"澳"字白框线	港澳地区入出内地的汽车
7	教练汽车号牌		黄底黑字，黑"学"字黑框线	教练用汽车
8	警用汽车号牌		白底黑字，红"警"字黑框线	汽车类警车
9	低速车号牌	300×165	黄底黑字黑框线	低速载货汽车、三轮汽车和轮式自行机械车
10	临时行驶车号牌	220×140	天蓝底纹 黑字黑框线	行政辖区内临时行驶的机动车
			棕黄底纹 黑字黑框线	跨行政辖区临时移动的机动车

由于深度学习是数据驱动的，所以要想得到一个准确率高的模型，就要有足够多的数据来覆盖这些不同的车牌。之前由于没有公开可用的大型多样的数据集，大多数车牌检测和识别方法都是在一个小型且通常不具有代表性的数据集上进行评估的，所获得的算法模型无法胜任环境多变、角度多样的车牌图像检测和识别任务。为此，中科大团队在 2018 年建立了CCPD（Chinese City Parking Dataset）数据集，这是一个用于车牌识别的大型国内停车场车牌数据集。该团队在 ECCV2018 国际会议上发表了论文 *Towards End-to-End License Plate Detection and Recognition：A Large Dataset and Baseline*。CCPD 数据集收集了国内某省会城市街道的路边停车数据。不论天气情况如何，泊车收费员每天从早上 7：30 到晚上 10：00 在街上用 Android 手持 POS 机为车辆拍照，并手动标注准确的车牌号。拍摄的车牌照片涉及多种复杂环境，包括模糊、倾斜、阴雨天、雪天等。2018 版本的数据集提供了超过 25 万张车牌图像，并提供了详细的标注。每张图像的分辨率为 720×1160 像素，文件的平均大小约为 200 KB。而整个数据集的总大小超过 48 GB。每张图片的标注都包括车牌号、车牌矩形边界框的左上坐标和右下坐标、车牌 4 个顶点的坐标、车牌的水平倾斜度和垂直倾斜度、车牌面积、光照强度等。需要注意的是，每张图片只有一个车牌。CCPD 数据集将数据分为 8 个子类，具体的分类如表 14-2 所示。

表 14-2 CCPD 数据集子类统计说明

类 型	说 明	大 致 数 量
ccpd_base	正常车牌	20 万
ccpd_challenge	比较有挑战性的车牌	2 万
ccpd_db	光线较暗或较亮	2 万
ccpd_fn	距离摄像头较远或较近	1 万

（续）

类　型	说　明	大　致　数　量
ccpd_np	没上牌的新车	1 万
ccpd_rotate	水平倾斜 20°～50°，垂直倾斜 -10°～10°	1 万
ccpd_tilt	水平倾斜 15°～45°，垂直倾斜 15°～45°	0.5 万
ccpd_weather	雨天、雪天或者雾天的车牌	0.5 万

　　由表 14-2 可见，正常车牌的数据量是最大的，而其他基本上都是角度或环境较为特殊的。在 2019 年，CCPD 又在原来的基础上对数据进行了扩充，总数据量超过了 30 万张。部分有角度倾斜的示例如图 14-1 所示。

图 14-1　部分有角度倾斜的示例

　　从数据集的示例中可以看到，有些拍摄角度对识别是有一定挑战的。另外需要注意，和一般数据集不同，CCPD 数据集没有专门的标注文件，图像的文件名就是对应的数据标注。如 0186-17_9-389&433_518&554-518&516_401&554_389&471_506&433-0_0_16_6_28_30_30-184-80.jpg 图片由分隔符"-"分为以下不同的几个部分：

- 车牌面积占整个图片面积的比例。0186 代表车牌面积占总图片面积的 1.86%。
- 水平倾斜度和垂直倾斜度。17_9 代表水平倾斜 17°，竖直倾斜 9°。
- 矩形边界框左上角顶点的坐标和右下角顶点的坐标。389&433_518&554 代表左上角坐标是（389,433）、右下角坐标是（518,554）。
- 车牌的 4 个顶点在整个图像中的精确（x,y）坐标，这些坐标从右下角顶点开始。
- 车牌号。每个车牌号都由 1 个汉字、1 个字母和 5 个字母或数字组成。国内车牌基本上由 7 个字符组成：省份（1 个字符）、字母（1 个字符）、字母+数字（5 个字符）。如 0_0_16_6_28_30_30 是每个字符的索引。通过查询表 14-3 可知，第一位 0 代表皖，第二位 0 代表 A，之后的 16 代表 S，6 代表 G，28 代表 4，30 代表 6，即得出车牌号为"皖 ASG466"。
- 车牌所在区域的亮度。

- 车牌所在区域的模糊度。

CCPD 数据集车牌号索引表如表 14-3 所示。

表 14-3　CCPD 数据集车牌号索引表

省　份																							
0	1	2	3	4	5	6	7	8	9	10	11	12	13	14	15	16	17	18	19	20	21	22	23
皖	沪	津	渝	冀	晋	蒙	辽	吉	黑	苏	浙	京	闽	赣	鲁	豫	鄂	湘	粤	桂	琼	川	贵
24	25	26	27	28	29	30	31	32															
云	藏	陕	甘	青	宁	新	警	学															
省份后单字母																							
0	1	2	3	4	5	6	7	8	9	10	11	12	13	14	15	16	17	18	19	20	21	22	23
A	B	C	D	E	F	G	H	J	K	L	M	N	P	Q	R	S	T	U	V	W	X	Y	Z
5 位字母或数字																							
0	1	2	3	4	5	6	7	8	9	10	11	12	13	14	15	16	17	18	19	20	21	22	23
A	B	C	D	E	F	G	H	J	K	L	M	N	P	Q	R	S	T	U	V	W	X	Y	Z
24	25	26	27	28	29	30	31	32	33														
0	1	2	3	4	5	6	7	8	9														

14.2.3　数据集准备与预处理

在确定数据集之后，需要做的是对数据集进行处理，转换成 PaddleOCR 所需要的格式。这里为了简化流程，只是使用了 CCPD 数据集中的 base 子集。数据集分为检测使用的数据集以及识别使用的数据集。其中，检测用的数据需要提供的标注文件中每一行都包含图像文件名和编码的图像标注信息，两者之间用 "\t" 隔开。编码的图像标注信息采用 JSON 数组的格式，其中 transcription 字段表示文字信息，points 表示文本框的顶点。示例如下：

图像文件名	编码的图像标注信息
ch4_test_images/img_61.jpg	[{"transcription":"皖 ATF283","points":[[310, 104], [416, 141], [418, 216], [312, 179]]}, {…}]

文本检测的图片使用的是 CCPD 数据集中的原图片，而文字识别的图片需要根据标注的矩形框对原图片进行切割，然后得到并保存只包含车牌部分的图片。标注文件中的每一行都包含图像文件名和图像标注信息。这里的标注信息就是图像中的文本。示例如下：

图像文件名	图像标注信息
dataset/image/000001.jpg	皖 ATF283
dataset/image/000002.jpg	皖 AFB966

除了标注文件，文字识别还需要一个文字字典，包含要识别的所有文字。这些文字在 CCPD 数据集的 github 说明页面中有提供，也可以参考表 14-3 中的说明。

接下来就可以用 Python 的脚本来进行数据集格式的转换，生成模型训练所需要的文件。首先需要进入项目目录 Paddle-LPR 中，然后在该目录下创建 dataset 目录来放置数据集和转换脚本。然后把解压后的 CCPD2019 数据集放到 dataset 目录下。整个工程的目录结构如图 14-2 所示。

图 14-2　工程目录结构

具体的转换脚本代码如代码清单 14-1 所示。

代码清单 14-1

```
1    import cv2
2    import glob
3    import os
4
5    # 定义车牌字典，来自 CCPD 发布的数据
6    provinces = ["皖","沪","津","渝","冀","晋","蒙","辽","吉","黑","苏","浙",
     "京","闽","赣","鲁","豫","鄂","湘","粤","桂","琼","川","贵","云","藏",
     "陕","甘","青","宁","新","警","学","O"]
7
8    ads = ['A', 'B', 'C', 'D', 'E', 'F', 'G', 'H', 'J', 'K', 'L', 'M', 'N', 'P', 'Q', 'R', 'S', 'T', 'U', 'V', 'W',
     'X', 'Y', 'Z', '0', '1', '2', '3', '4', '5', '6', '7', '8', '9', 'O']
9
10
11   # 定义数据集路径，这里只是使用 base 的数据
12   org_data_path = 'CCPD2019/ccpd_base/'
13
14   # 创建生成的用于识别的图片的目录
15   rec_image_path = 'rec_image/'
16   if not os.path.exists(rec_image_path):
17       os.makedirs(rec_image_path)
18
19   # 计算总数据量和用来训练的数据量
20   total = len(glob.glob(pathname=org_data_path + '*.jpg'))
21   train_count = total * 0.8
22   count = 0
23
24   # 分别打开 4 个文件，用于写入检测和识别的训练集及验证集
25   with open('det_train.txt', 'w', encoding='UTF-8') as det_train, \
26           open('det_val.txt', 'w', encoding='UTF-8') as det_val, \
27           open('rec_train.txt', 'w', encoding='UTF-8') as rec_train, \
28           open('rec_val.txt', 'w', encoding='UTF-8') as rec_val:
29       for item in os.listdir(org_data_path):
30           _, _, bbox, vertexes, lp, _, _ = item.split('-')
31
32           # 获取车牌顶点坐标
33           vertexes = vertexes.split('_')
34           vertexes = [_.split('&') for _ in vertexes]
35           vertexes = vertexes[-2:] + vertexes[:2]
36           points = []
37           for vertex in vertexes:
38               points.append([int(_) for _ in vertex])
39
40           # 获取车牌
41           lp = lp.split('_')
42           province = provinces[int(lp[0])]
43           characters = [ads[int(_)] for _ in lp[1:]]
44           lp = province + ''.join(characters)
45
46           # 获取矩形边界框
```

```
47          bbox = bbox. split('_')
48          x1, y1 = bbox[0]. split('&')
49          x2, y2 = bbox[1]. split('&')
50          bbox = [int(_) for _ in [x1, y1, x2, y2]]
51
52          # 裁剪出车牌并保存图片
53          count += 1
54          img = cv2. imread(org_data_path + item)
55          crop = img[bbox[1]:bbox[3], bbox[0]:bbox[2], :]
56          cv2. imwrite(rec_image_path + '%06d. jpg' % count, crop)
57
58          # 按照格式将标注数据分别写入检测及识别的训练集文件和验证集文件中
59          record = org_data_path + item + '\t' + '[{"transcription": "%s", "points": %s}]\n' %
            (lp, points)
60          if count < train_count:
61              det_train. write(record)
62              rec_train. write(rec_image_path + '%06d. jpg\t%s\n' % (count, lp))
63          else:
64              det_val. write(record)
65              rec_val. write(rec_image_path + '%06d. jpg\t%s\n' % (count,lp))
66
67      # 将字典写入文件中
68      with open('dict. txt', 'w', encoding='UTF-8') as f:
69          for character in provinces + ads:
70              f. write(character + '\n')
```

需要注意的是，provinces 和 ads 数组来自 CCPD 数据集的 github 的说明页面，数组最后不是数字 0，而是字母"O"。这是因为国内并没有在车牌中使用字母"O"。另外，也可以到表 14-3 中查到对应的字符。另外，需要注意的是，字典中没有覆盖所有的省份，这也是从某一个城市采集数据的局限性，而在真实使用时，仍然需要对数据集进行补充。

14.2.4　模型选择与训练

PaddleOCR 提供了 3 类模型，包括文本检测、方向分类和文字识别。这里暂时不使用方向分类。文本检测和文字识别模型都支持几种不同的算法。其中，文本检测支持 DB、EAST、SAST 这 3 种算法。在 ICDAR2015 文本检测公开数据集上，PaddleOCR 文本检测模型对比如表 14-4 所示。

表 14-4　PaddleOCR 文本检测模型对比

模　　型	主干网络	查准率（precision）	召回率（recall）	调和平均数（Hmean）
EAST	ResNet50_vd	85.80%	86.71%	86.25%
EAST	MobileNetV3	79.42%	80.64%	80.03%
DB	ResNet50_vd	86.41%	78.72%	82.38%
DB	MobileNetV3	77.29%	73.08%	75.12%
SAST	ResNet50_vd	91.39%	83.77%	87.42%

从 PaddleOCR 文本检测模型对比表中可以看到，相对 MobileNet，使用更为复杂的主干网 ResNet50 会有更好的效果。而在 ICDAR2015 数据集中，SAST 的精度相对更高一些。需要注意的是，SAST 模型训练额外加入了 icdar2013、icdar2017、COCO-Text、ArT 等公开数

据集进行了调优。而百度在发表的 PP-OCR 论文中使用的是 Differentiable Binarization (DB)，原因是其更轻量和高效。

PaddleOCR 在文字识别上支持 CRNN、Rosetta、STAR-Net、RARE 等算法。CRNN 是通过 CNN 将图片的特征提取出来后采用 RNN 对序列进行预测的，最后通过一个 CTC 的翻译层得到最终结果。RARE 支持一种称为 TPS（Thin-Plate Splines）的空间变换，从而可以比较准确地识别透视变换过的文本以及弯曲的文本。这些算法在 IIIT、SVT、IC03、IC13、IC15、SVTP、CUTE 数据集上进行评估后，PaddleOCR 文字识别模型对比如表 14-5 所示。

表 14-5　PaddleOCR 文字识别模型对比

模　　型	主 干 网 络	平均精度（Avg Accuracy）
Rosetta	ResNet34_vd	80.9%
Rosetta	MobileNetV3	78.05%
CRNN	ResNet34_vd	82.76%
CRNN	MobileNetV3	79.97%
StarNet	ResNet34_vd	84.44%
StarNet	MobileNetV3	81.42%
RARE	MobileNetV3	82.5%
RARE	ResNet34_vd	83.6%
SRN	ResNet50_vd_fpn	88.52%

从表 14-5 中可以看到 SRN + ResNet50 的平均精度最高。不过为了有更快的训练速度，使实验更加容易进行，这里并没有追求更高的精度，最终选择的是百度官方提供的预训练模型和配置文件，以 MobileNet 为主干网的 DB 和 CRNN 分别作为文本检测和文字识别的模型。PaddleOCR 提供的中文文本检测和文字识别的模型列表如表 14-6 所示。

表 14-6　PaddleOCR 提供的中文文本检测和文字识别的模型列表

模型用途	模型名称	模型简介	配置文件	推理模型大小	支持模型
文本检测	ch_ppocr_mobile_v2.0_det	原始超轻量模型，支持多语种文本检测	ch_det_mv3_db_v2.0.yml	3 MB	推理模型、训练模型
文本检测	ch_ppocr_server_v2.0_det	通用模型，支持多语种文本检测，效果更好	ch_det_res18_db_v2.0.yml	47 MB	推理模型、训练模型
文字识别	ch_ppocr_mobile_v2.0_rec	原始超轻量模型，支持中英文、数字识别	rec_chinese_lite_train_v2.0.yml	3.71 MB	推理模型、训练模型、预训练模型
文字识别	ch_ppocr_server_v2.0_rec	通用模型，支持中英文、数字识别	rec_chinese_common_train_v2.0.yml	94.8 MB	推理模型、训练模型、预训练模型

从 PaddleOCR 提供的中文检测和识别模型列表中可以看出，轻量级的模型要远小于通用模型，也更适合于一般实验或者类似移动端等性能比较弱的平台。另外，需要注意的是，训练模型是基于预训练模型在真实数据与竖排合成文本数据上微调得到的模型，在真实应用场景中有着更好的表现，预训练模型则是直接基于全量真实数据与合成数据训练得到的，更适合在自己的数据集上微调。

在确定模型后，需要下载选择的预训练模型，然后使用之前准备的数据集来进行模型训练。预训练模型的下载地址如下：

https://paddleocr.bj.bcebos.com/dygraph_v2.0/ch/ch_ppocr_mobile_v2.0_det_train.tar

https://paddleocr.bj.bcebos.com/dygraph_v2.0/ch/ch_ppocr_mobile_v2.0_rec_train.tar

其中，ch_ppocr_mobile_v2.0_det_train.tar 用于文本检测，ch_ppocr_mobile_v2.0_rec_train.tar 用于文字识别。然后在 PaddleOCR 源码目录创建 pretrain_models 目录，并将下载的两个模型压缩包解压后放到 pretrain_models 目录中。

之后需要修改配置文件来指定预训练模型位置、数据集位置等内容。其中，文本检测的配置文件是 PaddleOCR\configs\det\ch_ppocr_v2.0\ch_det_mv3_db_v2.0.yml，需要修改和留意的配置如代码清单 14-2 所示。

代码清单 14-2

```
1    Global:
2      use_gpu: true
3      pretrained_model:./pretrain_models/ch_ppocr_mobile_v2.0_det_train
4    Architecture:
5      model_type: det
6      algorithm: DB
7      Backbone:
8        name: MobileNetV3
9    Train:
10     dataset:
11       data_dir:../dataset
12       label_file_list:
13         -../dataset/det_train.txt
14     loader:
15       batch_size_per_card: 8
16   Eval:
17     dataset:
18       data_dir:../dataset
19       label_file_list:
20         -../dataset/det_val.txt
```

需要注意的是，上面的配置项是为了方便查看而经过简化的内容，并不是所有的内容。简单实验只关注以上配置项即可。在这些配置中，由于要使用 gpu 来加速训练，所以 use_gpu 要设置为 true。pretrained_model 是预训练模型的位置，这里指定到目录即可。data_dir 和 label_file_list 是数据集和标注文件的位置。代码中的 Train 和 Eval 代表训练和评估。从配置中可以看出，算法（Algorithm）使用的是 DB，主干网（Backbone）使用的是 MobileNetV3。另外，如果在训练过程中出现了报错 "Out of memory error on GPU"，则可以通过调小 batch_size_per_card 来解决。

配置文件修改完成后就可以在 PaddleOCR 目录下运行以下命令来进行车牌检测模型的训练：

```
./tools/train.py -c configs/det/ch_ppocr_v2.0/ch_det_mv3_db_v2.0.yml
```

默认输出的模型参数保存在 ./output/ch_db_mv3 目录中。接下来就可以使用训练好的车牌检测模型来进行测试。首先，需要准备好一张用来测试的图片，如图片名称是 test_det.png，放在 dataset/test_image/ 目录下。然后就可以运行以下命令：

```
python tools/infer_det.py -c configs/det/ch_ppocr_v2.0/ch_det_mv3_db_v2.0.yml -o Global.infer_img=../dataset/test_image/test_det.png Global.pretrained_model="./output/ch_db_mv3/latest" Global.load_static_weights=false
```

其中，"-o"后的参数会覆盖配置文件中的配置项。当然，如果不在命令行上指定，那么也可以修改配置文件。执行输出的结果默认会放在 PaddleOCR/output/det_db/det_results 目录下。车牌检测测试结果示例如图 14-3 所示。

接下来就可以对文字识别的模型进行训练。同样，需要先修改配置文件。文字识别的配置文件是 PaddleOCR\configs\rec\ch_ppocr_v2.0\rec_chinese_lite_train_v2.0.yml，需要修改和留意的配置如代码清单 14-3 所示。

图 14-3　车牌检测测试结果示例

代码清单 14-3

```
1    Global：
2      use_gpu：true
3      pretrained_model：
4      character_dict_path：../dataset/dict.txt
5    Architecture：
6      model_type：rec
7      algorithm：CRNN
8      Backbone：
9        name：MobileNetV3
10   Train：
11     dataset：
12       data_dir：../dataset
13       label_file_list：["../dataset/rec_train.txt"]
14     loader：
15       batch_size_per_card：256
16   Eval：
17     dataset：
18       data_dir：../dataset
19       label_file_list：["../dataset/rec_val.txt"]
```

代码清单 14-3 中，大部分的配置项和文本检测都一致。一个比较特殊的配置是 character_dict_path，即字典文件。另外也可以看到，文字识别模型使用的算法是 CRNN；主干网和车牌检测的模型一样，也是 MobileNetV3。配置文件修改完成后，就可以在 PaddleOCR 目录下运行以下命令来进行训练：

```
python tools/infer_det.py -c configs/rec/ch_ppocr_v2.0/rec_chinese_lite_train_v2.0.yml
```

训练好的模型默认会放到 PaddleOCR/output/rec_chinese_lite_v2.0 目录下。然后准备好一张用来测试的图片，如图片名称是 test_rec.jpg，放在 dataset/test_image/ 目录下。车牌文字识别测试图片如图 14-4 所示。

之后就可以运行以下命令来获取测试结果：

```
python tools/infer_rec.py -c configs/rec/ch_ppocr_v2.0/rec_chinese_lite_train_v2.0.yml -o Global.pretrained_model=./output/rec_chinese_lite_v2.0/latest Global.load_static_weights=false Global.infer_img=../dataset/test_image/test_rec.jpg
```

车牌识别测试结果示例如图 14-5 所示。

图 14-4　车牌文字识别测试图片

```
root INFO: load pretrained model from ['./output/rec_chinese_lite_v2.0/latest']
root INFO: infer_img: ../dataset/test_image/test_rec.jpg
root INFO:     result: ('皖ASD888', 0.949582)
root INFO: success!
```

图 14-5　车牌识别测试结果示例

从图 14-5 中可以看到，模型可以正确识别出车牌的内容。这样，基于 PaddleOCR 的车牌识别就完成了。

14.3　本章小结

本章主要介绍了车牌检测和识别技术以及其发展的历程，并通过使用 PaddleOCR 来实现了一个简单的车牌识别的例子。当然，在实际的工业应用中，我们依然面临着很多问题要解决，如弱光条件、数据集的完整性等。另外，作为国产的优秀的深度学习框架，PaddlePaddle 也值得我们不断去学习和应用。从数据处理、模型训练到模型调优和服务部署，PaddlePaddle 都提供了很方便的工具。基于 PaddlePaddle 的 PaddleOCR 除了有高精度的模型外，也提供了一些很方便的工具，如图片生成工具，可以很容易地生成一些数据，丰富数据集。最后，希望这样一个简单的例子能够给读者带来更多的思路，把深度学习应用在我们的工作生活中。

第 15 章

案例：小度熊图片的实例分割

本章将提供一个基于 PaddleX 的实例分割案例，从而展示计算机视觉中实例分割的一般流程。目标检测（Object Detection）不仅需要提供图像中物体的类别，还需要提供物体的位置（Bounding Box）。语义分割（Semantic Segmentation）需要预测出输入图像的每一个像素点属于哪一类的标签。实例分割（Instance Segmentation）先用目标检测的方法框出不同实例，再用语义分割的方法在不同实例区域内进行逐像素标记。例如，图 15-1 左图是语义分割的结果图，右图是实例分割的结果图，语义分割是将人、羊、狗和草地等同一类别的所有像素标记出来，而实例分割是在这个基础上将同一类别物体的不同实例单独分割出来。

扫码看案例视频

图 15-1　语义分割和实例分割结果图

15.1　实例分割应用场景

近年来，随着计算机视觉领域中深度学习技术的不断发展，目标检测、图像分类、语义分割等任务场景得到了广泛关注。然而面对更为复杂的应用场景，新的视觉问题和任务也被提出，如何解决目标密集型场景下的对象实例的分割提取成为关注较多的一个问题，因此基于深度学习的实例分割（Instance segmentation）模型也应运而生。实例分割需要正确识别图像中的所有目标，并同时分割出不同的对象实例。实例分割结合了计算机视觉任务里的目标检测和语义分割技术，其输出结果包含了对象的最小外接矩形，以及不同对象的分割结果。

由于实例分割能细化提取出不同对象的轮廓，因此在遥感领域也得到了广泛的应用，常用于解决对象密集型场景下的分割提取问题，如城市建筑物分割、球场分割、港口船只分割等。

1）**城市建筑物分割**：城市建设的快速发展伴随着大量建筑的迭代更新，如何根据建筑物建设分布情况来掌控城市总体发展方向是市政管理部门普遍关心的问题。出于对时效性和工作量的考虑，可以基于深度学习技术开展影像建筑物的分割提取。相比于基于深度学习的语义分割方法，实例分割可以对同类别下的不同对象进行区分，可以将紧邻的多个建筑物进行有效分割。与历史矢量建筑图斑进行叠加比对后，有助于有效地统计建筑物数量，以及发现建筑物变化情况。图 15-2 为建筑物分割效果图。

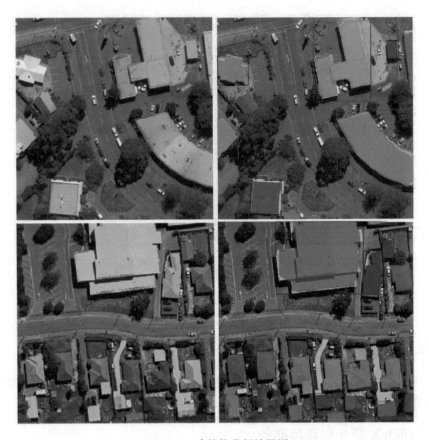

图 15-2　建筑物分割效果图

2）**球场分割**：随着全民健身活动的兴起，用于有效开展健身活动的城市运动场所的建设也逐步增多，实例分割还可用于运动场地类别、数量以及面积的统计。根据分割结果可以获取指定区域的运动场数量，进而可以计算运动场的服务人群数量，辅助城市基础设施的有效规划。图 15-3 为网球场分割效果图。

图 15-3　网球场分割效果图

3）**港口船只分割**：除了各种地物的提取，实例分割还可用于港口船只的管理。港口船只密集停泊的场景导致语义分割难以得到单个船只的准确轮廓，而实例分割却可以解决这种对象密集型提取问题。根据分割得到的对象轮廓可以进一步推算船只吨位、载重量等信息，可用于评估港口的航运或渔业发展情况。图 15-4 为船只分割效果图。

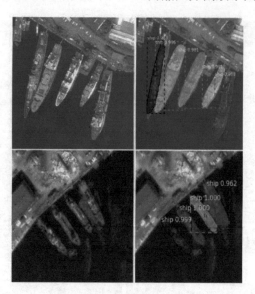

图 15-4　船只分割效果图

15.2　基于 PaddleX 的实例分割实现

了解关于实例分割相关的内容后，本节要实现一个实例分割的案例。该案例是基于 PaddleX 飞桨全流程开发工具的。

15.2.1　PaddleX 简介与环境准备

PaddleX 集成飞桨智能视觉领域图像分类、目标检测、语义分割、实例分割任务能力，将深度学习开发全流程从数据准备、模型训练与优化到多端部署端到端打通，并提供统一任务 API 及图形化开发界面 Demo。开发者无须分别安装不同套件，以低代码的形式即可快速完成飞桨的全流程开发。PaddleX 产品模块说明如下。

- **数据准备**：兼容 ImageNet、VOC、COCO 等常用数据协议，同时与 Labelme、精灵标注助手、EasyData 智能数据服务平台等无缝衔接，全方位助力开发者更快完成数据准备工作。
- **数据预处理及增强**：提供极简的图像预处理和增强方法——Transforms，适配 imgaug 图像增强库，支持上百种数据增强策略，使开发者快速缓解小样本数据训练的问题。
- **模型训练**：集成 PaddleClas、PaddleDetection、PaddleSeg 视觉开发套件，提供大量精选的、经过产业实践的高质量预训练模型，使开发者更快地实现工业级模型效果。
- **模型调优**：内置模型可解释性模块、VisualDL 可视化分析工具，使开发者可以更直观地理解模型的特征提取区域、训练过程参数变化，从而快速优化模型。

- **多端安全部署**：内置 PaddleSlim 模型压缩工具和模型加密部署模块，与飞桨原生预测库 Paddle Inference 及高性能端侧推理引擎 Paddle Lite 无缝打通，使开发者可以快速实现模型的多端、高性能、安全部署。因此，我们选择 PaddleX 来进行案例的演示，接下来安装 PaddleX 这个开源组件库。

首先，需要下载并安装 PaddlePaddle，版本要求如下：

```
paddlepaddle >= 1.8.4
python >= 3.6
cython
pycocotools
```

由于图像分割模型计算开销大，推荐在 GPU 版本的 PaddlePaddle 下使用 PaddleSeg。推荐安装 10.0 以上的 CUDA 环境。使用 pip 命令安装：

```
python -m pip install paddlepaddle-gpu==2.0.2.post100 -f
https://paddlepaddle.org.cn/whl/mkl/stable.html
```

安装完成后可以使用 Python 或 Python 3 进入 Python 解释器，输入 import paddle，再输入 paddle.utils.run_check()。如果出现"PaddlePaddle is installed successfully!"，则说明已成功安装。

然后安装 PaddleX，可运行如下命令：

```
pip install paddlex -i https://mirror.baidu.com/pypi/simple
```

当出现如下结果时，就代表安装成功了：

```
Installing collected packages：paddleslim, pycocotools, xlwt, shapely, paddlex
Successfully installed paddleslim-1.1.1 paddlex-1.3.7 pycocotools-2.0.2 shapely-1.7.1 xlwt-1.3.0
```

15.2.2　数据集介绍

本例使用小度熊数据集，它包含小度熊图片 21 张。不同图像在小度熊的数量、位置方面有很大的差异。所有图像都有位置和图像分割的相关标注。数据示例如图 15-5 所示。

Xiaoduxiong110.jpeg

Xiaoduxiong111.jpeg

Xiaoduxiong116.jpeg

Xiaoduxiong117.jpeg

图 15-5　数据示例

数据集中，训练集、验证集和测试集的数目为 14、4、3，其中数据集的标注文件格式为 JSON，文件内容结构如图 15-6 所示。

```json
{
    "images": [
        {
            "height": 1008,
            "width": 756,
            "id": 1,
            "file_name": "Xiaoduxiong114.jpeg"
        },
        {...
        },
        {...
        }
    ],
    "categories": [
        {
            "supercategory": "component",
            "id": 1,
            "name": "xiaoduxiong"
        }
    ],
    "annotations": [
        {
            "segmentation": [...
            ],
            "iscrowd": 0,
            "image_id": 1,
            "bbox": [
                498,
                209,
                166,
                165
            ],
            "area": 27390.0,
            "category_id": 1,
            "id": 1
        },
```

图 15-6　数据集标注 JSON 文件内容结构

该数据集下载地址为：

https://bj.bcebos.com/paddlex/datasets/xiaoduxiong_ins_det.tar.gz

下载后将数据集解压到项目目录下。

15.2.3　模型介绍与训练

Mask R-CNN 是 ICCV 2017 的最佳论文，彰显了机器学习计算机视觉领域在 2017 年的最新成果。在 2017 年，单任务的网络结构已经逐渐不再引人瞩目，取而代之的是集成、复杂的多任务网络模型。Mask R-CNN 就是典型的代表。图 15-7 是 Mask R-CNN 实例分割的效果图，可以看出其实例分割的效果相当出色。

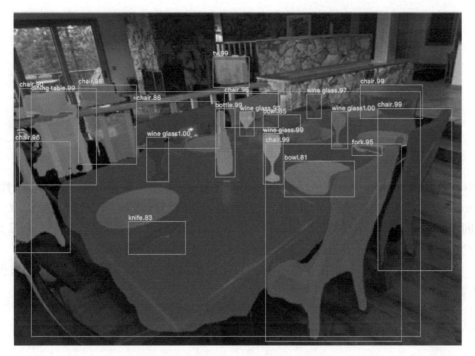

图 15-7　Mask R-CNN 实例分割效果图

在实例分割 Mask R-CNN 框架中，主要完成了 3 件事情：

1）**目标检测**。直接在结果图上绘制了目标框。

2）**目标分类**。对于每一个目标，需要找到对应的类别（Class）。

3）**像素级目标分割**。在每个目标中，需要在像素层面区分什么是前景、什么是背景。

Mask R-CNN 是继承于 Faster R-CNN（2016）的，只是在 Faster R-CNN 上面加了一个 Mask Prediction Branch（Mask 预测分支），并且改良了 RoI Pooling，提出了 RoI Align。Faster R-CNN 继承于 Fast R-CNN（2015），Fast R-CNN 继承于 R-CNN（2014）。因此下面按照 R-CNN、Fast R-CNN、Faster R-CNN 再到 Mask R-CNN 的发展顺序介绍。

2014 年，Ross Girshick 提出了 R-CNN，其使用卷积神经网络来进行目标检测。首先 R-CNN 模型的输入为一张图片，然后在图片上提取了约 2000 个待检测区域，这 2000 个待检测区域一个一个地（串联方式）通过卷积神经网络提取特征，这些被提取的特征通过一个支持向量机（SVM）进行分类，得到物体的类别，并通过 bounding box regression 调整目标包围框的大小。图 15-8 为 R-CNN 目标检测过程图。

2014 年，R-CNN 横空出世，颠覆了以往的目标检测方案，精度也大大提升。对于 R-CNN 的贡献，主要分为两个方面：

1）使用了卷积神经网络进行特征提取。

2）使用 bounding box regression 进行目标包围框的修正。

但是，R-CNN 也有一些问题：

1）耗时的选择性搜索（Selective Search），对一帧图像需要花费 2 s。

2）耗时的串行式 CNN 前向传播，对于每一个 RoI，都需要经过一个 AlexNet 提取特征，为所有的 RoI 提取特征大约花费 47 s。

3）3 个模块是分别训练的，并且在训练的时候，对于存储空间的消耗很大。

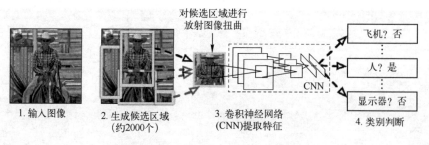

图 15-8　R-CNN 目标检测过程图

2015 年提出的 Fast R-CNN 对以上问题进行了改进，首先还是采用选择性搜索（Selective Search）提取 2000 个候选框，然后使用一个神经网络对全图进行特征提取。接着使用 RoI Pooling Layer 在全图特征上提取每一个 RoI 对应的特征，再通过全连接层（FC Layer）进行分类与包围框的修正。Fast R-CNN 的贡献主要分为两个方面：

1）取代 R-CNN 的串行特征提取方式，直接采用神经网络对全图提取特征（这也是为什么需要 RoI Pooling 的原因）。

2）除了选择性搜索，其他部分都可以合在一起训练。

图 15-9 是 Fast R-CNN 的结构图。

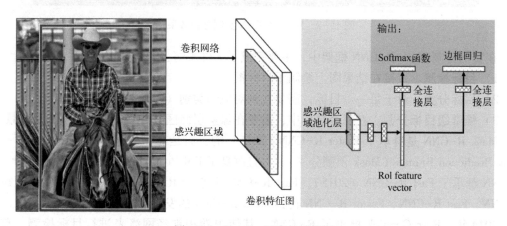

图 15-9　Fast R-CNN 的结构图

R-CNN 和 Fast R-CNN 均存在一个问题，那就是由选择性搜索来生成候选框，这个算法很慢。而且 R-CNN 中生成的 2000 个左右的候选框全部需要经过一次卷积神经网络，也就是需要经过 2000 次左右的 CNN 网络，这是十分耗时的（Fast R-CNN 已经做了改进，只需要对整张图片经过一次 CNN 网络）。这也是导致这两个算法检测速度较慢的最主要的原因。Faster R-CNN 针对这个问题提出了 RPN 来进行候选框的获取，从而摆脱了选择性搜索算法，只需要一次卷积层操作，从而大大提高了识别速度。图 15-10 是 Faster R-CNN 的基本结构图。

整个 Faster R-CNN 可以分为 3 部分。

1）Backbone：共享基础卷积层，用于提取整张图片的特征。如 VGG16 或 Resnet101，去除其中的全连接层，只留下卷积层，输出下采样后的特征图。

2）RPN：候选检测框生成网络（Region Proposal Networks）。

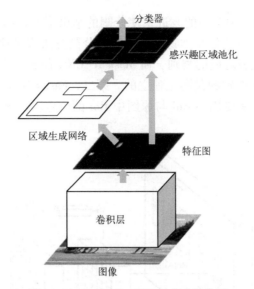

图 15-10　Faster R-CNN 的基本结构图

3）RoI pooling 与分类器（Classifier）：对候选检测框进行分类，并且再次微调候选框坐标（在 RPN 中，网络会根据先前人为设置的 anchor 框进行坐标调整，所以这里是第二次调整），输出检测结果。

第一部分的 Backbone 就是普通的卷积网络，输出特征图供后续两阶段共用。第三部分中的分类网络，通过两个全连接层，再通过两个姐妹全连接层（指相同尺寸，不共享权值的两个全连接层），分别输出坐标微调回归信息与检测框分类信息。图 15-11 是基于 VGG-16 的 Faster R-CNN 的结构图。

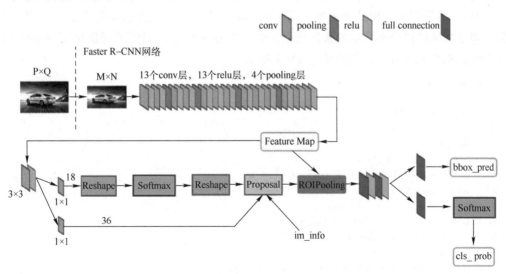

图 15-11　基于 VGG-16 的 Faster R-CNN 的结构图

Faster R-CNN 在物体检测中已达到非常好的性能，Mask R-CNN 在此基础上更进一步：得到像素级别的检测结果。对每一个目标物体，不仅给出其边界框，并且对边界框内的各个像素是否属于该物体进行标记。Mask R-CNN 基于 Faster R-CNN 中已有的网络结构，又添加了一个头部分支，使用 FCN 对每个区域做二值分割。

Mask R-CNN 还提出了两个小的改进来使分割的结果更好。第一，对各个区域分割时，解除不同类之间的耦合。假设有 K 类物体，一般的分割方法直接预测一个有 K 个通道的输出，其中的每个通道都代表对应的类别。而 Mask R-CNN 预测 K 个中有 2 个通道（前景和背景）的输出，这样各个类别的预测是独立的。第二，Faster R-CNN 中使用 RoI pooling 之前的取整操作使特征图中所使用的 RoI 与原图中 RoI 的位置不完全对应。图 15-12 是 Mask R-CNN 整体架构。

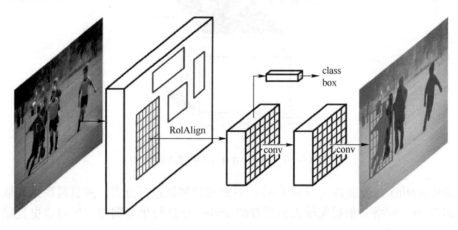

图 15-12　Mask R-CNN 整体架构图

本例采用 Mask R-CNN 模型来做实例分割，下面创建一个 train. py 文件，在其中写入训练的代码。

首先需要配置 GPU，设置使用 0 号 GPU 卡（如无 GPU，执行此代码后仍然会使用 CPU 训练模型）。然后定义数据处理流程，其中的训练过程和测试过程需要分别定义，训练过程包括了部分测试过程中不需要的数据增强操作，如在本例中，训练过程使用了 RandomHorizontalFlip 数据增强方式，如代码清单 15-1 所示。

代码清单 15-1

```
1    import matplotlib
2    import paddlex as pdx
3    import os
4    matplotlib. use('Agg')
5    os. environ['CUDA_VISIBLE_DEVICES'] = '0'
6    os. environ['CPU_NUM'] = '1'
7    from paddlex. det import transforms
8    train_transforms = transforms. Compose([
9        transforms. RandomHorizontalFlip(),
10       transforms. Normalize(),
11       transforms. ResizeByShort(short_size=800, max_size=1333),
12       transforms. Padding(coarsest_stride=32)
13   ])
14   eval_transforms = transforms. Compose([
15       transforms. Normalize(),
16       transforms. ResizeByShort(short_size=800, max_size=1333),
17       transforms. Padding(coarsest_stride=32)
18   ])
```

接下来需要定义数据集 Dataset，此处由于数据集为 COCO 格式，因此采用 pdx. datasets.
CocoDetection 来加载数据集，如代码清单 15-2 所示。

代码清单 15-2

```
1    train_dataset = pdx. datasets. CocoDetection(
2        data_dir='xiaoduxiong_ins_det/JPEGImages',
3        ann_file='xiaoduxiong_ins_det/train. json',
4        transforms=train_transforms,
5        shuffle=True)
6    eval_dataset = pdx. datasets. CocoDetection(
7        data_dir='xiaoduxiong_ins_det/JPEGImages',
8        ann_file='xiaoduxiong_ins_det/val. json',
9        transforms=eval_transforms)
```

最后需要定义使用的模型和模型参数，如代码清单 15-3 所示。

代码清单 15-3

```
1    num_classes = len( train_dataset. labels) + 1
2    model = pdx. det. MaskRCNN( num_classes=num_classes)
3    model. train(
4        num_epochs=12, #
5        train_dataset=train_dataset,
6        train_batch_size=1,
7        eval_dataset=eval_dataset,
8        learning_rate=0. 00125,
9        warmup_steps=10,
10       lr_decay_epochs=[8, 11],
11       save_interval_epochs=1,
12       save_dir='output/mask_rcnn_r50_fpn',
13       use_vdl=True)
```

编写完上述代码后，使用命令 pythontrain. py 就可以训练了。使用本数据集在 P40 上训练，如果有 GPU，则模型的训练过程预估为 5 min 左右；如果无 GPU，则预估为 1. 5 h 左右。如果发现因为内存不足而异常退出，则可以适当调低 train_batch_size。如果本机 GPU 内存充足，则可以调高 train_batch_size 的大小以获得更快的训练速度。

15. 2. 4　模型评估与预测

模型训练过程每间隔 save_interval_epochs 轮会在 save_dir 目录下保存一次模型，同时在保存的过程中会在验证数据集上计算相关指标。训练完成后会输出最佳模型在验证数据集上的相关测试指标，输出如下：

```
1    [INFO] [EVAL] Finished, Epoch=12, bbox_mmap=0. 667336, segm_mmap=0. 734257.
2    [INFO] Model saved in output/mask_rcnn_r50_fpn/epoch_12.
3    [INFO] Current evaluated best model in eval_dataset is epoch_10, bbox_mmap=0. 6766021602160216
```

可以看到，在经过训练后，模型在验证集上的 mmap 指标达到了 0. 6766（由于只训练了 12 epoch，训练得还不够，所以指标有些低）。

我们可以使用模型进行预测，同时使用 pdx. det. visualize( ) 将结果可视化，其中，threshold 代表 Box 的置信度阈值，将 Box 置信度低于该阈值的框过滤，不进行可视化。预测代码如代码清单 15-4 所示。

代码清单 15-4

```
1    import paddlex as pdx
2    model = pdx.load_model('output/mask_rcnn_r50_fpn/best_model')
3    image_name = 'xiaoduxiong_ins_det/JPEGImages/Xiaoduxiong126.jpeg'
4    result = model.predict(image_name)
5    pdx.det.visualize(image_name, result, threshold=0.5, save_dir='./output/mask_rcnn_r50_fpn')
```

执行上述代码后，可视化结果将保存到 ./output/mask_rcnn_r50_fpn 下。图 15-13a 是测试使用的原图，图 15-13b 是测试结果图。

 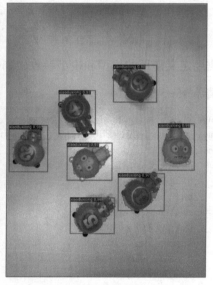

a) 测试使用的原图   b) 测试结果图

图 15-13　测试的原图和结果图

从模型测试输出的图片可以看出，本例可以很好地将原图中的小度熊分割出来。至此，基于 PaddleX 的实例分割案例就完成了。

15.3　本章小结

本章基于 PaddleX 实现了一个实例分割的例子。Paddle 平台为我们提供了很多开箱即用的工具，例如，PaddleCV 是基于 PaddlePaddle 深度学习框架开发的包含智能视觉工具、算法、模型和数据的开源项目，集成了丰富的 CV 模型，涵盖图像分类、目标检测、图像分割、视频分类、动作定位、目标跟踪、图像生成、文字识别、度量学习、关键点检测、3D 视觉等 CV 技术。这些对我们的学习和应用开发都有很大的帮助。

第 16 章
案例：照片风格迁移

每一张图片都是一种艺术风格的体现，但是从工程科学的角度来看，"风格"其实是一个很难定义的名词，这是因为它是一个高度复杂且主观的概念：图片的风格往往与创造图片的主体，以及图片所包含的元素种类、形状、颜色等因素相关，但这些因素极难量化。本章所说的图片风格迁移是指利用算法学习已有图片的风格，然后把这种风格应用到另外一张图片上的技术。这种技术已经有了 10 余年的发展历史，也形成了多条技术路线。本章要使用的是生成式对抗网络的一个变种——CycleGAN。

扫码看案例视频

16.1 数据集介绍

既然要做图片的风格迁移，那么就需要两个类型的图片数据：一种是待迁移的图片，另一种是迁移的目标风格图片。这里，我们选择了一些风景图片来构成数据集，待迁移图片是摄像机所拍摄的真实影像，目标风格图片则是出自画师之手的动漫插画。为了方便叙述，引入了 Domain（领域）的概念，待迁移的图像数据集称为 Domain A，而目标风格图像数据集称为 Domain B。

具体来讲，Domain A 是 Kaggle 数据挖掘竞赛平台提供的用于图像生成竞赛的摄影图片数据集，共 7038 张图片；Domain B 是从插画网站 Pixiv 以及新海诚导演的动画中的截图所构建的新海诚美术风格数据集，共 260 张图片。两个数据集中的图片均为三通道彩色图像，且都已经提前剪裁至 256×256 像素的大小。

我们在两个数据集中分别抽取了部分图片进行展示，如图 16-1 所示。这里将通过训练一个模型重绘图 16-1a 中的图像，使其具备图 16-1b 中图像的艺术风格。

a) Domain A   b) Domain B

图 16-1　数据集中图像举例

16.2 模型介绍与构建

16.2.1 CycleGAN 简介

GAN 主要关注的是算法整体的框架结构，在最初提出时，其生成器和判别器都是由简单的多层感知机（MLP）即全连接神经网络构成的，训练方式也是常规的随机梯度下降法。基于其在相关领域的良好性质，后来有人在保留 GAN 基本要素的前提下对其具体实现、网络结构和训练流程进行了多方面改进，形成了大量 GAN 的变种，其中具有代表性的有 CGAN、DCGAN、ACGAN、WGAN 等。本图片风格迁移案例使用的是另一变种——CycleGAN，即循环生成对抗网络。

CycleGAN 由朱俊彦等人在 2017 年提出，其正式名称是"使用循环一致性网络的无配对图像到图像迁移"。在 CycleGAN 出现之前，已经有以 pix2pix 为代表的一系列模型实现了效果较为出色的图像迁移和翻译，但这些模型都存在一个突出的问题：需要成对（Paired）地训练图像，而这就极大地增加了构建训练数据集的难度。CycleGAN 解决了这个问题：它不要求训练数据集是成对的，只要两个 Domain 中的图片数量充足，就可以训练出成功实现风格迁移的模型，且迁移效果十分接近成对数据集训练出的模型。图 16-2 所示为成对与不成对训练数据集的区别，十分明显地体现了 CycleGAN 在这一方面的优势：左侧体现了在 pix2pix 中，对于待迁移的 Domain A 数据集中的一张图片，目标风格的 Domain B 中必须有一张内容相同的图片与之对应；而右侧的 CycleGAN 则没有这方面的限制。可以说，CycleGAN 的出现极大地方便了生成式对抗网络在图片风格迁移和语义翻译等领域的应用。

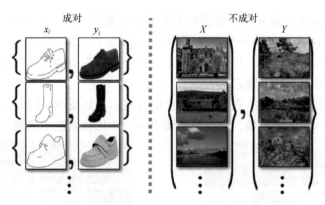

图 16-2　成对与不成对训练数据集的区别

16.2.2 模型结构

传统的生成式对抗网络只有一组生成器—判别器，而 CycleGAN 有两组且对称放置，在数据流上形成了循环效果，其整体结构如图 16-3 所示。循环对称机制的引入与 CycleGAN 训练数据集"无配对"的特性密切相关：因为训练时两个 Domain 的图片无对应关系，为了保证生成器输出图像与原图的内容保持一致，必须增加一对生成器—判别器，将 A2B 的图像反向输入为 B2A，使得 B2A 的输出图像尽可能贴近原图。

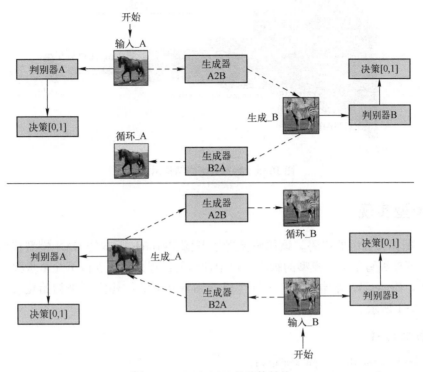

图 16-3　CycleGAN 的整体结构

在本章的图片风格迁移中，选择带残差的循环生成对抗网络（CycleGAN）作为实现方法。CycleGAN 模型适用于训练数据集中两个域的数据并不存在一一对应关系的情况，因此很贴合本章中数据集的情况。

生成器由 3 组下采样、9 个残差模块、2 组上采样以及输出 4 部分组成，其网络结构示意图如图 16-4 所示，其中，图中括号中的内容代表（图片尺寸,通道数,卷积核尺寸）。

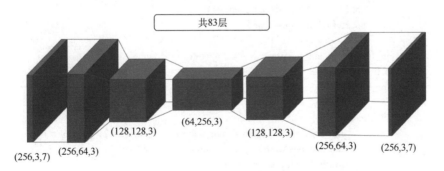

图 16-4　生成器网络结构示意图

判别器由 5 层卷积层以及与之配套的激活层和标准化层等组成，其网络结构示意图如图 16-5 所示，其中，图中括号中的内容代表（图片尺寸,通道数）。

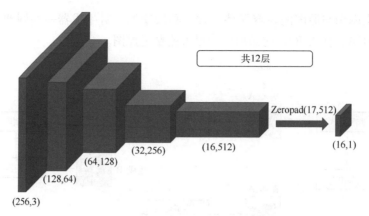

图 16-5　判别器网络结构示意图

16.3　模型实现

本节介绍模型训练的代码。该代码参考了开源 PyTorch 版本的 GAN 模型代码。本节使用 PyTorch 框架编写了训练模型的脚本。模型训练的过程大致包含以下几个步骤。

1）定义 CycleGAN 基本模块。根据生成器和判别器的结构定义来初始化参数。具体如代码清单 16-1 所示。

代码清单 16-1

```
1    class GeneratorResNet( nn. Module) :
2        '''生成器结构定义'''
3        def __init__(self, input_shape, num_residual_blocks) :
4            super( GeneratorResNet, self) . __init__( )
5            channels = input_shape[ 0]
6            #初始化 convolution block
7            out_features = 64
8            model = [
9                    nn. ReflectionPad2d( channels) ,
10                   nn. Conv2d( channels, out_features, 7) ,
11                   nn. InstanceNorm2d( out_features) ,
12                   nn. ReLU( inplace = True) ,
13               ]
14           in_features = out_features
15           #下采样
16           for_in range( 2) :
17               out_features *= 2
18               model += [
19                   nn. Conv2d( in_features, out_features, 3, stride = 2, padding = 1) ,
20                   nn. InstanceNorm2d( out_features) ,
21                   nn. ReLU( inplace = True) ,
22               ]
23               in_features = out_features
24           # 残差块
25           for_in range( num_residual_blocks) :
26               model += [ ResidualBlock( out_features) ]
27           # 上采样
28           for_in range( 2) :
```

```
29                          out_features //= 2
30                          model += [
31                              nn. Upsample( scale_factor=2),
32                              nn. Conv2d( in_features, out_features, 3, stride=1, padding=1),
33                              nn. InstanceNorm2d( out_features),
34                              nn. ReLU( inplace=True),
35                          ]
36                          in_features = out_features
37                      #输出层
38                      model += [ nn. ReflectionPad2d( channels), nn. Conv2d( out_features, channels, 7),
                        nn. Tanh( )]
39                      self. model = nn. Sequential( * model)
40
41          def forward( self, x):
42              return self. model( x)
43
44      class Discriminator( nn. Module):
45          '''判别器结构定义'''
46          def __init__( self, input_shape):
47              super( Discriminator, self). __init__( )
48              channels, height, width = input_shape
49              # 计算图像判别器输出形状
50              self. output_shape = (1, height // 2 ** 4, width // 2 ** 4)
51              def discriminator_block( in_filters, out_filters, normalize=True):
52                  """ Returns downsampling layers of each discriminator block"""
53                  layers = [ nn. Conv2d( in_filters, out_filters, 4, stride=2, padding=1)]
54                  if normalize:
55                      layers. append( nn. InstanceNorm2d( out_filters))
56                  layers. append( nn. LeakyReLU( 0. 2, inplace=True))
57                  return layers
58              self. model = nn. Sequential(
59                  * discriminator_block( channels, 64, normalize=False),
60                  * discriminator_block( 64, 128),
61                  * discriminator_block( 128, 256),
62                  * discriminator_block( 256, 512),
63                  nn. ZeroPad2d(( 1, 0, 1, 0)),
64                  nn. Conv2d( 512, 1, 4, padding=1)
65              )
66
67          def forward( self, img):
68              return self. model( img)
```

2) 使用 PyTorch 提供的接口构建 Dataset 类和 Dataloader 类，并定义图片导入和采样的流程。在导入图像的同时对其进行随机裁剪、随机水平翻转、正则化等预处理。具体如代码清单 16-2 所示。

代码清单 16-2

```
1      # 图像预处理
2      transforms_ = [
3          transforms. Resize( int( opt. img_height * 1. 12), Image. BICUBIC),
4          transforms. RandomCrop(( opt. img_height, opt. img_width)),
5          transforms. RandomHorizontalFlip( ),
```

```
6              transforms. ToTensor( ) ,
7              transforms. Normalize( ( 0. 5, 0. 5, 0. 5) , ( 0. 5, 0. 5, 0. 5) ) ,
8          ]
9
10    # 训练数据导入
11    dataloader = DataLoader(
12          ImageDataset( "./anime", transforms_ = transforms_, unaligned = True) ,
13          batch_size = opt. batch_size,
14          shuffle = True,
15          num_workers = opt. n_cpu,
16    )
17
18    def sample_images( batches_done) :
19          """Saves a generated sample from the test set"""
20          imgs = next( iter( dataloader) )
21          G_AB. eval( )
22          G_BA. eval( )
23          real_A = Variable( imgs[ "A" ]. type( Tensor) )
24          fake_B = G_AB( real_A)
25          real_B = Variable( imgs[ "B" ]. type( Tensor) )
26          fake_A = G_BA( real_B)
27          # 沿 x 轴排列图像
28          real_A = make_grid( real_A, nrow = 5, normalize = True)
29          real_B = make_grid( real_B, nrow = 5, normalize = True)
30          fake_A = make_grid( fake_A, nrow = 5, normalize = True)
31          fake_B = make_grid( fake_B, nrow = 5, normalize = True)
32          # 沿 y 轴排列图像
33          image_grid = torch. cat( ( real_A, fake_B, real_B, fake_A) , 1)
34          save_image( image_grid, "images/%s/%s. png" % ( opt. dataset_name, batches_done) , normalize =
       False)
```

3) 开始循环迭代训练。每一轮训练都分为 3 个部分:先训练生成器,再训练判别器 A,最后训练判别器 B。CycleGAN 中的 loss 函数比较复杂。具体如代码清单 16-3 所示。

代码清单 16-3

```
1      for i, batch in enumerate( dataloader) :
2            # 设置模型输入
3            real_A = Variable( batch[ "A" ]. type( Tensor) )
4            real_B = Variable( batch[ "B" ]. type( Tensor) )
5            # 对抗性直值
6            valid = Variable( Tensor( np. ones( ( real_A. size( 0) , * D_A. output_shape) ) ) , requires_grad =
       False)
7            fake = Variable( Tensor( np. zeros( ( real_A. size( 0) , * D_A. output_shape) ) ) , requires_grad =
       False)
8
9            # --------------------
10          #训练生成器
11          # --------------------
12          G_AB. train( )
13          G_BA. train( )
14          optimizer_G. zero_grad( )
15          #定义 Loss
16          loss_id_A = criterion_identity( G_BA( real_A) , real_A)
```

```
17    loss_id_B = criterion_identity(G_AB(real_B), real_B)
18    loss_identity = (loss_id_A + loss_id_B) / 2
19    # GAN 损失
20    fake_B = G_AB(real_A)
21    loss_GAN_AB = criterion_GAN(D_B(fake_B), valid)
22    fake_A = G_BA(real_B)
23    loss_GAN_BA = criterion_GAN(D_A(fake_A), valid)
24    loss_GAN = (loss_GAN_AB + loss_GAN_BA) / 2
25    # Cycle 损失
26    recov_A = G_BA(fake_B)
27    loss_cycle_A = criterion_cycle(recov_A, real_A)
28    recov_B = G_AB(fake_A)
29    loss_cycle_B = criterion_cycle(recov_B, real_B)
30    loss_cycle = (loss_cycle_A + loss_cycle_B) / 2
31    # 总损失
32    loss_G = loss_GAN + opt.lambda_cyc * loss_cycle + opt.lambda_id * loss_identity
33    loss_G.backward()
34    optimizer_G.step()
35
36    # -----------------------
37    #训练 Discriminator A
38    optimizer_D_A.zero_grad()
39    # 真实损失
40    loss_real = criterion_GAN(D_A(real_A), valid)
41    # Fake loss (on batch of previously generated samples)
42    fake_A_ = fake_A_buffer.push_and_pop(fake_A)
43    loss_fake = criterion_GAN(D_A(fake_A_.detach()), fake)
44    # 总损失
45    loss_D_A = (loss_real + loss_fake) / 2
46    loss_D_A.backward()
47    optimizer_D_A.step()
48
49    # -----------------------
50    #训练 Discriminator B
51    # -----------------------
52    optimizer_D_B.zero_grad()
53    # 真实损失
54    loss_real = criterion_GAN(D_B(real_B), valid)
55    # Fake loss (on batch of previously generated samples)
56    fake_B_ = fake_B_buffer.push_and_pop(fake_B)
57    loss_fake = criterion_GAN(D_B(fake_B_.detach()), fake)
58    # 总损失
59    loss_D_B = (loss_real + loss_fake) / 2
60    loss_D_B.backward()
61    optimizer_D_B.step()
62    loss_D = (loss_D_A + loss_D_B) / 2
63
64    #保存图片
65    if batches_done % opt.sample_interval == 0:
66        sample_images(batches_done)
```

4）间隔固定轮数，将模型保存下来，具体如代码清单16-4所示。

代码清单 16-4

```
1    if opt. checkpoint_interval ! = −1 and epoch % opt. checkpoint_interval = = 0:
2        #保存模型的 checkpoints
3        torch. save( G_AB. state_dict( ) , " saved_models/%s/G_AB_%d. pth" % ( opt. dataset_name,
         epoch) )
4        torch. save( G_BA. state_dict( ) , " saved_models/%s/G_BA_%d. pth" % ( opt. dataset_name,
         epoch) )
5        torch. save( D_A. state_dict( ) , " saved_models/%s/D_A_%d. pth" % ( opt. dataset_name, ep-
         och) )
6        torch. save( D_B. state_dict( ) , " saved_models/%s/D_B_%d. pth" % ( opt. dataset_name, ep-
         och) )
```

16.4　细节分析

16.4.1　标准化（Normalization）

CycleGAN 中使用 InstanceNorm 作为标准化策略，而非 BatchNorm，原因是在 GAN 网络学习的任务中，期望不同的输入能够映射到不同的输出，使生成图像之间彼此独立，故不能以 batch 为单位进行归一化。

16.4.2　PatchGAN

判别器部分使用 PatchGAN 方法，即在预测图像是生成（Fake）图像还是真实（Real）图像时，在卷积层的最后不使用全连接层直接输出一个实数作为判别结果，而是使用全卷积网络最终输出一张单通道的二维特征图，图中的每一个元素都表示判别器对图像中某一区域（Patch）的判断结果。该特征图经过 Sigmoid 层后直接平均，即为最终判别结果；计算损失（loss）时，直接将特征图与和其同样大小的全 0 或全 1 矩阵求 MSE Loss。

16.4.3　损失函数（Loss Function）

CycleGAN 的损失函数包括 3 部分。

1）对抗损失，即判别器判断图像结果的交叉熵，这里使用的是 MSE Loss。这部分损失为 GAN 网络的核心，判别器以最小化该损失为目标，生成器则以最大化该损失为目标。

$$\mathcal{L}_{\text{GAN}}(G,D_Y,X,Y) = \mathbb{E}_{y \sim \text{pdata}(y)} \left[\log(D_Y(Y)) \right] + \mathbb{E}_{x \sim \text{pdata}(x)} \left[\log(1 - D_Y(G(x))) \right]$$

2）循环一致性损失，CycleGAN 为了保证该结构下不会将生成器锁定在某种特定映射方式上，导致丧失了原图的内容特征而增加的 loss，其含义为将 A 中图像映射到 B 中后再映射回来，其内容应与原图像保持一致，这里使用 L1 Loss。

$$\mathcal{L}_{\text{cyc}}(G,D_Y,X,Y) = \mathbb{E}_{y \sim \text{pdata}(y)} \left[\|F(G(x)) - x\|_1 \right] + \mathbb{E}_{x \sim \text{pdata}(x)} \left[\|G(F(y)) - y\|_1 \right]$$

3）色彩映射损失，这是 CycleGAN 针对图像风格变换而额外引入的一种损失，是为了防止在训练时生成器无意义地改变图像的色调而加入的损失函数（如从白天变为黄昏）。这里使用的也是 L1 Loss。

$$\mathcal{L}_{\text{color}}(G,F) = \mathbb{E}_{y \sim \text{pdata}} \left[\|G(y) - y\|_1 \right] + \mathbb{E}_{x \sim \text{pdata}} \left[\|F(x) - x\|_1 \right]$$

16.4.4　ReplayBuffer

为了降低振荡，稳定训练，在模型实现过程中加入了 ReplayBuffer 的机制。在更新判别器参数时，不使用当前这一轮生成的图像作为 Fake 输入，而是从 Buffer 中取出一张过去储存的 Fake 图像作为输入，同时用当前生成的图像替代该图像存入 Buffer 中。

16.5　结果展示

由于数据集规模较大和运算复杂，模型的训练可能会比较慢。经过验证，训练后的模型能够通过迁移数据集中的真实影像生成较高质量的新海诚插画风格的图片。图 16-6 是模型迭代训练 92 轮后部分效果较好的迁移图片的前后对比。每一对图片中，上方是真实影像，下方是迁移后的插画风格图片。

图 16-6　风格迁移前后对比效果

16.6　可视化验证

除了直观地感受生成器对原图片的风格迁移效果之外，还可以从判别器的视角出发来检验模型训练是否成功。根据 GAN 的定义，在理想状态下，判别器应当难以分辨生成器生成的"假图"和目标风格的"真图"，即其对来自两个来源的图片输出相似的值。

基于这样的想法，我们从两个数据集中各随机抽取一张图片，将判别器输出的 16×16×1 特征图数据利用主成分分析的方法降低到二维，并将降维后的数据绘制在平面直角坐标系上，具体如代码清单 16-5 所示。

代码清单 16-5

```
pca = PCA(n_components=2)
low_dim_embs = pca.fit_transform(D_emd)
labels = np.concatenate((fake_label, true_label))
plot_with_labels(low_dim_embs, labels, "D_92_PCA")
```

图 16-7 所示为一次实验里模型中两个判别器的效果。浅色标签是生成图片的输出分布，而深色标签则是目标风格图片的输出分布。在左图中，浅色代表由真实影像数据集抽取的图片经过模型迁移至新海诚风格，深色代表从新海诚数据集中抽取的目标风格图片；右图正好相反，浅色代表由新海诚数据集抽取的图片经过模型迁移至原影像的真实风格，浅色则代表从真实影像数据集中抽取的图片。

显然深色和浅色的标签分布高度重合，这说明两个判别器对于两类图片的输出接近，从而也说明生成器双向生成的图片都达到了"以假乱真"的效果，从侧面印证了我们的风格迁移是成功的。

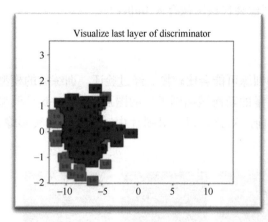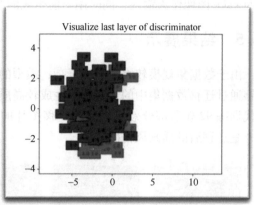

图 16-7　一次实验里模型中两个判别器的效果

16.7　本章小结

　　本章从数据集、模型简介和结构、训练流程、结果展示、可视化验证等方面使用 CycleGAN 进行图片风格迁移的实践，着重分析了 CycleGAN 独特的循环对称结构。实际上，CycleGAN 在图片增强、季节转换、物件变形等图像变换领域都表现出了良好的性能。在数据集规模较小，结构上无法实现配对的情况下，CycleGAN 是一种十分有力的工具。当然，实现图片风格迁移的手段也不局限于 CycleGAN，感兴趣的读者可以查阅相关资料做进一步的了解。

第 17 章

案例：IMDb 评论情感判断

本章的目标是分析电影评论，对某条评论是正面评论还是负面评论进行判断。本例主要使用 Python 的第三方库 PyTorch 和 Transformers，利用库中实现的 BERT 模型，基于 Hugging Face 提供的预训练模型 bert-base-uncased，使用数据的训练集对模型进行微调（Fine-tune），再对测试集进行预测。

扫码看案例视频

17.1　数据的读取和预处理

本例的数据集来源于 A. Maas 等人整理的互联网电影资料库（IMDb）的电影评论。该数据集中，训练集包含 25000 条评论，验证集包含 25000 条评论。

17.1.1　数据读取

本例的数据使用文本文件的形式提供，train 目录里包含了 pos 目录和 neg 目录，分别存放正面评论和负面评论。使用 Python 内置的 os 库对文件列表进行获取，进而将正面评论和负面评论全部读取，并通过 Pandas 库整理成 .csv 文件，以便于进一步处理。在读取时，数据集的编码格式是 UTF-8，需要显式指定编码。

代码中用到的文件读取方法如表 17-1 所示。

表 17-1　文件读取方法

方　法	描　述
os. chdir(path：str)	进入路径 path 表示的目录
os. listdir([path：str])	列出 path 表示目录下的文件列表，当 path 省略时列出当前目录的文件列表
open(file：str, pattern：str, encoding：str)	根据 pattern，使用 encoding 指定的编码格式打开 file 指定的文件，pattern 可取的部分值如下： r：表示只读 w：表示清空文件并写入 a：表示在文件末尾追加内容

代码清单 17-1 中的代码读取 train 目录下的训练集并整合到 train. csv 文件中。

代码清单 17-1

```
1    import pandas as pd
2    import os
3
4    data = pd. DataFrame( columns = ['comment', 'sentiment'] )
5
```

```
 6      os. chdir('train/pos')
 7      for file in os. listdir():
 8          with open(file, 'r', encoding='utf8') as f:
 9              data = data. append({'comment': f. read(), 'sentiment': 1},
10                  ignore_index = True)
11
12      os. chdir('../neg')
13      for file in os. listdir():
14          with open(file, 'r', encoding='utf8') as f:
15              data = data. append({'comment': f. read(), 'sentiment': 0},
16                  ignore_index = True)
17
18      os. chdir('../..')
19      data. to_csv('train. csv', index = False)
```

同样地，使用代码清单 17-2 中的代码将测试集整合到 test. csv 文件中。

代码清单 17-2

```
 1      data = pd. DataFrame(columns = ['comment', 'sentiment'])
 2
 3      os. chdir('test/pos')
 4      for file in os. listdir():
 5          with open(file, 'r', encoding='utf8') as f:
 6              data = data. append({'comment': f. read(), 'sentiment': 1},
 7                  ignore_index = True)
 8
 9      os. chdir('../neg')
10      for file in os. listdir():
11          with open(file, 'r', encoding='utf8') as f:
12              data = data. append({'comment': f. read(), 'sentiment': 0},
13                  ignore_index = True)
14
15      os. chdir('../..')
16      data. to_csv('test. csv', index = False)
```

17. 1. 2   数据预处理

通过观察可以得出，本例的训练集拥有 12500 个正面评论和 12500 个负面评论，正负样本数量均衡。进一步观察，可以发现数据中存在一定的问题。例如，训练集中的 train/3_10. txt 如下：

"All the world's a stage and its people actors in it"--or something like that. Who the hell said that theatre stopped at the orchestra pit--or even at the theatre door? Why is not the audience participants in the theatrical experience, including the story itself?

This film was a grand experiment that said: "Hey! the story is you and it needs more than your attention, it needs your active participation". "Sometimes we bring the story to you, sometimes you have to go to the story."

Alas no one listened, but that does not mean it should not have been said.

训练集中存在 "<br />" 这样的符号，这是因为
在 HTML 中表示换行。测试集同样存在这种情况。因此，为了确保模型训练的可靠性，需要将所有的
舍弃。另外，为了验证模型的有效性，需要从训练集中分出一部分，作为验证集。下面使用代码清单 17-3 中的代码完成这些操作。

代码清单 17-3

```
1    import pandas as pd
2
3    train = pd. read_csv('train. csv')
4    test = pd. read_csv('test. csv')
5
6    delete_br = lambda x: x. replace('<br />', '')
7
8    train['comment'] = train['comment']. map(delete_br)
9    test['comment'] = test['comment']. map(delete_br)
10
11   train = train. sample(frac=1)
12   train, valid = train[5000:], train[:5000]
```

这段代码使用 map()方法对 comment 列的所有数据进行相同的操作。map()方法可接收一个 lambda 表达式，对于每个元素，都将其传给 lambda 表达式，并将该元素所在的位置替换为 lambda 表达式的返回值；sample()方法对一个 DataFrame 按照 frac 参数（第 11 行）指定的比例进行不放回抽样，当 frac 为 1 时表示打乱顺序。

Python 中的 lambda 表达式语法如下：

```
lambda [args...]: expression
```

lambda 表达式定义一个没有名称的函数，该函数按照 args 指定的参数列表返回表达式 expression 的计算结果。

在删去
后，使用 Tokenizer 将评论转换为机器学习方法使用的张量（Tensor），即可进行训练。第三方库 Transformers 提供了包括 Tokenizer 在内的预处理工具，可以方便地将语句转换为张量。转换为张量后，需要使用 TensorDataset 将这些信息打包成数据集（Dataset）格式。下面使用代码清单 17-4 中的代码完成这一过程。

代码清单 17-4

```
1    import transformers as tf
2    import torch
3    from torch. utils. data import TensorDataset
4
5    tokenizer = tf. BertTokenizer. from_pretrained('bert-base-uncased')
6
7    def sentence_reform(sentence: str, max_length: int=512):
8        inputs =tokenizer. encode_plus(sentence, max_length=max_length,
9            truncation=True)
10       input_ids = inputs['input_ids']
11       padding_length = max_length-len(input_ids)
12       padding_id = tokenizer. pad_token_id
13       input_masks = [1] * len(input_ids)
14       if padding_length > 0:
15       input_ids += [padding_id] * padding_length
16       input_masks += [0] * padding_length
17       return input_ids, input_masks
18
19   def dataframe_to_dataset(dataframe: pd. DataFrame):
20       token_ids, masks, labels = [], [], []
```

```
21    for _, (sentence, sentiment) in dataframe.iterrows():
22        input_ids, input_masks = sentence_reform(sentence)
23        token_ids.append(input_ids)
24        masks.append(input_masks)
25        labels.append(sentiment)
26        token_ids = torch.tensor(token_ids)
27        masks = torch.tensor(masks)
28        labels = torch.tensor(labels)
29        return TensorDataset(token_ids, masks, labels)
30
31    train_set = dataframe_to_dataset(train)
32    valid_set = dataframe_to_dataset(valid)
33    test_set = dataframe_to_dataset(test)
```

17.1.3 数据存储

在通过预处理得到训练集、验证集和测试集的 Dataset 格式后，需要将这些数据存储起来，便于模型加载。下面使用代码清单 17-5 中的代码，利用 Python 的 pickle 库将这几个 Dataset 分别存储到相应的文件中。

代码清单 17-5

```
1    import pickle
2
3    with open('train.pkl', 'wb') as f:
4        pickle.dump(train_set, f)
5
6    with open('test.pkl', 'wb') as f:
7        pickle.dump(test_set, f)
8
9    with open('valid.pkl', 'wb') as f:
10       pickle.dump(valid_set, f)
```

17.2 模型训练

17.2.1 模型和数据集加载

本例将预训练模型 "bert-base-uncased" 作为基础，使用提供的训练集进行微调。加载该模型，需要使用第三方库 Transformers。

代码清单 17-6 将会下载 bert-base-uncased 模型的预训练参数，并加载该参数到模型中。设置 num_labels，可以调整模型预测的标签种类个数。本例仅分正面和负面两类，因此将 num_labels 设置为 2。

代码清单 17-6

```
1    import transformers as tf
2
3    model = tf.BertForSequenceClassification.from_pretrained('bert-base-uncased',
4        num_labels=2)
```

为了便于训练，代码清单 17-7 使用 pickle 库读取在预训练过程中存储的 Dataset，装载到 DataLoader 中。

代码清单 17-7

```
1    import pickle
2
3    with open('train. pkl', 'rb') as f:
4    train_set = pickle. load(f)
5
6    with open('valid. pkl', 'rb') as f:
7    valid_set = pickle. load(f)
8
9    train_loader = torch. utils. data. DataLoader(
10   train_set,
11   batch_size=32,
12   shuffle=True,
13   )
14   valid_loader = torch. utils. data. DataLoader(valid_set, batch_size=1)
```

DataLoader() 的参数 batch_size 表示在训练过程中模型每次会同时计算多少个数据，这些被合并起来的数据称为一批（batch）；参数 shuffle 表示是否在每次读取数据集的过程中以随机顺序读取。根据经验，将 batch_size 设置为 32。

17.2.2　优化器和参数设置

在加载模型后，需要对模型的各种参数进行设置。另外，需要使用优化器进行训练。优化器（Optimizer）可以根据模型在反向传播时的梯度计算结果，对模型的参数进行调整，进而使模型的预测准确率变得更高。

本例中使用 Adam 优化器，根据经验将学习率设置为 10^{-5}，优化器的设置如代码清单 17-8 所示。

代码清单 17-8

```
1    import torch
2
3    optimizer = torch. optim. Adam(model. parameters(), lr=1e-5)
```

17.2.3　模型训练过程

在加载模型和数据、设置优化器后，即可对模型进行训练。在训练过程中，对 Data-Loader 中的所有数据分别进行一次训练的过程称为一代（epoch）。如代码清单 17-9 所示，为了便于观察训练的进度，在每一代中使用第三方库 tqdm 对训练进度进行可视化。

代码清单 17-9

```
1    from tqdm import tqdm
2
3    def model_train(epoch):
4    gen = tqdm(train_loader, desc=f'Epoch {epoch}:')
5    model. train()
6    for input_ids, mask, label in gen:
7    optimizer. zcro_grad()
```

```
8        pred = model(input_ids, mask, labels=label)
9        loss = pred.loss
10   loss.backward()
11   optimizer.step()
12   gen.set_postfix({'loss': loss.item()})
```

在训练过程中，BERT 模型将会自动计算损失函数（Loss Function）的值。损失函数是衡量模型预测结果和真实值之间差异的指标，一般情况下，其取值越小，表示模型的准确率越高。在代码清单 17-9 中，变量 loss 的值即为损失函数的值。loss.backward()方法将会计算损失函数对模型中每个参数的梯度，而 optimizer.step()会根据梯度调整参数，使 loss 的值在下一次计算时减小。在每次训练开始之前，需要使用 optimizer.zero_grad()方法将上一次训练计算出的梯度清零。

为了对每一代训练的结果进行评估，在每一代训练结束之后，需要使模型在验证集上运行，并计算准确率。另外，BERT 模型的训练过程非常耗时，为了保证能够在训练被意外中断后可以恢复，需要对结果进行保存。

如代码清单 17-10 所示，torch.save()方法将模型的所有参数保存到指定的文件中。model.eval()方法用来进入测试模式，而如果想要切换为训练模式，则可以改为 model.train()方法。在不同的模式下，模型中的部分单元行为有所不同。torch.no_grad()方法提供一个环境，在该环境下所有的计算都不会计算梯度，从而节省计算时间。

代码清单 17-10

```
1    def model_validity_check(epoch):
2        torch.save(model, f'model_{epoch}.pkl')
3    gen = tqdm(valid_loader, desc=f'Epoch {epoch}:')
4    model.eval()
5    with torch.no_grad():
6    correct = 0
7    for input_ids, mask, label in gen:
8        pred = model(input_ids, mask).logits.argmax(axis=1)
9        correct += (pred == label).sum()
10   print('Accuracy: %02.04f%%' % (correct * 100 / len(valid_loader)))
```

在本案例中，使用代码清单 17-11 中的代码，将 BERT 模型训练 20 轮。最后，模型的参数被保存至 model.pkl 文件中。

代码清单 17-11

```
1    epochs = 20
2    for epoch in range(epochs):
3    model_train(epoch)
4    model_validity_check(epoch)
5    torch.save(model, 'model.pkl')
```

17.3 结果检验

模型在测试集上测试的过程与在验证集上测试的基本相同。下面使用代码清单 17-12 中的代码，计算模型在测试集上预测的准确率。

代码清单 17-12

```
1    import torch
2    import torch. utils. data
3    from tqdm import tqdm
4    import pickle
5
6    with open('test. pkl', 'rb') as f:
7    test_set = pickle. load(f)
8    test_loader = torch. utils. data. DataLoader(test_set, batch_size=1)
9
10   model = torch. load('model. pkl')
11   gen = tqdm(test_loader)
12   model. eval()
13   with torch. no_grad():
14   correct = 0
15   for input_ids, mask, label in gen:
16   pred = model(input_ids, mask). logits. argmax(axis=1)
17   correct += (pred == label). sum()
18   print('Accuracy: %02. 04f%%' % (correct * 100 / len(test_loader)))
```

BERT 模型是一种预测性能较高的模型。使用案例中的数据集和方法，一般而言可以达到 90% 以上的准确率。

17. 4　本章小结

本章通过使用 BERT 模型实现了一个自然语言领域的例子，即对影评进行情感分析判断，并详细描述了数据的预处理和模型训练的过程，从而帮助读者理解 BERT 模型的应用方法。而实际上，自然语言处理涉及很多不同的技术，如语音识别等。这些技术需要各位读者去做进一步的探索和应用。

第 18 章
基于 Transformer 的片段抽取式
机器阅读理解

机器阅读理解（Machine Reading Comprehension，MRC）的任务主要是让机器根据给定的文本回答与文本相关的问题，以此来衡量机器对自然语言的理解能力。可以将其形式化成一个有监督的学习问题：给出三元组形式的训练数据（C，Q，A），其中 C 表示段落，Q 表示与之相关的问题，A 表示对应的答案，我们的目标是学习一个预测器 f，能够将相关段落 C 与问题 Q 作为输入，返回一个对应的答案 A 作为输出：f(C,Q)→A。本章介绍深度学习模型 BERT 和基于 BERT 预训练模型对数据集微调训练。

扫码看案例视频

18.1 模型介绍

18.1.1 Transformer

Transformer 包含两个结构网络子层，分别为多头自注意力子层和前馈神经网络子层，如图 18-1 所示。在每个结构子层之间使用残差网络连接防止梯度消失，并使用层归一化操作加速训练。

由于 Transformer 模型没有 RNN 或 LSTM 模型的时序操作，所以使用位置嵌入（Positional Encoding，PE）来对文本中词语的位置信息编码，从而判断词语的序列关系。模型使用正弦和余弦三角函数的线性变换来对文本序列中的词语位置编码。

$$PE_{(POS,2i)} = \sin(pos/10000^{2i/d_{model}}) \tag{18.1}$$

$$PE_{(POS,2i+1)} = \cos(pos/10000^{2i/d_{model}}) \tag{18.2}$$

其中，PE 是二维矩阵，大小跟输入向量维度相同，行表示词语，列表示词向量；pos 表示词语在句子中的位置；d_{model} 表示词向量的维度；i 表示词向量的位置。因此上述公式表示在每个词语的词向量的偶数位添加 sin 变量，奇数位置添加 cos 变量，以此来填满整个 PE 矩阵，然后一一对应地加到输入词向量中，这样便完成了位置编码的引入。使用 sin 和 cos 编码的原因是可以得到词语之间的相对位置关系，因为：

$$\sin(\alpha+\beta) = \sin\alpha\cos\beta + \cos\alpha\sin\beta \tag{18.3}$$

$$\cos(\alpha+\beta) = \cos\alpha\cos\beta - \sin\alpha\sin\beta \tag{18.4}$$

即由 sin(pos+k) 可以得到，通过线性变换获取后续词语相对于当前词语的位置关系。

18.1.2 Self-Attention Layer

注意力机制可以理解为一个 query 应用到一组 key-value 对上的操作，其中 query 和所有 keys、values 都是向量化的，结果可以看作对 values 的加权求和，其中每个 value 的权重是通过当前 query 和对应的 key 做点乘得到的，即图 18 - 2 左侧所示的 Scaled Dot - Product Attention，图 18-2 右侧所示的多头注意力机制包含了多个注意力机制层并行计算。接下来看单个 Self-Attention 如何计算：

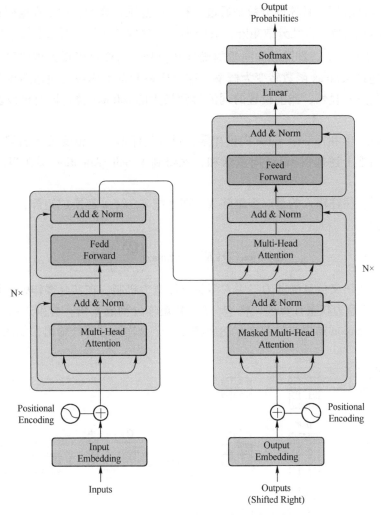

图 18-1　Transformer（左边为 Encoder，右边为 Decoder）

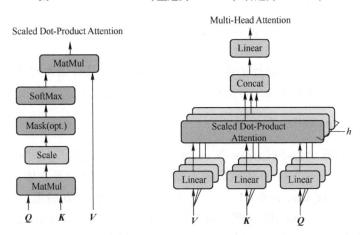

图 18-2　Self-Attention Layer（左边为单头 Self-Attention 运算逻辑，右边为多头 Self-Attention 运算逻辑）

1）首先为每个 encoder 输入向量 x 创建 3 个向量，即通过输入向量和 3 个权重矩阵 **WQ**、**WK**、**WV** 相乘，得到 query、key、value 对应的三个向量 q、k、v。

2）计算分数，需要计算输入序列中所有其他词与当前词之间的分数来决定我们给予其他词语多少的关注程度。具体的分数是通过 q 和 k 的点乘计算的，比如在编码第一个词时用 q_1 和每个位置的 k 点乘，得到分数矩阵，其中第一个分数是 q_1k_1，第二个是 q_1k_2。

3）将分数除以 $\sqrt{d_k}$，即除以 k 向量的维度开根号，这样可以得到更多稳定的梯度，然后把分数矩阵通过 softmax 函数转变为概率，这个概率衡量了你想要表达多少与某一个位置的词语相关的信息。显然，当前位置的词汇得到最大的 softmax 值，同时可以获得与当前位置相关的词语。

4）把 softmax 值和每一个 value 向量相乘，目的是保留一些想要关注的部分，抛弃不相关的部分。最后把上述加权 value 向量求和，就得到了 Self-Attention 层在当前词语位置的输出。

实际使用时，往往输入的是一个矩阵 X，那么把 q、k、v 都换成矩阵，记为 Q、K、V，则输出可以记为：

$$\text{Attention}(\boldsymbol{QVK}) = \text{softmax}\left(\frac{\boldsymbol{QK}^T}{\sqrt{d_k}}\right)\boldsymbol{V} \tag{18.5}$$

为了提取多重语义信息的能力，引入多头自注意力机制。在实际操作中，设置多头的个数为 h，在进行注意力权重计算前，将 Q，K，V 矩阵分割成 h 份，分别进行 Attention 权重计算，再将各 Attention 结果拼接起来，然后经过一个全连接层降维输出，如图 18-3 所示。

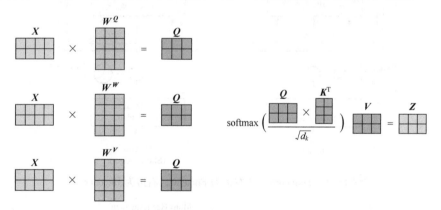

图 18-3　初始化（Q，K，V）

Transformer 由于其高效的并行化设计减少了运算时间，又有强大的全局特征捕捉能力，逐渐成为众多机器阅读理解系统中特征提取模块的主流网络结构。

18.1.3　Layer Normalization

Self-Attention 的输出会经过 Layer Normalization，为什么选择 Layer Normalization 而不是 Batch Normalization？当一个 batch 的数据输入模型的时候，形状是长方体，如图 18-4 所示，大小为（batch_size，max_len，embedding），其中 batch_size 为 batch 的批数，max_len 为每一批数据的序列最大长度，embedding 则为每一个单词或者字的 embedding 维度大小。而 Batch Normalization 是对每个 batch 的每一列做 normalization，相当于是对 batch 里相同位置的字或

者单词 embedding 做归一化，Layer Normalization 是 batch 的每一行做 normalization，相当于是对每句话的 embedding 做归一化。显然，LN 更加符合我们处理文本的直觉。

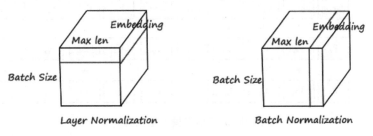

图 18-4　Layer Normalization 与 Batch Normalization

18.1.4　BERT

如图 18-5 所示为 BERT 的模型框架，左边为多任务学习的预训练过程，目的是学习输入句子的向量表示，右边是微调的过程，可直接加入具体的任务中，实现目标。其架构的核心是双向的 Transformer 编码器。

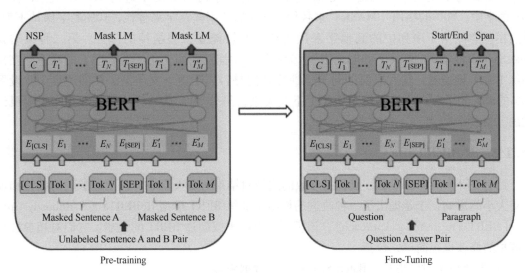

图 18-5　预训练与机器阅读理解任务微调

针对机器阅读理解任务的 BERT 模型架构的 3 个部分内容如下。

1）**嵌入层**：在机器阅读理解任务中，需要对文章和问题的文章进行拼接与添加特殊符号，以"［CLS］问题［SEP］文章［SEP］"的格式作为模型的样本输入。BERT 模型在中文领域采用了字输入的策略，初始化文本的 Token 向量 Token Embeddings（TE），初始化 Positional Embeddings（PE）对字位置编码，另外针对不同的句子，初始化不同的 Segment Embeddings（SE），最后把 TE、PE 和 SE 加起来作为嵌入层的输出，如图 18-6 所示。

2）**编码层**：BERT 的目标是生成一种语言模型，由多层 Transformer-Encoder 组成。BERT 属于 AE 模型，所以需要一次性读取整个文本序列，而不是正向或反向按顺序读取。BERT 公布了两个版本：一个属于 BERT-BASE 版本，Transformer-Encoder 层数 L 为 12，编码层每个 Transformer-Encoder 的输入和输出的尺寸 H 为 768，Transformer 的多头数 A 为 12；另一个属于 BERT-LARGE 版本，L 为 24，II 为 1024，A 为 16。

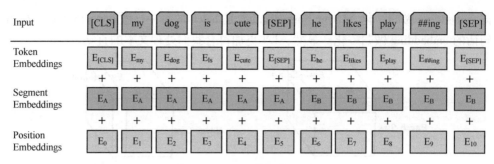

图 18-6　BERT 模型输入向量

3）**输出层**：BERT 模型可以应用在 NLP 领域的各种任务中，针对不同的任务答案，输出层也不同。在阅读理解任务中，基于迁移学习的答案输出层与基于深度学习的输出层类似，通常使用分类网络输出一对起始位置和终止位置的概率分布，但是难以解决多文章、多答案的情况。

4）**预训练策略**：BERT 采取两种策略来预训练模型。第一种策略是 MaskedLM（MLM）策略，即在将中文文本序列输入之前，对每个输入序列 15% 的字进行 MASK 操作，在这15% 的字中，80% 的字用 [MASK] 来替代，10% 的字用任意字来替代，10% 的字保持不变。然后模型尝试基于序列中的其他字来预测和还原被掩盖或替换掉的部分。第二种策略是Next Sententce Predicetion（NSP）策略，为了让模型捕捉到两个句子在时序上的联系，在预训练 BERT 模型时，输入成对的句子，训练它们是否属于上下文关系。在训练集中，设置50% 的输入句子对在原始语料中属于上下文关系，另外 50% 的句子对是在语料库中随机组成的。

18.1.5　RoBERTa

针对 BERT 的训练不足，以及超参数的选择对结果有重大影响，包括超参数的调整和训练集大小的影响，于是提出了一种改进的模型来训练 BERT 模型 RoBERTa（A Robustly Optimized BERT Pre-training Approach），该模型可以媲美或超过 BERT 的性能。它们对超参数与训练集的修改也很简单，包括：

1）训练模型时间更长，Batch Size 更大，数据更多。

2）删除下一句预测目标（Next Sentence Prediction）。

3）对较长序列的训练。

4）动态掩盖应用于训练数据的掩盖模式。在 BERT 源码中，随机掩盖和替换在开始时只执行一次，并在训练期间保存，可以将其看成静态掩盖。BERT 的预训练依赖于随机掩盖和预测被掩盖字或者单词。为了避免在每个 epoch 中对每个训练实例使用相同的掩盖，可以将训练数据重复 10 次，以便在 40 个 epoch 中以 10 种不同的方式对每个序列进行掩码。因此，每个训练序列在训练过程中都会看到相同的掩盖 4 次。

5）收集一个大型新数据集（CC-NEWS），其大小与其他私有数据集相当，以更好地控制训练集大小效果。

6）使用 Byte-Pair Encoding（BPE）字符编码，它是字符级和单词级表示之间的混合体，可以处理自然语言语料库中常见的词汇，避免训练数据出现更多的 "[UNK]" 标志符号，从而影响预训练模型的性能。其中，"[UNK]" 标记符表示当在 BERT 自带字典 vocab. txt

找不到某个字或者英文单词时，则用"［UNK］"表示。

18.2　数据集和评估指标

在 MRC 任务中有一个著名的数据集 Stanford Question Answering Dataset（SQuAD）。得益于百科类知识库以及众包群智服务模式的发展，SQuAD 数据集从 536 篇 Wikipedia 段落中收集了 107785 个问题答案对，同时由于 SQuAD 数据集中每一个答案都是与问题相关的段落文本中的一段连续文字，使得该数据集成为学术界第一个包含大规模自然语言问题的阅读理解数据集。借助于 SQuAD 这一高质量的 MRC 数据集，两年来研究者们提出了一系列全新的神经阅读理解模型，如图 18-7 所示。中文的数据集有百度的 DuReader、讯飞的 CMRC、DRCD 繁体中文等，内容格式与 SQuAD 一致。

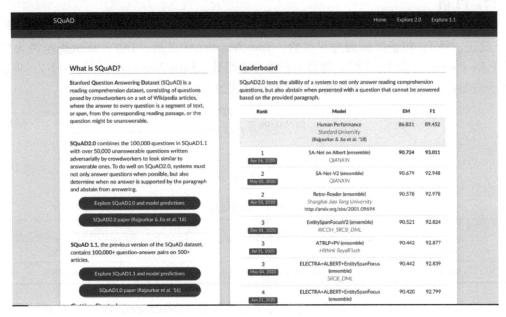

图 18-7　SQuAD 官网

本次任务选用的数据集是 DuReader，训练数据为 json 格式，可直接输入到模型中进行训练，其中 answer_star 是抽取的答案在 context（文本）中的起始位置，数据格式如下：

```
{
    "context":"耳膜穿孔是否造成轻伤，要看是否能在六周内自愈，如不能自愈，则为轻伤二级"
    "qas":[
        {
            "question":"耳膜穿孔属于什么",
            "id":"f9c6dc3de4e80a932758e5e76830874f",
            "answers":[
{
    "text":"轻伤二级",
    "answer_start":33}]}]}]}
```

图 18-7 中 contest 是包含答案的文本，qas 为一个问答案例，其中 id 是与 context 相关联，question 是该案例的问题，text 是从 context 中抽取的答案，answer_start 是"text"文本在 context 中的起始位置。

对于片段抽取式机器阅读理解任务，由于答案通常为一个片段，常使用以下两种评估指标。

（1）完全匹配值（Exact Match，EM）

该指标判定时，严格要求预测的答案片段需要与正确答案片段完全一致。使用上小节的位置片段表示方式，预测结果的片段位置为 $[\mathrm{pos_s^{pred}}, \mathrm{pos_e^{pred}}]$，正确答案的片段位置为 $[\mathrm{pos_s^{goal}}, \mathrm{pos_e^{goal}}]$，则 EM 值可以表示为：

$$\mathrm{EMstore} = \begin{cases} 1, & \text{if} \begin{cases} \mathrm{pos_s^{pred}} = \mathrm{pos_s^{goal}} \\ \mathrm{pos_e^{pred}} = \mathrm{pos_e^{goal}} \end{cases} \\ 0, & \text{others} \end{cases} \tag{18.6}$$

（2）F1 值

在介绍 F1 指标前必须先了解"混淆矩阵"：混淆矩阵如表 18-1 所示。其中，True Positive（真正，TP）：将正类预测为正类数；True Negative（真负，TN）：将负类预测为负类数；False Positive（假正，FP）：将负类预测为正类数；False Negative（假负，FN）：将正类预测为负类数。由此可以定义精度和召回率，公式如下：

$$\mathrm{precision} = \frac{TP}{TP+FP} \tag{18.7}$$

$$\mathrm{recall} = \frac{TP}{TP+FN} \tag{18.8}$$

表 18-1　混淆矩阵

	Positive	Negative
True	True Positive(TP)	True Negative(TN)
False	False Positive(FP)	False Negative(FN)

F1 值主要评判预测的答案片段与正确答案的重合率（Overlapping ratio），公式如下，其中 precision 与 recall 分别是精度和召回率。

$$\mathrm{F1store} = \frac{2 \times \mathrm{Precision} \times \mathrm{Recall}}{\mathrm{Precision} + \mathrm{Recall}} \tag{18.9}$$

通常，在抽取式阅读理解任务中，实验结果会同时提供这两个评估指标以供更具体的分析。

这里使用的是哈工大开源的中文模型 RoBERTa-wwm-ext-large（24-layer，1024-hidden，16-heads，330M parameters），其使用了百科、问答、新闻等通用语料（总词数达到 5.4B）和全词遮罩（Whole Word Masking，WWM）策略训练（读者可从 https://github.com/ymcui/Chinese-BERT-wwm 下载）。

WWM 在谷歌 BERT 的基础上更改了原预训练阶段的训练样本生成策略。简单来说，原有基于 WordPiece 的分词方式会把一个完整的词切分成若干个子词，在生成训练样本时，这些被分开的子词会随机被 mask。在全词 mask 中，如果一个完整的词的部分 WordPiece 子词被 mask，则同属该词的其他部分也会被 mask，即全词 mask，如表 18-2 所示。

表 18-2　文本分词和 mask

说　明	样　例
原始文本	使用语言模型来预测下一个词的 probability
分词文本	使用，语言，模型，来，预测，下一个，词，的，probability
原始 mask 输入	使用，语言，[MASK]型，来，[MASK]测，下一个，词，的，pro[MASK]##lity
全词 mask 输入	使用，语言，[MASK][MASK]，来，[MASK][MASK]，下一个，词，的，[MASK][MASK][MASK]

执行训练脚本 huggingface 的 run_squad.py，可以设置 "--learning_rate" "--num_train_epoch" "--max_seq_length" 和 "gradient_accumulation_steps" 来调整学习率、训练组数、最大输入长度和梯度计算间隔来观察训练的效果。

执行训练脚本如下：

```
python run_squad.py
--model_type bert
--model_name_or_path your-model-path
--do_train
--do_eval
--train_file ../../SQUAD_DIR/train-v1.1.json
--predict_file ../../SQUAD_DIR/dev-v1.1.json
--per_gpu_train_batch_size 4
--learning_rate 3e-5
--num_train_epoch 2.0
--max_seq_length 256
--doc_stride 128
--output_dir ../../SQUAD_DIR/OUTPUT
--overwrite_output_dir
--gradient_accumulation step 3
```

加载数据和特征代码部分如代码清单 18-1 所示。

代码清单 18-1

```
1    def load_and_cache_examples(args, tokenizer, evaluate=False, output_examples=False):
2        if args.local_rank not in [-1, 0] and not evaluate:
3            # Make sure only the first process in distributed training process the dataset, and the others
             will use the cache
4            torch.distributed.barrier()
5
6        # Load data features from cache or dataset file
7        input_dir = args.data_dir if args.data_dir else "."
8        cached_features_file = os.path.join(
9            input_dir,
10   "cached_{}_{}_{}".format(
11   "dev" if evaluate else "train",
12            list(filter(None, args.model_name_or_path.split("/"))).pop(),
13            str(args.max_seq_length), ),)
14
15       # Init features and dataset from cache if it exists
16       if os.path.exists(cached_features_file) and not args.overwrite_cache:
17       ……
```

```
18        if args. local_rank = = 0 and not evaluate:
19             ......
20        if output_examples:
21             return dataset, examples, features
22        return dataset
```

训练代码部分如代码清单 18-2 所示。

代码清单 18-2

```
1     def train(args, train_dataset, model, tokenizer):
2     """ Train the model """
3         if args. local_rank in [-1, 0]:
4             tb_writer = SummaryWriter()
5
6         args. train_batch_size = args. per_gpu_train_batch_size * max(1, args. n_gpu)
7         train_sampler = RandomSampler(train_dataset) if args. local_rank = = -1 else DistributedSampler
      (train_dataset)
8         train_dataloader = DataLoader(train_dataset, sampler = train_sampler, batch_size = args. train_
      batch_size)
9
10        if args. max_steps > 0:
11            t_total = args. max_steps
12            args. num_train_epochs = args. max_steps // (len(train_dataloader) // args. gradient_accu-
      mulation_steps) + 1
13        else:
14            t_total = len(train_dataloader) // args. gradient_accumulation_steps * args. num_train_ep-
      ochs
15
16        # Prepare optimizer and schedule (linear warmup and decay)
17        no_decay = ["bias", "LayerNorm. weight"]
18        optimizer_grouped_parameters = [
19            {
20        "params": [p for n, p in model. named_parameters() if not any(nd in n for nd in no_decay)],
21        "weight_decay": args. weight_decay,
22            },
23            {"params": [p for n, p in model. named_parameters() if any(nd in n for nd in no_de-
      cay)], "weight_decay": 0. 0},
24        ]
25        optimizer = AdamW(optimizer_grouped_parameters, lr = as. learning_rate ,eps = args. adam_epsi-
      lon)
26        scheduler = get_linear_schedule_with_warmup(optimizer, num_warmup_steps = args. warmup_
      steps ,num_training_steps = t_total
27        )
```

答案评估代码部分如代码清单 18-3 所示。

代码清单 18-3

```
1     def evaluate(args, model, tokenizer, prefix=""):
2         dataset, examples, features = load_and_cache_examples(args ,tokenizer, evaluate = True, output_
      examples = True)
3
4         if not os. path. exists(args. output_dir) and args. local_rank in [-1, 0]:
5             os. makedirs(args. output_dir)
```

```
6
7           args. eval_batch_size = args. per_gpu_eval_batch_size * max(1, args. n_gpu)
8
9           # Note that DistributedSampler samples randomly
10          eval_sampler = SequentialSampler(dataset)
11          eval_dataloader = DataLoader(dataset, sampler=eval_sampler, batch_size=args. eval_batch_size)
12
13          # multi-gpu evaluate
14          if args. n_gpu> 1 and not isinstance(model, torch. nn. DataParallel):
15              model = torch. nn. DataParallel(model)
16
17          # Eval!
18          logger. info(" ** ** * Running evaluation {} ** ** * ". format(prefix))
19          logger. info("    Num examples = %d", len(dataset))
20          logger. info("    Batch size = %d", args. eval_batch_size)
21
22          all_results = [ ]
23          start_time = timeit. default_timer()
```

训练输出结果如下：

{"exact":79. 215,"f1":86. 76,"total":10369,"HasAns_exact":79. 27,
"HasAns_f1":80. 76, "HasAns_total":10369}

评估输出结果如下：

{"exact_match":79. 27153112880795, "f1":86. 96144750896248 }

18.3　本章小结

　　本章介绍了深度学习模型 BERT 系列和机器阅读理解任务，以及在预训练模型 RoBERTa
上训练，得到一个适合特定数据集的新模型，深度学习中预训练模型+微调的使用已经成为
主流，越来越多的新模型会有更好的效果，除了 RoBERTa 之外还可以尝试更多的模型来得
到更好的结果。

第 19 章
基于 Stable Diffusion 的图像生成

Stable Diffusion 是一种基于潜在扩散模型的文本到图像生成模型，它可以根据给定的文本提示词生成具有高度细节和准确性的图像。该模型的核心思想是利用变分编码器将输入的文本编码成一个随机变量，然后通过扩散过程逐渐将其转化为一个稳定的分布，最后通过条件控制器将这个稳定的分布转化为具体的图像。本章介绍什么是 Stable Diffusion、它的工作原理以及如何使用它。

扫码看案例视频

19.1 Stable Diffusion 技术基础

本节介绍什么是 Stable Diffusion、Stable Diffusion 的模型组成、Stable Diffusion UI 界面以及用于实现 Stable Diffusion 开发的 Diffusers 库。

19.1.1 什么是 Stable Diffusion

Stable Diffusion 的由来可以追溯到 2015 年，当时一些研究人员提出了一个纯数学的生成模型，它可以通过不断地给图片加噪声，然后逆向还原出原始图片。这个模型被称为扩散模型（Diffusion Model），因为它类似于物理学中的扩散过程。2021 年 12 月，一些研究人员提出了一个新的变体，叫作潜在扩散模型（Latent Diffusion Model），它在扩散模型的基础上引入了参数来控制分布的扩散速度和方向。这个参数可以让生成过程更加稳定和灵活，也可以提高生成效率和质量。2022 年 7 月，Stability AI、CompVis 和 Runway 合作开发了 Stable Diffusion，并得到了 EleutherAI 和 LAION 的支持。它们将 Stable Diffusion 的代码和模型权重公开发布，并开源了相关的工具和平台。这使得普通用户也能够使用这个模型，而不需要依赖云端运算服务。

Stable Diffusion 在文本生成图像方面取得了很好的效果，它可以应用于各种任务，如内补绘制、外补绘制、提示词指导下的图生图等。它也展示了人工智能在艺术创作方面的潜力和可能性。Stable Diffusion 是一款以人工智能为驱动的先进工具，具备丰富多样且令人振奋的应用场景和功能特性。其主要功能如下。

- **文本到图像生成**：Stable Diffusion 最主要的功能是根据文本描述生成相应的图像。这个功能可以被广泛用于艺术创作、游戏设计、媒体制作甚至教育领域。
- **风格迁移**：用户不仅可以指定要生成的图像的内容，还可以指定特定的艺术风格。比如可以生成一幅看起来像是由梵高或者毕加索画的作品。
- **图像编辑和修饰**：通过对现有图片进行编辑和修饰，可以使用 Stable Diffusion 增加或更改图像中的元素，或者调整图像的风格和美感。

另外，Stable Diffusion 还支持一些高级功能来适应更多的使用场景。这些功能如下。

- **模型合并**：模型合并允许用户将多个模型的特性结合在一起，创造出独特的图像风格。这种方法可以产生新颖且富有创意的视觉效果。
- **自训练模型**：对于有特定需求或想探索特定风格的高级用户，Stable Diffusion 提供了训练个性化模型的能力。使用者可以用自己的图像数据集训练模型，创建出完全符合个人风格和喜好的图像生成模型。
- **插件扩展**：Stable Diffusion 支持多种插件，这些插件可以增强软件的功能，如改善图像质量、添加特殊效果等。使用者可以从社区或官方渠道获取这些插件，再根据自己的需要进行安装和配置。
- **工作流集成**：使用者可以将 Stable Diffusion 集成到他们的工作流中，如与其他图像处理软件的结合，实现更加高效和专业的图像生成与编辑流程。

通过掌握这些高级功能，用户可以将 Stable Diffusion 的应用提升到一个全新的水平，从而在数字艺术创作中实现更大的创新和个性化表达。

Stable Diffusion 作为一款革命性的工具，不仅给艺术创作带来了革命性的变革，同时也开启了在各行各业应用人工智能的新篇章。它的功能特点非常广泛，它的应用前景将无比广阔，Stable Diffusion 的出现成为人工智能在各个领域发展的重要里程碑。

19.1.2　Stable Diffusion 模型组成

Stable Diffusion 是一个先进的文本到图像生成模型，它结合了文本编码器以理解和编码用户输入的文本提示，利用隐空间作为图像生成的中间表示，通过变分自编码器来编码和维护这个空间，并采用基于 UNET 的生成器来实际构建图像，同时还包括去噪扩散概率模型来迭代地细化生成的图像。此外，为了提高生成图像与文本提示的相关性和准确性，训练过程中可能会使用 CLIP 模型作为辅助来对文本和图像的嵌入进行对齐。这些组件协同工作，能够根据文本提示生成高质量、相关性强的图像。具体的模型介绍如下。

1）文本编码器（Text Encoder）：文本编码器是 Stable Diffusion 模型的第一个主要部分。它的作用是将用户输入的文本提示转化为模型可以理解的数学表示形式。它通常采用的是变换器模型，如 BERT 或其变体，这些模型被预先训练以理解自然语言。经过编码后，文本变成了一个向量，这个向量包含了输入文本的语义信息。

2）隐空间（Latent Space）：隐空间是高维空间，其中包含了可以被用来生成图像的编码向量。Stable Diffusion 模型不是直接在图像像素级别操作，而是在这个更抽象的隐空间进行操作。在这个空间里，隐向量可以在图像重建过程中以数学方式被操作和调整，使得最终的图像生成更加高效。

3）隐空间编码器（Latent Space Encoder）：这个组件负责将实际图像数据编码到隐空间中。在训练阶段，隐空间编码器（通常是一个变分自编码器）会学习将图像压缩成隐向量，同时保持足够的信息，以便后续能够被解码回原始图像。这一过程是模型训练中至关重要的，因为它定义了模型如何理解和操作图像数据。

4）UNET 式生成器（UNET-based Generator）：Stable Diffusion 的核心是其基于 UNET 的生成器，这是一个深度卷积神经网络，由编码器和解码器部分组成，并通过跳跃连接结合。在文本到图像的转换过程中，它利用文本编码器生成的文本向量和隐空间编码器生成的隐向量来生成图像。通过编码器部分降低分辨率，UNET 可以抓取更广泛的上下文信息；而解码器部分逐步恢复图像的细节和分辨率。

5）去噪扩散概率模型（Denoising Diffusion Probabilistic Model）：去噪扩散概率模型是 Stable Diffusion 生成图像时的另一个关键技术。这是一个迭代的生成过程，模型从一个含有噪声的隐向量开始，逐渐去除噪声以产生清晰的图像。在这个过程中，取决于隐向量的概率分布，去噪步骤是通过推断反向扩散路径来实现的，结果是逐渐生成更加精细和相关的图像内容。

6）CLIP 模型：虽然 CLIP 本身并不是 Stable Diffusion 的直接组成部分，但在许多实现中，它被用于增强模型的训练。CLIP 模型通过图像和文本的嵌入扩展模型的能力，确保生成的图像与文本提示语义上对齐。模型可以在训练过程中学习预测文本和图像之间的相似性，帮助生成器创建更精确的对应于文本描述的图像。

Stable Diffusion 能够接收文本提示，并在它的复杂神经网络架构中进行处理，最终输出与提示匹配的高质量图像。模型的每个组件都经过精心设计，以确保从文本到图像的转换既准确又富有创造性，从而在各种应用中产生出色的结果。

19.1.3　Stable Diffusion Web UI 界面

为了提高使用体验，众多 Stable Diffusion 界面工具应运而生，其中最具影响力且便捷易用的是 Stable Diffusion Web UI。如图 19-1 所示，它是由 AUTOMATIC1111 开发的一个图形化界面，利用 gradio 模块搭建，可以在低代码 GUI 中立即访问 Stable Diffusion。Stable Diffusion 本身是一种文本到图像生成模型，能够模拟和重建几乎任何可以以视觉形式想象的概念，而无须文本提示输入之外的任何指导。

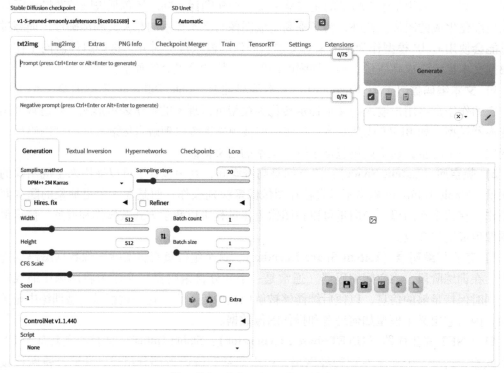

图 19-1　Stable Diffusion Web UI

Stable Diffusion Web UI 提供了多种功能，包括 txt2img（文本转图像）、img2img（图像间转换）、inpaint（图像修复）等，还包含了许多模型融合改进、图片质量修复等附加升级功能。用户可以根据自己的需要和喜好进行创作，通过调节不同参数生成不同效果。此外，Stable Diffusion Web UI 还继承了一些拓展插件来增强 Stable Diffusion 的绘画能力，如 Control-Net、Utimate Upscale 等插件。

19.1.4　Diffusers 库

Diffusers 库是一个主要由 Hugging Face 团队开发的 Python 库，这个库包含了多种不同的扩散模型，包括 Stable Diffusion。Diffusers 库提供了一个通用的平台，使得研究者与开发者能够轻松地使用和探索各种扩散模型，并将其应用于不同的任务。Diffusers 库具有以下特点。

1）**预训练模型的访问**：Diffusers 库内置了多个已经训练好的模型，用户可以直接下载并使用这些模型来生成图像、文本或其他种类的数据。这为非专业用户提供了一个非常便捷的起点。

2）**灵活性和可扩展性**：出于不同的需求，研究人员和开发者可能需要对模型进行调整和定制。Diffusers 库的设计允许用户自定义模型架构、训练流程和生成过程，方便于个性化项目的开发。

3）**支持多种扩散模型**：Diffusers 库不仅支持单一的扩散模型类型，而是能够处理多种扩散技术和变体。既包括最基础的去噪扩散概率模型，也包括 DenoiSeg 以及其他更高级的变体。

4）**简单的 API**：Diffusers 库提供了简单直观的 API，使得进行模型训练、评估和生成过程几乎是开箱即用。清晰的文档和示例代码进一步降低了使用门槛，使得用户可以快速上手。

5）**社区驱动**：该库受益于一个活跃的社区，用户和贡献者不断增强库的功能和稳定性。社区驱动的发展意味着 Diffusers 库处于持续改进的状态，并贴近最新的研究进展。

通过 Diffusers 库，用户可以访问预先训练好的模型，包括 Stable Diffusion，而且可以用简洁的代码直接进行图像生成和其他相关操作。这个库还提供了模型的训练和微调功能，允许用户根据自己的数据集定制模型，从而生成特定风格或类型的图像。简而言之，Diffusers 库是一个多功能的工具包，提供了各种扩散模型的实现，包括但不限于 Stable Diffusion，并为用户提供了一个易于使用的界面来访问和利用这些先进的生成模型。Stable Diffusion 作为其中一个模型，可以通过 Diffusers 库被下载、使用和进一步开发。

19.2　文本生成图像

文本到图像（Text-to-Image）任务是人工智能领域的一个技术挑战，旨在将给定的文本描述转换为相应的图像内容。在这个任务中，一个算法会接受用户输入的自然语言文本，并生成一张图像，这张图像应该在视觉上展现出文本描述的场景、对象或者概念。本节介绍基于 Diffusers 库实现文本生成图像的方法，并且深入讲解实现原理。

19.2.1　环境准备

为了方便开发环境的创建，使用 Anaconda 的虚拟环境。首先创建虚拟环境，并安装相关的库。具体如代码清单 19-1 所示。

代码清单 19-1

```
1    #创建 Conda 虚拟环境并进入
2    conda create −n sd python=3. 10
3    conda activate sd
4
5    #安装相关库
6    conda install pytorch torchvision torchaudio pytorch−cuda=12. 1 −c pytorch −c nvidia
7    conda install −c conda−forge transformers diffusers matplotlib
```

Stable Diffusion 的预训练模型保存在 Huggingface 网站，文件组成如图 19-2 所示。

图 19-2　Stable Diffusion 2.1 文件组成

可以通过命令行的方式提前下载模型到本地。具体代码如代码清单 19-2 所示。

代码清单 19-2

```
1    #下载 Stable Diffusion 2.1 版本
2    #基于 hf-transfer 加速下载
3    pip install −U hf−transfer
4    $env:HF_HUB_ENABLE_HF_TRANSFER=1
5    #设置 HF_ENDPOINT 来设置下载路径，从而提高下载速度
6    $env:HF_ENDPOINT='https://hf-mirror. com'
7    huggingface−cli download stabilityai/stable-diffusion-2-1 −−local−dir−use−symlinks False −−cache−
     dir ./cache −−local−dir ./models
```

其中，$env 是 PowerShell 中用于访问或设置环境变量的前缀。HF_ENDPOINT 是环境变量的名称，在这个上下文中，HF_ENDPOINT 代表了 Hugging Face 相关命令用于访问 API 的

端点（endpoint）。https://hf-mirror.com 是 Huggingface 镜像站，不过需要注意的是，该网站可能会失效。若使用时失效可找其他可用网站代替。另外，如果是在 Linux 环境下，则可以使用 export 命令来设置环境变量。

huggingface-cli 命令用于从 Hugging Face Hub 下载特定的模型文件到本地系统，并包含了一些选项和参数。

- stabilityai/stable-diffusion-2-1：这是要下载的模型在 Hugging Face Hub 上的名称或路径。此处指定的是由 Stability AI 提供的名为 Stable Diffusion 2.1 的模型。
- --local-dir-use-symlinks False：这个参数表明不希望使用符号链接。
- --cache-dir ./cache：这个参数指定了缓存目录，即下载的文件将首先存储到这个指定的目录中，此实例中是当前目录下的 ./cache 文件夹。
- --local-dir ./models：这个参数设置了本地目录，即从 Hugging Face 下载并提取之后的文件存放的位置，此例中是当前目录下的 ./models 文件夹。

命令执行过程如图 19-3 所示。

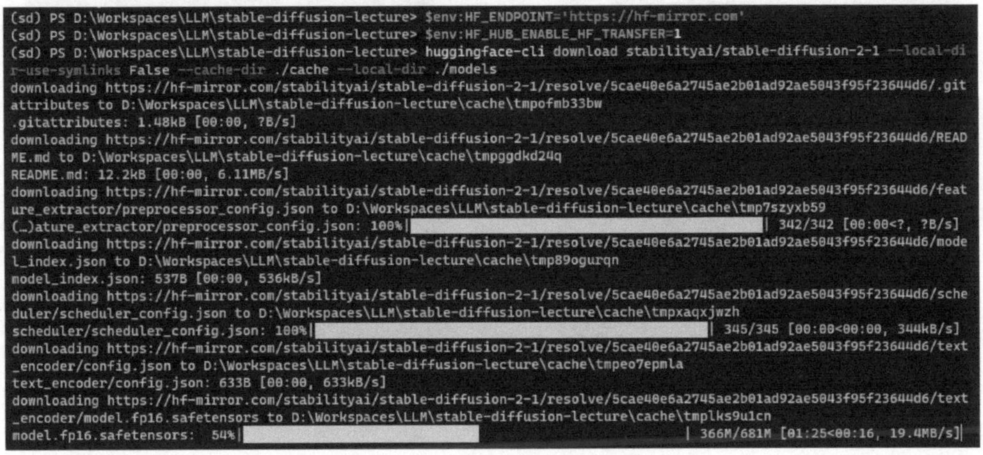

图 19-3　模型下载命令执行过程

19.2.2　基于 Diffusers 的代码实现

识别和分类具有重要意义。在人工智能研究的初期，经常使用景物分析这个术语来强调二维图像与三维景物之间的区别，因为这是图像理解技术的核心问题之一。除了需要复杂的图像处理以外，图像理解还需要具有关于景物成像的物理规律的知识以及与景物内容有关的知识，具体代码如代码清单 19-3 所示：

代码清单 19-3

```
1    import torch
2    from diffusers import StableDiffusionPipeline
3
4    pipeline = StableDiffusionPipeline.from_pretrained("./models/").to("cuda")
5    prompt = "a lovely dog running in the desert in Van Gogh style, trending art."
6    image = pipeline(prompt).images[0]
7    image.show()
```

首先是从 Diffusers 库中导入 StableDiffusionPipeline 类。StableDiffusionPipeline 是一个便捷

的高级抽象，从而能够轻松使用 Stable Diffusion 模型进行图像生成。然后 from_pretrained（）方法用于加载位于 "./models/" 目录下的提前下载好的预训练模型权重。随后调用的 .to（"cuda"）将模型传递到 CUDA 设备上（通常指 GPU），同时也是生成一个流水线（pipeline），这样可以利用 GPU 加速模型的推理过程。然后需要定义一个文本提示（prompt），即想要生成图像的文本描述。这个例子描述的是想要生成一幅以梵高风格绘制的，展示一只可爱的狗在沙漠中奔跑的图像。最关键的部分调用了 pipeline（即加载的 Stable Diffusion 模型）的 __call__ 方法，将之前定义的 prompt 文本传入作为生成图像的依据。方法的返回值中包含了一个图像列表，通过 .images［0］取出了列表中的第一个（也通常是唯一一个）图像。在创建图像之后，此行代码调用 PIL 库（Python Imaging Library）的 show（）方法来在默认的图像查看器中显示生成的图像。图 19-4 就是生成的结果。

如果再一次执行相同的代码，生成的结果就会和之前的不同，如图 19-5 所示。

图 19-4　文生图结果（第一次）

图 19-5　文生图结果（第二次）

这种不同是因为 Stable Diffusion 在生成图像时引入了随机性。即使使用相同的文本提示，由于初始化的随机噪声或模型内部的随机处理，每次生成的图像可能都有细微的差异。这种随机性是生成模型的一个特点，它使得每次生成的图像都是独一无二的。为了实现控制图像生成过程中的随机性，以便在使用相同的文本提示时可复现结果，可以通过在调用 pipeline（）方法时传入一个伪随机数生成器（Pseudo-Random Number Generator，PRNG）来控制。先确保有一个 PRNG，通常是 Python 的 random 模块中的 Generator 对象，或者是 NumPy 的随机数生成器。代码清单 19-4 是一个如何创建和使用这个生成器的例子。

代码清单 19-4

```
1    import torch
2    from diffusers import StableDiffusionPipeline
3
4    generator = torch. manual_seed(42)
5    pipeline = StableDiffusionPipeline. from_pretrained(". /models/"). to("cuda")
6    prompt = "a lovely dog running in the desert in Van Gogh style, trending art. "
7    image = pipeline(prompt, generator=generator). images[0]
8    image. show()
```

torch. manual_seed(42)用于创建一个能够让生成的结果复现的生成器。将这个生成器

（在这个示例中是 generator＝generator）作为参数传递给 pipeline（）方法后，就可以在每次使用相同的种子和相同的文本提示时得到相同的输出。不过需要注意的是，在某些情况下，完全的复现可能还取决于其他因素，如模型的精确版本和使用的硬件。如果想要获得可复现的结果，在多台机器或不同的硬件上进行随机数生成时还需要考虑其他相关的环境。

除了控制输出随机性外，pipeline（）方法还有很多可以控制输出结果的参数，具体如下。

- num_inference_steps：设置在生成图像时要执行的推理步骤数量。较高的值可能会提高图像质量，但也会增加生成时间。
- guidance_scale：控制文本提示影响图像生成的程度。较高的值会更强地引导模型遵循文本提示的内容。
- height 和 width：设置生成的图像的分辨率。这些参数必须是模型支持的大小。
- eta：一个用于控制模型的随机采样的参数，它调节采样过程的确定性程度。
- output_type：定义输出的类型（如"pil""numpy""torch"等），用于指定返回图像的格式。
- seed：一个用于初始化随机数生成器的整数，相当于直接提供 generator 参数。
- latents：如果想直接提供一个隐空间向量而不是让模型从文本生成，可以使用这个参数。
- return_intermediate_images：布尔值，如果设置为 True，在生成过程中创建的中间图像也会被返回。
- negative_prompt：与正面的 prompt 在逻辑上相反，用于减少模型生成与 negative_prompt 相关联的特征的概率。

除了 prompt 外，最常用的一个参数就是 negative_prompt。在 Stable Diffusion 中添加负面提示（Negative Prompt）的作用是明确指出我们不希望在生成的图像中出现的元素或特征。这一做法对于模型而言，有助于更精确地识别并排除那些不被期望的内容，从而在生成图像时避免它们的出现。通过这样的方法，用户可以更细致地操控图像内容的生成，确保最终产出与个人的需求和偏好相符合。举例来说，如果想要创造一个不包含任何建筑物的自然风景画面，可以在负面提示中加入"无建筑"或类似的表述，以指导模型按照这一特定的指令进行创作。

19.2.3　文生图实现原理

在 Stable Diffusion 中，"改变（去噪）扩散步骤"是指调节模型在图像生成过程中的迭代步数。这些步骤构成了模型从含有随机噪声的初始状态逐渐生成目标图像的过程。其原理可以概述如下。

1）**初始状态**：模型起始于一个包含随机噪声的图像。

2）**逐步去噪**：在每个步骤中，模型依靠其经过训练的网络预测并减少图像中的噪声。

3）**迭代次数**：整个过程涵盖了多个这样的去噪步骤。增加步骤数使得模型有更多机会来细化图像，从而提高其质量。

4）**控制图像质量**：通过调整这些步骤的数量，可以精确控制生成图像的质量和细节水平。较多的步骤往往能产生更清晰的、细节更丰富的图像，但也意味着需要更长的计算时间。

接下来，本节提供一个简化的采样函数版本，并建议在使用 pipeline（prompt）生成图像时探索这个函数的内部工作机制。通过在函数内打印出张量（tensors）并记录它们的形状，可以更深入地理解 Stable Diffusion 模型如何处理和生成图像。这种方法有助于揭示模型内部的具体操作，包括如何处理文本提示、生成初始噪声、应用 UNET 进行去噪，以及如何最终将潜在空间的数据解码为图像。通过这样的实验，可以获得对模型工作原理更深刻的认识。具体流程如下。

1）**定义函数和参数**：函数 generate_simplified 接收文本提示（prompt）、负面提示（negative_prompt）、推理步数（num_inference_steps）和引导比例（guidance_scale）。

2）**文本嵌入**：使用模型的分词器（Tokenizer）和文本编码器（text_encoder）将文本提示转换为嵌入向量。

3）**负面提示处理**：类似地处理负面提示，生成其嵌入向量。

4）**初始化噪声**：生成初始的随机噪声（Latent），作为图像生成的起点。

5）**扩散过程**：这是整个算法的关键部分。在定义的步数中，模型逐步去除噪声。每一步使用 UNET 预测噪声，并应用分类器自由引导（Classifier Free Guidance），这涉及将条件和无条件预测的噪声结合起来。具体的分解介绍如下：

- UNET 接收带有噪声的潜在空间（Latent Space）表示作为输入。
- 逐步处理这些输入，使用其深层结构预测当前存在于图像中的噪声。
- 去除图像中的噪声，并将去除掉结果迭代至输入，更新潜在空间。
- 应用分类器自由引导（Classifier Free Guidance），结合条件预测和无条件预测，以引导图像更贴近文本提示。

6）**图像解码**：最终的潜变量被解码成图像，然后进行后处理以得到最终的图像输出。

7）**生成图像**：使用 generate_simplified 函数，并传入特定的文本提示和负面提示来生成图像。

具体的代码实现和相关注释如代码清单 19-5 所示。

代码清单 19-5

```
1    import torch
2    from diffusers import StableDiffusionPipeline
3    import matplotlib. pyplot as plt
4
5    # 显示图像函数，设置 figure 大小，使用 imshow 显示图像，关闭坐标轴显示，设置布局后显示
     图像
6    def plt_show_image(image):
7        plt. figure(figsize=(8, 8))
8        plt. imshow(image)
9        plt. axis("off")
10       plt. tight_layout()
11       plt. show()
12
13   # 此装饰器禁用 pytorch 的梯度计算，可以加速和减少 GPU 内存的占用
14   @ torch. no_grad()
15   # 简化版图像生成方法，具体参数如下：
16   # pipeline：预先构建好的 StableDiffusionPipeline 模型实例
17   # prompt：正向提示文字描述
18   # negative_prompt：负面提示文字描述
19   # num_inference_steps：推理步数，默认 50 步
```

```
20      # guidance_scale：引导比例，默认 7.5
21      def generate_simplified(
22              pipeline：StableDiffusionPipeline,
23              prompt,
24              negative_prompt,
25              num_inference_steps = 50,
26              guidance_scale = 7.5)：
27          batch_size = 1
28          height, width = 512, 512
29          generator = None
30
31          #使用模型的分词器（Tokenizer）和文本编码器（text_encoder）将文本提示转换为嵌入向量
32          text_inputs = pipeline. tokenizer(
33              prompt,
34              padding = "max_length",
35              max_length = pipeline. tokenizer. model_max_length,
36              return_tensors = "pt",
37          )
38          text_input_ids = text_inputs. input_ids
39          text_embeddings = pipeline. text_encoder(text_input_ids. to(pipeline. device))[0]
40          bs_embed,seq_len, _ = text_embeddings. shape
41
42          max_length = text_input_ids. shape[-1]
43          uncond_input = pipeline. tokenizer(
44              negative_prompt,
45              padding = "max_length",
46              max_length = max_length,
47              truncation = True,
48              return_tensors = "pt",
49          )
50          uncond_embeddings = pipeline. text_encoder(uncond_input. input_ids. to(pipeline. device))[0]
51          seq_len = uncond_embeddings. shape[1]
52          uncond_embeddings = uncond_embeddings. repeat(batch_size, 1, 1)
53          uncond_embeddings = uncond_embeddings. view(batch_size, seq_len, -1)
54          text_embeddings = torch. cat([uncond_embeddings, text_embeddings])
55
56          # 生成初始的随机噪声（Latent），作为图像生成的起点
57          latents_shape = (batch_size, pipeline. unet. in_channels, height // 8, width // 8)
58          latents_dtype = text_embeddings. dtype
59          latents = torch. randn(latents_shape, generator = generator, device = pipeline. device, dtype =
            latents_dtype)
60          pipeline. scheduler. set_timesteps(num_inference_steps)
61
62          # 某些调度器（如 PNDM）使用数组作为时间步长
63          # 将所有时间步长预先移动到正确设备上可以实现更好的优化
64          timesteps_tensor = pipeline. scheduler. timesteps. to(pipeline. device)
65          # 按照调度器要求的标准差，对初始噪声进行缩放
66          latents = latents * pipeline. scheduler. init_noise_sigma
67
68          # 扩散主流程
69          for i, t in enumerate(pipeline. progress_bar(timesteps_tensor))：
70              # UNET 接收带有噪声的潜在空间（Latent Space）表示作为输入
71              latent_model_input = torch. cat([latents] * 2)
```

```
72      latent_model_input = pipeline.scheduler.scale_model_input(latent_model_input, t)
73      noise_pred = pipeline.unet(latent_model_input, t, encoder_hidden_states = text_
        embeddings).sample
74      # 去除图像中的噪声，并将去除掉结果迭代至输入，更新潜在空间
75      noise_pred_uncond, noise_pred_text = noise_pred.chunk(2)
76      noise_pred = noise_pred_uncond + guidance_scale * (noise_pred_text - noise_pred_un-
        cond)
77      # compute the previous noisy sample x_t -> x_t-1
78      latents = pipeline.scheduler.step(noise_pred, t, latents, ).prev_sample
79
80      # 最终的潜变量被解码成图像，然后进行后处理以得到最终的图像输出
81      latents = 1 / 0.18215 * latents
82      image = pipeline.vae.decode(latents).sample
83      image = (image / 2 + 0.5).clamp(0, 1)
84      image = image.cpu().permute(0, 2, 3,1).float().numpy()
85      return image
```

接下来就是调用 generate_simplified( )方法来生成图片，具体代码如代码清单 19-6
所示。

代码清单 19-6

```
1      if __name__ == "__main__":
2          pipeline = StableDiffusionPipeline.from_pretrained("./models/").to("cuda")
3          image = generate_simplified(
4              pipeline = pipeline,
5              prompt = ["a lovely dog"],
6              negative_prompt = ["3 legs"], )
7          plt_show_image(image[0])
```

生成的图像如图 19-6 所示。

图 19-6　简化文生图输出结果

19.3　本章小结

本章主要介绍了 Stable Diffusion 的基本原理，并利用文本生成图像的实现过程由浅入深
地介绍了 Stable Diffusion 应用开发和实现原理。随着技术的不断进步，Stable Diffusion 的性

能也在逐步提高。Stable Diffusion 将进一步增强其在生成文本、图像和视频等方面的能力，从而带来更加多样化和逼真的内容。此外，Stable Diffusion 也将进一步向智能化方向发展，通过学习用户的偏好和行为模式，提供更个性化和定制化的内容。这不仅能够提高用户体验，还可以为内容生产者提供更多的创意和灵感。同时，Stable Diffusion 的应用领域也将进一步扩展，如在虚拟现实、增强现实和智能家居等领域的应用，使得我们的生活更加智能化和便捷。

附录 深度学习的数学基础

附录A 线性代数

1. 标量、向量、矩阵和张量

标量：一个标量就是一个单独的数，只有大小，没有方向。当介绍标量时，会明确它们是哪种类型的数。比如，在定义实数标量时，可能会说"令 $s \in \mathbb{R}$ 表示一条线的斜率"；在定义自然数标量时，可能会说"令 $n \in \mathbb{N}$ 表示元素的数目"。

向量：一个向量是一列数。这些数是有序排列的。通过次序中的索引可以确定每个单独的数。与标量相似，也会注明存储在向量中的元素是什么类型的。如果每个元素都属于 $\mathbb{R}$，并且该向量有 n 个元素，那么该向量属于实数集 $\mathbb{R}$ 的 n 次笛卡儿乘积构成的集合，记为 $\mathbb{R}^n$。当需要明确表示向量中的元素时，会将元素排列成一个方括号包围的纵列：

$$x = \begin{bmatrix} x_1 \\ x_2 \\ \vdots \\ x_n \end{bmatrix}$$

向量可以被看作空间中的点，每个元素都是不同坐标轴上的坐标。有时需要索引向量中的一些元素。在这种情况下，可以先定义一个包含这些元素索引的集合，然后将该集合写在角标处。比如，指定 x_1、x_3 和 x_6，定义集合 $S = \{1,3,6\}$，然后写作 x_S。用符号 "−" 表示集合的补集中的索引。比如 x_{-1} 表示 x 中除 x_1 外的所有元素；x_{-S} 表示 x 中除 x_1、x_3、x_6 外所有元素构成的向量。

矩阵：矩阵是一个二维数组，其中的每一个元素都被两个索引所确定。通常会赋予矩阵粗体的大写变量名称，比如 A。如果一个实数矩阵高度为 m，宽度为 n，那么我们说 $A \in \mathbb{R}^{m \times n}$。在表示矩阵中的元素时，通常以不加粗的斜体形式使用其名称，索引用逗号间隔。比如，$A_{1,1}$ 表示 A 左上的元素，$A_{m,n}$ 表示 A 右下的元素。用 ":" 表示水平坐标，以表示垂直坐标 i 中的所有元素。比如，$A_{i,:}$ 表示 A 中垂直坐标 i 上的一横排元素。这也被称为 A 的第 i 行。同样地，$A_{:,i}$ 表示 A 的第 i 列。当需要明确表示矩阵中的元素时，可以将它们写在用方括号括起来的数组中：

$$\begin{bmatrix} A_{1,1} & A_{1,2} \\ A_{2,1} & A_{2,2} \end{bmatrix}$$

有时会需要矩阵值表达式的索引，而不是单个元素。在这种情况下，在表达式后面接下标，但不必将矩阵的变量名称小写化。比如，$f(A)_{i,j}$ 表示函数 f 作用在 A 上输出的矩阵的第

i 行第 j 列元素。

张量：在某些情况下，会讨论坐标超过二维的数组。一般地，一个数组中的元素分布在若干维坐标的规则网格中，称之为张量。使用字体 **A** 来表示张量 "**A**"。张量 **A** 中坐标为 (i,j,k) 的元素记作 $A_{i,j,k}$。

转置（Transpose）是矩阵的重要操作之一。矩阵的转置是以对角线为轴的镜像，这条从左上角到右下角的对角线被称为主对角线（Main Diagonal）。将矩阵 **A** 的转置表示为 A^{T}，定义如下：

$$A^{\mathrm{T}}_{i,j}=A_{j,i} \tag{B.1}$$

向量可以看作是只有一列的矩阵。对应地，向量的转置可以看作是只有一行的矩阵。有时，通过将向量元素作为行矩阵写在文本行中，然后使用转置操作将其变为标准的列向量，从而定义一个向量，比如 $x=[x_1,x_2,x_3]^{\mathrm{T}}$。

标量可以看作是只有一个元素的矩阵。因此，标量的转置等于它本身，$a=a^{\mathrm{T}}$。

只要矩阵的形状一样，就可以把两个矩阵相加。两个矩阵相加是指对应位置的元素相加，比如 $C=A+B$，其中 $C_{i,j}=A_{i,j}+B_{i,j}$。

标量和矩阵相乘，或是和矩阵相加时，只需将其与矩阵的每个元素相乘或相加即可，比如 $D=a\cdot B+c$，其中 $C_{i,j}=A_{i,j}+c$。

在深度学习中，也使用一些不常规的符号。允许矩阵和向量相加，产生另一个矩阵：$C=A+b$，其中 $C_{i,j}=A_{i,j}+b_j$。换言之，向量 **b** 和矩阵 **A** 的每一行相加。这个简写方法使我们无须在加法操作前定义一个将向量 **b** 复制到每一行而生成的矩阵。这种隐式地复制向量 **b** 到很多位置的方式，被称为广播（Broadcasting）。

2. 矩阵和向量相乘

矩阵乘法是矩阵运算中最重要的操作之一。两个矩阵 **A** 和 **B** 的矩阵乘积（Matrix Product）是第三个矩阵 **C**。为了使乘法定义良好，矩阵 **A** 的列数必须和矩阵 **B** 的行数相等。如果矩阵 **A** 的形状是 $m\times n$，矩阵 **B** 的形状是 $n\times p$，那么矩阵 **C** 的形状就是 $m\times p$。可以通过将两个或多个矩阵并列放置以书写矩阵乘法，例如：

$$C=AB$$

具体地，该乘法操作定义为：

$$C_{i,j}=\sum_k A_{i,k}B_{k,j}$$

需要注意的是，两个矩阵的标准乘积不是指两个矩阵中对应元素的乘积。不过，那样的矩阵操作确实是存在的，被称为元素对应乘积（Element-Wise Product）或者 Hadamard 乘积（Hadamard Product），记为 $A\odot B$。

两个相同维数的向量 x 和 x 的点积（Dot Product）可看作是矩阵乘积 $x^{\mathrm{T}}y$。可以把矩阵乘积 $C=AB$ 中计算 $C_{i,j}$ 的步骤看作是 **A** 的第 i 行和 **B** 的第 j 列之间的点积。

矩阵乘积运算有许多有用的性质，从而使矩阵的数学分析更加方便。比如，矩阵乘积服从分配律：

$$A(B+C)=AB+BC$$

矩阵乘积也服从结合律：

$$A(BC)=(AB)C$$

不同于标量乘积，矩阵乘积并不满足交换律（即 $AB=BA$ 的情况并非总是满足）。然而，两个向量的点积（Dot Product）满足交换律：

$$\boldsymbol{x}^{\mathrm{T}}\boldsymbol{y}=\boldsymbol{y}^{\mathrm{T}}\boldsymbol{x}$$

矩阵乘积的转置有着简单的形式：

$$(\boldsymbol{AB})^{\mathrm{T}}=\boldsymbol{B}^{\mathrm{T}}\boldsymbol{A}^{\mathrm{T}}$$

现在已经知道了足够多的线性代数符号，可以表达下列线性方程组：

$$\boldsymbol{Ax}=\boldsymbol{b}$$

其中，$\boldsymbol{A}\in\mathbb{R}^{m\times n}$，是一个已知矩阵；$\boldsymbol{b}\in\mathbb{R}^{m}$，是一个已知向量；$\boldsymbol{x}\in\mathbb{R}^{n}$，是一个要求解的未知向量。向量 $\boldsymbol{x}$ 的每一个元素 x_i 都是未知的。矩阵 $\boldsymbol{A}$ 的每一行和 $\boldsymbol{b}$ 中对应的元素构成一个约束。我们可以把 $\boldsymbol{Ax}=\boldsymbol{b}$ 重写为：

$$\boldsymbol{A}_{1,:}\boldsymbol{x}=b_1$$
$$\boldsymbol{A}_{2,:}\boldsymbol{x}=b_2$$
$$\cdots$$
$$\boldsymbol{A}_{m,:}\boldsymbol{x}=b_m$$

或者，更明确地，写作：

$$\boldsymbol{A}_{1,1}x_1+\boldsymbol{A}_{1,2}x_2+\cdots+\boldsymbol{A}_{1,n}x_n=b_1$$
$$\boldsymbol{A}_{2,1}x_1+\boldsymbol{A}_{2,2}x_2+\cdots+\boldsymbol{A}_{1,n}x_n=b_2$$
$$\cdots$$
$$\boldsymbol{A}_{m,1}x_1+\boldsymbol{A}_{m,2}x_2+\cdots+\boldsymbol{A}_{m,n}x_n=b_m$$

矩阵向量乘积符号为这种形式的方程提供了更紧凑的表示。

3. 单位矩阵和逆矩阵

线性代数提供了被称为矩阵逆（Matrix Inversion）的强大工具。对于大多数矩阵 $\boldsymbol{A}$，都能通过矩阵逆求解 $\boldsymbol{Ax}=\boldsymbol{b}$。为了描述矩阵逆，首先需要定义单位矩阵（Identity Matrix）的概念。任意向量和单位矩阵相乘，都不会改变。我们将保持 n 维向量不变的单位矩阵记作 $\boldsymbol{I}_n$，形式上，$\boldsymbol{I}_n\in\mathbb{R}^{n\times n}$。

$$\forall\,\boldsymbol{x}\in\mathbb{R}^{n},\quad \boldsymbol{I}_n\boldsymbol{x}=\boldsymbol{x}$$

单位矩阵的结构很简单：所有沿主对角线的元素都是 1，而所有其他位置的元素都是 0。

$$\begin{bmatrix}1 & 0 & 0\\ 0 & 1 & 0\\ 0 & 0 & 1\end{bmatrix}$$

矩阵 $\boldsymbol{A}$ 的矩阵逆（Matrix Inversion）记作 $\boldsymbol{A}^{-1}$，其定义的矩阵满足如下条件：

$$\boldsymbol{A}^{-1}\boldsymbol{A}=\boldsymbol{I}_n$$

现在可以通过以下步骤求解 $\boldsymbol{Ax}=\boldsymbol{b}$：

$$\boldsymbol{Ax}=\boldsymbol{b}$$
$$\boldsymbol{A}^{-1}\boldsymbol{Ax}=\boldsymbol{A}^{-1}\boldsymbol{b}$$
$$\boldsymbol{I}_n\boldsymbol{x}=\boldsymbol{A}^{-1}\boldsymbol{b}$$
$$\boldsymbol{x}=\boldsymbol{A}^{-1}\boldsymbol{b}$$

当然，这取决于我们能否找到一个逆矩阵 $\boldsymbol{A}^{-1}$。当逆矩阵 $\boldsymbol{A}^{-1}$ 存在时，有几种不同的算法都能找到它的闭解形式。理论上，相同的逆矩阵可用于多次求解不同向量 $\boldsymbol{b}$ 的方程。然而，逆矩阵 $\boldsymbol{A}^{-1}$ 主要是作为理论工具使用的，并不会在大多数软件的应用程序中实际使用。这是因为逆矩阵 $\boldsymbol{A}^{-1}$ 在数字计算机上只能表现出有限的精度，有效使用向量 $\boldsymbol{b}$ 的算法通常可

以得到更精确的 x。

4. 线性相关和生成子空间

如果逆矩阵 A^{-1} 存在，那么 $Ax=b$ 肯定对于每一个向量 b 恰好存在一个解。但是，对于方程组而言，对于向量 b 的某些值，有可能不存在解，或者存在无限多个解。存在多于一个解但是少于无限多个解的情况是不可能发生的；因为如果 x 和 y 都是某方程组的解，则 $z=\alpha x+(1-\alpha)y$，α 取任意实数，也是该方程组的解。

为了分析方程有多少个解，可以将 A 的列向量看作从原点（Origin）（元素都是零的向量）出发的不同方向，确定有多少种方法可以到达向量 b。在这种观点下，向量 x 中的每个元素都表示我们应该沿着这些方向走多远，即 x_i 表示需要沿着第 i 个向量的方向走多远：

$$Ax = \sum_i x_i A_{:,i}$$

一般而言，这种操作被称为线性组合（Linear Combination）。形式上，一组向量的线性组合是指每个向量乘以对应标量系数之后的和，即：

$$\sum_i c_i v^{(i)}$$

一组向量的生成子空间（Span）是原始向量线性组合后所能抵达的点的集合。

确定 $Ax=b$ 是否有解相当于确定向量 b 是否在 A 列向量的生成子空间中。这个特殊的生成子空间被称为 A 的列空间（Column Space）或者 A 的值域（Range）。

为了使方程 $Ax=b$ 对于任意向量 $b\in\mathbb{R}^m$ 都存在解，我们要求 A 的列空间构成整个 $\mathbb{R}^m$。如果 $\mathbb{R}^m$ 中的某个点不在 A 的列空间中，那么该点对应的 b 会使得该方程没有解。矩阵 A 的列空间是整个 $\mathbb{R}^m$，意味着 A 至少有 m 列，即 $n\geq m$，否则 A 列空间的维数会小于 m。例如，这里假设 A 是一个 3×2 的矩阵，目标 b 是 3 维的，但是 x 只有 2 维。所以无论如何修改 x 的值，也只能描绘出 $\mathbb{R}^3$ 空间中的二维平面。当且仅当向量 b 在该二维平面中时，该方程有解。

不等式 $n\geq m$ 仅是方程对每一点都有解的必要条件。这不是一个充分条件，因为有些列向量可能是冗余的。假设有一个 $\mathbb{R}^{2\times2}$ 的矩阵，它的两个列向量是相同的，那么它的列空间和它的一个列向量作为矩阵的列空间也是一样的。换言之，虽然该矩阵有 2 列，但是它的列空间仍然只是一条线，不能涵盖整个 $\mathbb{R}^2$ 空间。

这种冗余被称为线性相关（Linear Dependence）。如果一组向量中的任意一个向量都不能表示成其他向量的线性组合，那么称这组向量线性无关（Linearly Independent）。如果某个向量是一组向量中某些向量的线性组合，那么将这个向量加入这组向量后并不会增加这组向量的生成子空间。这意味着，如果一个矩阵的列空间涵盖整个 $\mathbb{R}^m$，那么该矩阵必须包含至少一组 m 个线性无关的向量。这是 $Ax=b$ 对于每一个向量 b 的取值都有解的充分必要条件。值得注意的是，这个条件是说该向量集恰好有 m 个线性无关的列向量，而不是至少 m 个。不存在一个 m 维向量的集合具有多于 m 个彼此线性不相关的列向量，但是一个有多于 m 个列向量的矩阵有可能拥有不止一个大小为 m 的线性无关向量集。

要想使矩阵可逆，还需要保证 $Ax=b$ 对于每一个 b 值至多有一个解。为此，需要确保该矩阵至多有 m 个列向量，否则该方程会有不止一个解。

综上所述，这意味着该矩阵必须是一个方阵（Square），即 $m=n$，并且所有列向量都是线性无关的。一个列向量线性相关的方阵被称为奇异的（Singular）。

如果矩阵 A 不是一个方阵或者是一个奇异的方阵，那么该方程仍然可能有解。但是我们不能使用矩阵逆去求解。

目前为止，我们已经讨论了逆矩阵左乘。也可以定义逆矩阵：

$$AA^{-1}=I$$

对于方阵而言，它的左逆和右逆是相等的。

5. 范数

有时需要衡量一个向量的大小。在机器学习中，经常使用被称为范数（Norm）的函数来衡量向量的大小。形式上，L^p 范数定义如下：

$$\|x\|_p = \left(\sum_i |x_i|^p \right)^{\frac{1}{p}}$$

其中，$p \in \mathbb{R}$，$p \geqslant 1$。

范数（包括 L^p 范数）是将向量映射到非负值的函数。直观上来说，向量 x 的范数衡量从原点到点 x 的距离。更严格地说，范数是满足下列性质的任意函数：

$$f(x) = 0 \Rightarrow x = 0$$
$$f(x+y) \leqslant f(x) + f(y) \quad （三角不等式（Triangle Inequality））$$
$$\forall \alpha \in \mathbb{R}, \ f(\alpha x) = |\alpha| f(x)$$

当 $p=2$ 时，L^2 范数被称为欧几里得范数（Euclidean Norm）。它表示从原点出发到向量 x 确定的点的欧几里得距离。L^2 范数在机器学习中出现地十分频繁，经常简化表示为 $\|x\|$，略去了下标 2。平方 L^2 范数也经常用来衡量向量的大小，可以简单地通过点积 $x^{\mathrm{T}}x$ 来计算。

平方 L^2 范数在数学和计算上都比 L^2 范数本身更方便。例如，平方 L^2 范数对 x 中每个元素的导数只取决于对应的元素，而 L^2 范数对每个元素的导数却和整个向量相关。但是在很多情况下，平方 L^2 范数也可能不受欢迎，因为它在原点附近增长得十分缓慢。在某些机器学习应用中，区分恰好是零的元素和非零但值很小的元素是很重要的。在这些情况下，我们转而使用在各个位置斜率相同的同时保持简单的数学形式的函数——L^1 范数。L^1 范数可以简化如下：

$$\|x\|_1 = \sum_i |x_i|$$

当机器学习问题中的零和非零元素之间的差异非常重要时，通常会使用 L^1 范数。每当 x 中的某个元素从 0 增加 ε，对应的 L^1 范数也会增加 ε。有时候我们会统计向量中非零元素的个数来衡量向量的大小。有些人将这种函数称为 "L^0 范数"，但是这个术语在数学意义上是不准确的。向量的非零元素的数目不是范数，因为对向量缩放 $\propto$ 倍不会改变该向量的非零元素的数目。因此，L^1 范数经常作为表示非零元素数目的替代函数。

另外一个经常在机器学习中出现的范数是 L^∞ 范数，也被称为最大范数（Max Norm）。这个范数表示向量中具有最大幅值的元素的绝对值：

$$\|x\|_\infty = \max_i x_i$$

有时候，我们也希望衡量矩阵的大小。在深度学习中，最常见的做法是使用 Frobenius 范数（Frobenius Norm）：

$$\|A\|_F = \sqrt{\sum_{i,j} A_{i,j}^2}$$

它类似于向量的 L^2 范数。

两个向量的点积可以用范数来表示：

$$x^{\mathrm{T}}y = \|x\|_2 \|x\|_2 \cos\theta$$

其中，θ 表示 x 和 y 之间的夹角。

6. 特征分解

对于许多数学对象，我们可以通过将它们分解成多个组成部分或者找到它们的一些属性而更好地去理解，这些属性是通用的，而不是由我们选择表示它们的方式产生的。

例如，整数可以分解为质因数。可以用十进制或二进制等不同方式表示整数 12，但是 $12 = 2 \times 2 \times 3$ 永远是对的。从这个表示中可以获得一些有用的信息，比如 12 不能被 5 整除，或者 12 的倍数可以被 3 整除。

正如可以通过分解质因数来发现整数的一些内在性质，也可以通过分解矩阵来发现矩阵表示成数组元素时不明显的函数性质。特征分解（Eigendecomposition）是使用最广的矩阵分解之一，即将矩阵分解成一组特征向量和特征值。

方阵 A 的特征向量（Eigenvector）是指与 A 相乘后相当于对该向量进行缩放的非零向量 v：

$$Av = \lambda v$$

标量 λ 被称为这个特征向量对应的特征值（Eigenvalue）。如果 v 是 A 的特征向量，那么任何缩放后的向量 $sv (s \in \mathbb{R}, s \neq 0)$ 也是 A 的特征向量。此外，sv 和 v 有相同的特征值，基于这个原因，通常只考虑单位特征向量。

假设矩阵 A 有 n 个线性无关的特征向量 $\{v^{(1)}, \cdots, v^{(n)}\}$，对应着特征值 $\boldsymbol{\lambda} = [\lambda_1, \cdots, \lambda_n]^{\mathrm{T}}$，因此 A 的特征分解（Eigendecomposition）可以记作：

$$A = V \mathrm{diag}(\boldsymbol{\lambda}) V^{-1}$$

我们已经看到了构建具有特定特征值和特征向量的矩阵，能够在目标方向上延伸空间。然而，我们也常常希望将矩阵分解（Decompose）成特征值和特征向量。这样可以帮助我们分析矩阵的特定性质，就像质因数分解一样有助于我们理解整数。不是每一个矩阵都可以分解成特征值和特征向量。在某些情况下，特征分解存在，但是会涉及复数而非实数。幸运的是，在本书中通常只需要分解一类有简单分解的矩阵。具体来讲，每个实对称矩阵都可以分解成实特征向量和实特征值：

$$A = Q \Lambda Q^{\mathrm{T}}$$

其中，Q 是 A 的特征向量组成的正交矩阵，Λ 是对角矩阵。特征值 $\Lambda_{i,j}$ 对应的特征向量是矩阵 Q 的第 i 列，记作 $Q_{:,i}$。因为 Q 是正交矩阵，因此可以将 A 看作是沿方向 $v^{(i)}$ 延展 i 倍的空间。

虽然任意一个实对称矩阵 A 都有特征分解，但是特征分解可能并不唯一。如果两个或多个特征向量拥有相同的特征值，那么在由这些特征向量产生的生成子空间中，任意一组正交向量都是该特征值对应的特征向量。因此，我们可以等价地从这些特征向量中构成 Q 作为替代。按照惯例，我们通常按降序排列 Λ 的元素。在该约定下，特征分解唯一当且仅当所有的特征值都是唯一的。

矩阵的特征分解给了我们很多关于矩阵的有用信息。矩阵是奇异的，且仅含有零特征值。实对称矩阵的特征分解也可以用于优化二次方程 $f(x) = x^{\mathrm{T}} A x$，其中限制 $\|x\|_2 = 1$。当 x 等于 A 的某个特征向量时，f 将返回对应的特征值。在限制条件下，函数 f 的最大值是最大特征值，最小值是最小特征值。

所有特征值都是正数的矩阵被称为正定（Positive Definite）；所有特征值都是非负数的矩阵被称为半正定（Positive Semidefinite）；所有特征值都是负数的矩阵被称为负定（Negative Definite）；所有特征值都是非正数的矩阵被称为半负定（Negative Semidefinite）。

半正定矩阵受到关注是因为它们保证 $\forall x, x^T A x \geq 0$。此外，正定矩阵还保证 $x^T A x = 0 \Rightarrow x = 0$。

7. 奇异值分解

奇异值分解（Singular Value Decomposition，SVD）可将矩阵分解为奇异向量（Singular Vector）和奇异值（Singular Value）。通过奇异值分解，会得到一些与特征分解相同类型的信息。然而，奇异值分解有更广泛的应用。每个实数矩阵都有一个奇异值分解，但不一定都有特征分解。例如，非方阵的矩阵没有特征分解，这时只能使用奇异值分解。

回想一下，我们使用特征分解去分析矩阵 A 时，得到特征向量构成的矩阵 V 和特征值构成的向量 λ，可以重新将 A 写作：

$$A = V \mathrm{diag}(\lambda) V^{-1}$$

奇异值分解是类似的，只不过我们将矩阵 A 分解成 3 个矩阵的乘积：

$$A = U D V^T$$

假设 A 是一个 $m \times n$ 的矩阵，那么 U 是一个 $m \times m$ 的矩阵，D 是一个 $m \times n$ 的矩阵，V 是一个 $n \times n$ 矩阵。

这些矩阵中的每一个经定义后都具有特殊的结构。矩阵 U 和 V 都定义为正交矩阵，而矩阵 D 定义为对角矩阵。注意，矩阵 D 不一定是方阵。

对角矩阵 D 的对角线上的元素被称为矩阵 A 的奇异值。矩阵 U 的列向量被称为左奇异向量（Left Singular Vector），矩阵 V 的列向量被称为右奇异向量（Right Singular Vector）。

事实上，可以用与 A 相关的特征分解去解释 A 的奇异值分解。A 的左奇异向量（Left Singular Vector）是 AA^T 的特征向量。A 的右奇异向量（Right Singular Vector）是 $A^T A$ 的特征向量。A 的非零奇异值是 AA^T 特征值的平方根，同时也是 AA^T 特征值的平方根。

8. 行列式

行列式记作 $\det(A)$，是一个将方阵 A 映射到实数的函数。行列式等于矩阵特征值的乘积。行列式的绝对值可以用来衡量矩阵参与矩阵乘法后空间扩大或者缩小了多少。如果行列式是 0，那么空间至少沿着某一维完全收缩了，使其失去了所有的体积；如果行列式是 1，那么这个转换保持空间体积不变。

附录 B 概率论

概率论是用于表示不确定性声明的数学框架。它不仅提供了量化不确定性的方法，也提供了用于导出新的不确定性声明（Statement）的公理。在人工智能领域，概率论主要有两种用途。首先，概率法则告诉我们 AI 系统如何推理，据此可以设计一些算法来计算或者估算由概率论导出的表达式。其次，可以利用概率和统计从理论上分析我们提出的 AI 系统的行为。

1. 概率的意义

计算机科学的许多分支处理的实体大部分都是完全确定且必然的。程序员通常可以安全地假定 CPU 将完美地执行每条机器指令。虽然硬件错误确实会发生，但它们足够罕见，以至于大部分软件应用在设计时并不需要考虑这些因素的影响。鉴于许多计算机科学家和软件工程师在一个相对干净和确定的环境中工作，机器学习对于概率论的大量使用是很令人吃惊的。

这是因为机器学习通常必须处理不确定量，有时也可能需要处理随机量。不确定性和随机性可能来自多个方面。事实上，除了那些被定义为真的数学声明，很难认定某个命题是千真万确的或者确保某件事一定会发生。

概率论最初的发展是为了分析事件发生的频率，可以被看作是用于处理不确定性的逻辑扩展。逻辑提供了一套形式化的规则，可以在给定某些命题是真或假的假设下，判断另外一些命题是真的还是假的。概率论提供了一套形式化的规则，可以在给定一些命题的似然后，计算其他命题为真的似然。

2. 随机变量

随机变量（Random Variable）是可以随机地取不同值的变量，它可以是离散的或者连续的。离散随机变量拥有有限或者可数无限多的状态。这些状态不一定非要是整数；它们也可能只是一些被命名的状态，没有数值。连续随机变量伴随着实数值。

3. 概率分布

概率分布（Probability Distribution）用来描述随机变量或一簇随机变量在每一个可能取到的状态的可能性大小。描述概率分布的方式取决于随机变量是离散的还是连续的。

（1）离散型变量和概率质量函数

离散型变量的概率分布可以用概率质量函数（Probability Mass Function，PMF）来描述。概率质量函数将随机变量能够取得的每个状态映射到随机变量来取得该状态的概率。$X=x$ 的概率用 $P(x)$ 来表示，概率为 1 表示 $X=x$ 是确定的，概率为 0 表示 $X=x$ 是不可能发生的。有时，为了使得 PMF 的使用不相互混淆，我们会明确写出随机变量的名称：$P(X=x)$。有时，我们会先定义一个随机变量，然后用~符号来说明它遵循的分布：$X \sim P(x)$。

概率质量函数可以同时作用于多个随机变量。这种多个变量的概率分布被称为联合概率分布（Joint Probability Distribution）。$P(X=x, Y=y)$ 表示 $X=x$ 和 $Y=y$ 同时发生的概率，也可以简写为 $P(x,y)$。

如果一个函数 P 是随机变量 X 的 PMF，则必须满足下面这几个条件：

① P 的定义域必须是 X 所有可能状态的集合。

② $\forall x \in X, 0 \leq P(x) \leq 1$。

③ $\sum_{x \in X} P(x) = 1$。

（2）连续型变量和概率密度函数

当研究的对象是连续型随机变量时，用概率密度函数（Probability Density Function，PDF）来描述它的概率分布。如果一个函数 p 是概率密度函数，则必须满足下面这几个条件：

① p 的定义域必须是 X 所有可能状态的集合。

② $\forall x \in X, p(x) \geq 0$。

③ $\int p(x)\mathrm{d}x = 1$。

概率密度函数 $p(x)$ 并没有直接对特定的状态给出概率，相对地，它给出了落在面积为 δx 的无限小的区域内的概率为 $p(x)\delta x$。

可以对概率密度函数求积分来获得点集的真实概率质量。特别地，x 落在集合 $\mathbb{S}$ 中的概率可以通过 $p(x)$ 对这个集合求积分来得到。在单变量的例子中，$p(x)$ 落在区间 $[a,b]$ 的概率是 $\int_{[a,b]} p(x)\mathrm{d}x$。

（3）边缘概率

有时候，我们知道了一组变量的联合概率分布，但想要了解其中一个子集的概率分布。

这种定义在子集上的概率分布被称为边缘概率分布（Marginal Probability Distribution）。

例如，假设有离散型随机变量 X 和 Y，并且知道 $P(X,Y)$，则可以依据下面的求和法则（Sum Rule）来计算 $P(X)$：

$$\forall x \in X, P(X=x) = \sum_y P(X=x, Y=y)$$

"边缘概率"的名称来源于手算边缘概率的计算过程。当 $P(X,Y)$ 的每个值被写在由每行表示不同的 x 值、由每列表示不同的 y 值形成的网格中时，对网格中的每行求和是很自然的事情，然后将求和的结果 $P(X)$ 写在每行右边的纸的边缘处。

对于连续型变量，需要用积分替代求和：

$$p(x) = \int p(x,y)\,\mathrm{d}y$$

（4）条件概率

在很多情况下，我们感兴趣的是某个事件在给定其他事件发生时出现的概率。这种概率叫作条件概率。我们将给定 $X=x, Y=y$ 发生的条件概率记为 $P(Y=y \mid X=x)$。这个条件概率可以通过下面的公式计算：

$$P(Y=y \mid X=x) = \frac{P(Y=y, X=x)}{P(X=x)}$$

条件概率只在 $P(X=x)>0$ 时有定义，即我们不能计算永远不会发生的事件的条件概率。

这里需要注意的是，不要把条件概率和"计算当采用某个动作后会发生什么"相混淆。假定某个人说德语，那么他是德国人的条件概率是非常高的，但是如果随机选择的一个人会说德语，那么他的国籍不会因此而改变。

（5）条件概率的链式法则

任何多维随机变量的联合概率分布，都可以分解成只有一个变量的条件概率相乘的形式：

$$P(x^{(1)}, \cdots, x^{(n)}) = P(x^{(1)}) \prod_{i=2}^{n} P(x^{(i)} \mid x^{(1)}, \cdots, x^{(i-1)})$$

这个规则被称为概率的链式法则（Chain Rule）或者乘法法则（Product Rule）。

（6）独立性和条件独立性

两个随机变量 X 和 Y，如果它们的概率分布可以表示成两个因子的乘积形式，并且一个因子只包含 X，另一个因子只包含 Y，就称这两个随机变量是相互独立的（Independent）：

$$\forall x \in X, y \in Y, p(x=X, y=Y) = p(x=X)p(y=Y)$$

如果关于 X 和 Y 的条件概率分布对于 Z 的每一个值都可以写成乘积的形式，那么这两个随机变量 X 和 Y 在给定随机变量 Z 时是条件独立的（Conditionally Independent）：

$$\forall x \in X, y \in Y, z \in Z, p(x=X, y=Y \mid z=Z) = p(x=X \mid z=Z)p(y=Y \mid z=Z)$$

我们可以采用一种简化形式来表示独立性和条件独立性：$X \perp Y$ 表示 X 和 Y 相互独立，$X \perp Y \mid Z$ 表示 X 和 Y 在给定 Z 时条件独立。

（7）期望、方差和协方差

函数 $f(x)$ 关于某分布 $P(x)$ 的期望（Expectation）或者期望值（Expected Value）是指，当 x 由 P 产生、f 作用于 x 时 $f(x)$ 的平均值。对于离散型随机变量，这可以通过求和得到：

$$\mathbb{E}_{x \sim P}[f(x)] = \sum_x P(x)f(x)$$

对于连续型随机变量，可以通过求积分得到：

$$\mathbb{E}_{x \sim P}[f(x)] = \int \sum_x P(x)f(x)\,\mathrm{d}x$$

期望是线性的，例如：

$$\mathbb{E}_x[\propto f(x) + \beta g(x)] = \propto \mathbb{E}_x[f(x)] + \beta\,\mathbb{E}_x[g(x)]$$

其中，$\propto$ 和 β 不依赖于 x。

方差（Variance）衡量的是当我们对 X 依据它的概率分布进行采样时，随机变量 X 的函数值会呈现多大的差异：

$$\mathrm{Var}(f(x)) = \mathbb{E}\left[(f(x) - \mathbb{E}[f(x)])^2\right]$$

当方差很小时，$f(x)$ 的值形成的簇比较接近它们的期望值。方差的平方根被称为标准差（Standard Deviation）。

协方差（Covariance）在某种意义上给出了两个变量线性相关性的强度以及这些变量的尺度：

$$\mathrm{Cov}(f(x), g(x)) = \mathbb{E}(f(x) - \mathbb{E}[f(x)])(g(y) - \mathbb{E}[g(y)])$$

（8）常用概率分布

1）**Bernoulli 分布**。Bernoulli 分布（Bernoulli Distribution）是单个二值随机变量的分布。它由单个参数 $\phi \in [0,1]$ 控制，ϕ 给出了随机变量等于 1 的概率。它具有如下性质：

$$P(X=1) = \phi$$
$$P(X=0) = 1 - \phi$$
$$P(X=x) = \phi^x (1-\phi)^{1-x}$$
$$\mathbb{E}_x[X] = \phi$$
$$\mathrm{Var}_X(X) = \phi(1-\phi)$$

2）**Multinoulli 分布**。Multinoulli 分布（Multinoulli Distribution）或者范畴分布（Categorical Distribution）是指在具有 k 个不同状态的单个离散型随机变量上的分布，其中 k 是一个有限值。Multinoulli 分布由向量 $\boldsymbol{p} \in [0,1]^{k-1}$ 参数化，其中的每一个分量 p_i 都表示第 i 个状态的概率。最后的第 k 个状态的概率可以通过 $1 - \sum_{i=1}^{k-1} p_i$ 给出。

（9）高斯分布

实数中最常用的分布是正态分布（Normal Distribution），也称为高斯分布（Gaussian Distribution）：

$$N(x; \mu, \sigma^2) = \sqrt{\frac{1}{2\pi\sigma^2}} \exp\left(-\frac{1}{2\sigma^2}(x-\mu)^2\right)$$

正态分布由两个参数控制 $\mu \in \mathbb{R}$ 和 $\sigma \in (0, \infty)$。参数 μ 给出了中心峰值的坐标，这也是分布的均值：$\mathbb{E}[x] = \mu$。分布的标准差用 σ 表示，方差用 σ^2 表示。

采用正态分布在很多应用中都是一个明智的选择。当我们由于缺乏关于某个实数上分布的先验知识而不知道该选择怎样的形式时，正态分布是默认的比较好的选择。

正态分布可以推广到 $\mathbf{R}_n$ 空间，这种情况下被称为多维正态分布（Multivariate Normal Distribution）。它的参数是一个正定对称矩阵 $\boldsymbol{\Sigma}$：

$$N(x; \boldsymbol{\mu}, \boldsymbol{\Sigma}) = \sqrt{\frac{1}{(2\pi)^n \det(\boldsymbol{\Sigma})}} \exp\left(-\frac{1}{2}(x-\boldsymbol{\mu})^{\mathrm{T}}\boldsymbol{\Sigma}^{-1}(x-\boldsymbol{\mu})\right)$$

参数 $\boldsymbol{\mu}$ 仍然表示分布的均值，只不过现在是向量值。参数 $\boldsymbol{\Sigma}$ 给出了分布的协方差矩阵。

和单变量的情况类似，当我们希望对很多不同参数下的概率密度函数多次求值时，协方差矩阵并不是一个很高效的参数化分布的方式，因为对概率密度函数求值时需要对 $\boldsymbol{\Sigma}$ 求逆。我们可以使用一个精度矩阵（Precision Matrix）$\boldsymbol{\beta}$ 进行替代：

$$N(x;\boldsymbol{\mu},\boldsymbol{\beta}^{-1}) = \sqrt{\frac{\det(\boldsymbol{\beta})}{(2\pi)^n}} \exp\left(-\frac{1}{2}(x-\boldsymbol{\mu})^{\mathrm{T}}\boldsymbol{\beta}(x-\boldsymbol{\mu})\right)$$

（10）指数分布和 Laplace 分布

在深度学习中，经常需要一个在 $x=0$ 点处取得边界点（Sharp Point）的分布。为了实现这一目的，可以使用指数分布（Exponential Distribution）：

$$p(x;\lambda) = \lambda 1_{x \geqslant 0} \exp(-\lambda x)$$

指数分布使用指示函数（Indicator Function）$1_{x \geqslant 0}$ 来使得当 x 取负值时的概率为零。一个联系紧密的概率分布是 Laplace 分布（Laplace Distribution），它允许在任意一点 μ 处设置概率质量的峰值：

$$\text{Laplace}(x;\boldsymbol{\mu},\gamma) = \frac{1}{2\gamma} \exp\left(-\frac{|x-\boldsymbol{\mu}|}{\gamma}\right)$$

4. 贝叶斯规则

我们经常需要在已知 $P(y\mid x)$ 时计算 $P(x\mid y)$。幸运的是，如果还知道 $P(x)$，则可以用贝叶斯规则（Bayes' rule）来实现这一目的：

$$P(x\mid y) = \frac{P(x)P(y\mid x)}{P(y)}$$

在上面的公式中，$P(y)$ 通常使用 $\sum_x P(y\mid x)P(x)$ 来计算，所以并不需要事先知道 $P(y)$ 的信息。

参 考 文 献

［1］ HE K, ZHANG X, REN S, et al. Deep residual learning for image recognition ［C］//Proceedings of the IEEE Conference on Computer Vision and Pattern recognition. Piscataway: IEEE Press, 2016: 770-778.

［2］ ZHOU B, LAPEDRIZA A, KHOSLA A, et al. Places: a 10 million image database for scene recognition ［J］. IEEE Transactions on Pattern Analysis and Machine Intelligence, 2018, PP(99): 1.

［3］ LECUN Y, BOTTOU L. Gradient-based learning applied to document recognition ［C］. Proceedings of the IEEE, 1998, 86(11): 2278-2324.

［4］ BENGIO, DUCHARME R, VINCENT P, et al. A neural probabilistic language model. ［J］. Journal of Machine Learning Research, 2003 (3): 1137-1155.

［5］ HUANG B, OU Y, CARLEY K M. Aspect Level Sentiment Classification with Attention-over-Attention Neural Networks ［J］. arXiv preprint arXiv: 1804.06536, 2018.

［6］ TANG D, QIN B, LIU T. Aspect Level Sentiment Classification with Deep Memory Network ［J］. arXiv preprint arXiv: 1605.08900, 2016.

［7］ MA D, LI S, ZHANG X, et al. Interactive Attention Networks for Aspect-Level Sentiment Classification ［C］// Proceedings of the Twenty-Sixth International Joint Conference on Artificial Intelligence. Melbourne: IJCAI, 2017: 4068-4074.

［8］ WU W, QIAN C, YANG S, et al. Look at boundary: a boundary-aware face alignment algorithm ［C］// 2018 IEEE Conference on Computer Vision and Pattern Recognition (CVPR). Piscataway: IEEE Press, 2018: 2129-2138.

［9］ DONG C, LOY C C, HE K, et al. Image Super-Resolution Using Deep Convolutional Networks ［J］. IEEE Transactions on Pattern Analysis and Machine Intelligence, 2016, 38(2): 295-307.

［10］ RADFORD A, METZ L, CHINTALA S. Unsupervised Representation Learning with Deep Convolutional Generative Adversarial Networks ［J］. Computer Science: 1511.06434, 2015.

［11］ York 1996. pytorch: DCGAN 生成动漫头像 ［EB/OL］. (2018-09-20)[2023-09-11]. https://blog.csdn.net/york1996/article/details/82776704.

［12］ 周志华. 机器学习 ［M］. 北京: 清华大学出版社, 2015.

［13］ 陈海虹, 黄彪, 刘峰, 等. 机器学习原理及应用 ［M］. 成都: 电子科技大学出版社, 2017.

［14］ 玩人. pytorch 实现 LeNet5 ［EB/OL］. (2018-03-02)[2023-09-11]. https://blog.csdn.net/jeryjeryjery/article/details/79426907.

［15］ zhyuxie. 迁移学习概述 (Transfer Learning) ［EB/OL］. (2019-01-06)[2023-09-11]. https://blog.csdn.net/dakenz/article/details/85954548.

［16］ 胡文星. 中文文本分类 pytorch 实现 ［EB/OL］. [2023-09-11]. https://zhuanlan.zhihu.com/p/73176084? utm_source=qq.

［17］ 机器不学习我学习. Python 中. npz 文件的读取 ［EB/OL］. (2019-03-03)[2023-09-11]. https://blog.csdn.net/AugustMe/article/details/88095362.

［18］ ZHUO J , WANG S , CUI S , et al. Unsupervised open domain recognition by semantic discrepancy minimization ［C］// 2019 IEEE/CVF Conference on Computer Vision and Pattern Recognition（CVPR）. Piscataway：IEEE Press, 2020：750-759.

［19］ HE K , ZHANG X , REN S , et al. Deep Residual Learning for Image Recognition ［C］// Proceeding of the IEEE Conference on Computer Vision and Pattern Recognition. Piscataway：IEEE Press, 2016：770-778.

［20］ LIU P , QIU X , HUANG X . Recurrent Neural Network for Text Classification with Multi-Task Learning ［J］. arXiv preprint arXiv：1605. 05101, 2016.